高等职业院校大数据技术系列教材

大数据导论
（第2版）

周斌斌 ◎ 主编

DASHUJU DAOLUN

中国铁道出版社有限公司
CHINA RAILWAY PUBLISHING HOUSE CO., LTD.

内 容 简 介

"大数据导论"是高校一门理论性和实践性都很强的课程。本书针对高等职业院校学生，系统、全面地介绍关于大数据技术与应用的基本知识和技能，包括进入数字文明新时代、大数据思维转变、大数据促进医疗健康、大数据激发创造力、大数据规划考虑、大数据商务智能、大数据可视化、大数据存储技术、从 SQL 到 NoSQL、大数据处理技术、大数据预测分析、大数据安全与法律、大数据在云端以及大数据的发展等内容。

本书与时俱进，深入浅出，具有较强的系统性、可读性和实用性，适合作为高等职业院校相关专业"大数据导论""大数据基础""大数据概论"等课程的教材，也可供有一定实践经验的软件开发人员、管理人员参考或作为继续教育的教材。

图书在版编目（CIP）数据

大数据导论/周斌斌主编. —2 版. —北京：中国铁道出版社有限公司，2024.8
高等职业院校大数据技术系列教材
ISBN 978-7-113-30742-4

Ⅰ.①大… Ⅱ.①周… Ⅲ.①数据处理-高等职业教育-教材 Ⅳ.①TP274

中国国家版本馆 CIP 数据核字（2024）第 106910 号

书　　名：大数据导论
作　　者：周斌斌

策　　划：汪　敏
责任编辑：汪　敏　包　宁　　　　编辑部电话：(010)51873135
封面设计：郑春鹏
责任校对：安海燕
责任印制：樊启鹏

出版发行：中国铁道出版社有限公司（100054，北京市西城区右安门西街 8 号）
网　　址：https://www.tdpress.com/51eds/
印　　刷：东港股份有限公司
版　　次：2018 年 10 月第 1 版　2024 年 8 月第 2 版　2024 年 8 月第 1 次印刷
开　　本：787 mm×1 092 mm 1/16　印张：18.25　字数：443 千
书　　号：ISBN 978-7-113-30742-4
定　　价：56.00 元

版权所有　侵权必究

凡购买铁道版图书，如有印制质量问题，请与本社教材图书营销部联系调换。电话：(010)63550836
打击盗版举报电话：(010)63549461

前 言

本书的第一版是2018年浙江省普通高校"十三五"第二批新形态教材项目"高职大数据技术与应用(系列教材)"的建设成果之一,这个系列包括《大数据导论》《大数据可视化》《大数据分析》《大数据存储与管理》《Python程序设计》《Hadoop应用基础》。时年,正值职业教育大数据专业初生,系列教材助力新专业成长,受到老师和学生的普遍欢迎。

我们已经进入了一个数字文明的新时代。中国是世界大数据应用最大的潜在市场之一。2024年3月22日,中国互联网络信息中心(CNNIC)发布的第53次《中国互联网络发展状况统计报告》显示,截至2023年12月,我国网民规模达10.92亿人,较2023年6月增长1 371万人,互联网普及率达77.5%,在全球排第一位。因此,中国企业拥有绝佳的机会来更好地了解其客户并提供更个性化的体验,同时也为企业增加收入。然而,仅有数据是不够的。数字文明时代,成功的关键在于找出大数据所隐含的真知灼见。如今,对数据进行分析、利用和挖掘才是力量之所在。

根据几年来的教学实践,本书在第一版的基础上适当调整教学内容,删减一些旧内容,丰富很多新知识;继续强调学生自主学习能力的培养,加强课程思政教育建设,重视大数据伦理与职业素养教育。本书系统、全面地介绍了大数据的基本知识和应用技能,包括进入数字文明新时代、大数据思维转变、大数据促进医疗健康、大数据激发创造力、大数据规划考虑、大数据商务智能、大数据可视化、大数据存储技术、从SQL到NoSQL、大数据处理技术、大数据预测分析、大数据安全与法律、大数据在云端以及大数据的发展等内容,与时俱进,深入浅出,具有较强的系统性、可读性和实用性。

对于在校学生来说,大数据的理念、技术与应用是一门理论性和实践性都很强的"必修"课程。在长期的教学实践中,我们体会到,坚持"因材施教"的重要原则、把实践环节与理论教学相融合、抓实践教学促进理论知识的学习,是有效地改善教学效果和提高教学水平的重要方法之一。本书的主要特色是:理论联系实践,结合一系列有关大数据理念、技术与应用的学习和实践活动,把大数据的相关概念、基础知识和技术技巧融入实践当中,使学生保持浓厚的学习热情,加深对大数据技术的兴趣、认识、理解和掌握。

全书精心设计课程教学过程,每课都针对性地安排了课前导读案例、课程教学内容和课后作业以及实训与思考环节,要求和指导学生在课前导读、课后阅读、网络浏览的基础上,自主拓展学习,深入理解大数据知识内涵。

本课程的教学进度设计见"课程教学进度表",该表可作为教师授课参考和学生课程学习的概要。具体执行时,应按照教学大纲编排教学进度,按照校历考虑本学期节假日安排,实际确定本课程的教学进度。

本课程的教学评测可以从下面几个方面入手：

(1)每课的课前导读案例(16项)；

(2)每课的课后作业(16项)；

(3)每课的课后实训与思考(15项)；

(4)课程学习与实训总结(大作业,第16课)；

(5)结合平时考勤；

(6)任课老师认为必要的其他考核方法。

本书由周斌斌任主编,周苏、王文等参与了本书的部分编写工作。

本书的编写得到了嘉兴技师学院、浙大城市学院、浙江安防职业技术学院等多所院校师生的支持,在此一并表示感谢！

与本书配套的教学PPT课件等文档可从中国铁道出版社教育资源数字化平台(https://www.tdpress.com/51eds/)下载,欢迎教师与作者交流并索取为本书教学配套的相关资料。联系方式:zhousu@qq.com,QQ:81505050。

编　者

2024年4月

课程教学进度表

(20　—20　学年第　　学期)

课程号:＿＿＿＿＿＿　　课程名称:＿＿＿大数据导论＿＿＿　　学分:＿＿＿　　周学时:＿＿＿

总学时:＿＿＿＿　　(课外实训学时:＿＿＿＿＿)　　主讲教师:＿＿＿＿＿＿＿＿

序号	校历周次	内　　容	学时	教学方法	课后作业布置
1	1	第1课　进入数据文明新时代	2		
2	2	第2课　思维转变之一:样本＝总体	2		
3	3	第3课　思维转变之二:接受数据的混杂性	2		
4	4	第4课　思维转变之三:重视相关关系	2		
5	5	第5课　大数据促进医疗健康	2		
6	6	第6课　大数据激发创造力	2		
7	7	第7课　大数据规划考虑	2		
8	8	第8课　大数据商务智能	2	导读案例	作业
9	9	第9课　大数据可视化	2	课堂教学	实训与思考
10	10	第10课　大数据存储技术	2		
11	11	第11课　从SQL到NoSQL	2		
12	12	第12课　大数据处理技术	2		
13	13	第13课　大数据预测分析	2		
14	14	第14课　大数据安全与法律	2		
15	15	第15课　大数据在云端	2		
16	16	第16课　大数据的发展	2		作业 课程学习与实训总结

填表人(签字):　　　　　　　　　　　　　　　　　　　　　　　日期:

系(教研室)主任(签字):　　　　　　　　　　　　　　　　　　日期:

目 录

第1课　进入数据文明新时代 ……… 1
　【导读案例】从乌镇看"数字文明"社会 … 1
　1.1　数字劳动推动数字文明 …………… 4
　1.2　大数据的定义 ……………………… 4
　　1.2.1　天文学——信息爆炸的起源 … 4
　　1.2.2　爆发式增长的数据量 ………… 5
　　1.2.3　量变导致质变 ………………… 6
　　1.2.4　大数据的定义 ………………… 6
　　1.2.5　大数据的3V特征 ……………… 7
　　1.2.6　广义的大数据 ………………… 9
　1.3　大数据的结构类型 ………………… 10
　1.4　数字化与数字化转型 ……………… 11
　　1.4.1　数字化的概念 ………………… 11
　　1.4.2　数字化的意义 ………………… 12
　　1.4.3　信息化与数字化 ……………… 12
　　1.4.4　数字化企业解决方案 ………… 13
　1.5　数字经济 …………………………… 14
　　1.5.1　数字经济的概念 ……………… 14
　　1.5.2　数字经济的要素 ……………… 15
　　1.5.3　数字经济的研究 ……………… 15
　【作业】 …………………………………… 16
　【实训与思考】熟悉大数据以及数字文明
　　　　　　　　的定义 …………………… 19

第2课　思维转变之一：样本＝总体 … 21
　【导读案例】美国百亿美元望远镜主镜
　　　　　　　安装 …………………………… 21

　2.1　从采样开始改变 …………………… 24
　2.2　小数据时代的随机采样 …………… 24
　　2.2.1　人口普查的"完整"记载 …… 24
　　2.2.2　自动处理数据的开端 ………… 25
　　2.2.3　什么是随机性 ………………… 26
　　2.2.4　样本随机性比数量更关键…… 26
　2.3　大数据与医疗的基因排序 ………… 27
　2.4　全数据模式：样本＝总体 ………… 28
　2.5　大数据分析基于抽样 ……………… 29
　【作业】 …………………………………… 30
　【实训与思考】搜索与分析,体会"样本＝
　　　　　　　　总体" …………………… 32

第3课　思维转变之二：接受数据的
　　　　混杂性 …………………………… 35
　【导读案例】数据驱动≠大数据 ………… 35
　3.1　不再热衷于追求精确度 …………… 37
　　3.1.1　允许不精确 …………………… 37
　　3.1.2　葡萄园的温度测量 …………… 38
　　3.1.3　大数据用概率说话 …………… 39
　3.2　大数据简单算法与小数据复杂
　　　　算法 ……………………………… 39
　3.3　纷繁的数据越多越好 ……………… 41
　　3.3.1　重新审视数据精确性 ………… 41
　　3.3.2　混杂性是标准途径 …………… 42
　3.4　新的数据库设计 …………………… 43

I

3.5　5%数字数据与95%非结构化
　　　数据 ·· 44
【作业】··· 45
【实训与思考】搜索与分析,体验"接受
　　　数据的混杂性" ······················· 48

第4课　思维转变之三：重视相关
　　　　关系　49

【导读案例】亚马逊推荐系统 ············· 49
4.1　生活中的因果关系 ······················· 51
　　4.1.1　因果关系的定义 ················ 52
　　4.1.2　不再热衷于因果关系 ········ 52
4.2　关联物,预测的关键 ····················· 53
　　4.2.1　什么是相关关系 ················ 53
　　4.2.2　找到良好的关联物 ············ 53
　　4.2.3　相关关系分析 ···················· 54
4.3　"是什么"而不是"为什么" ·········· 55
4.4　通过因果关系了解世界 ··············· 56
　　4.4.1　快速思维模式 ···················· 56
　　4.4.2　慢性思维模式 ···················· 57
4.5　通过相关关系了解世界 ··············· 58
　　4.5.1　避免因果关系屏蔽相关关系 ··· 58
　　4.5.2　相关关系之后的因果关系 ··· 59
【作业】··· 59
【实训与思考】搜索与分析,体验"重视
　　　相关关系" ······························ 61

第5课　大数据促进医疗健康　62

【导读案例】大数据变革公共卫生 ····· 62
5.1　大数据与循证医学 ······················· 64
5.2　大数据带来的医疗新突破 ············ 65
　　5.2.1　量化自我,关注个人健康 ··· 65
　　5.2.2　可穿戴的个人健康设备 ····· 66

5.2.3　大数据时代的医疗信息 ········ 68
5.2.4　对抗癌症的新工具 ··············· 68
5.3　医疗信息数字化 ··························· 70
5.4　搜索:超级大数据的最佳伙伴 ····· 72
5.5　数据决策的崛起 ··························· 73
　　5.5.1　数据辅助诊断 ···················· 73
　　5.5.2　辅助诊断的决策支持系统 ··· 74
　　5.5.3　大数据分析使数据决策崛起 ·· 75
【作业】··· 75
【实训与思考】熟悉大数据在医疗健康
　　　领域的应用 ······························ 77

第6课　大数据激发创造力　79

【导读案例】准确预测地震 ················· 79
6.1　大数据帮助改善设计 ···················· 80
　　6.1.1　与玩家共同设计游戏 ········ 81
　　6.1.2　以人为本的汽车设计理念 ··· 81
　　6.1.3　寻找最佳音响效果 ············ 82
　　6.1.4　建筑,数据取代直觉 ········· 83
6.2　大数据操作回路 ··························· 84
　　6.2.1　信号与噪声 ························ 84
　　6.2.2　大数据反馈回路 ················ 85
　　6.2.3　最小数据规模 ···················· 85
　　6.2.4　大数据应用的优势 ············ 86
6.3　数字孪生 ······································· 86
　　6.3.1　数字孪生的原理 ················ 87
　　6.3.2　数字孪生基本组成 ············ 87
　　6.3.3　数字孪生的研究 ················ 88
　　6.3.4　数字孪生与数字生产线 ····· 89
6.4　大数据资产的崛起 ······················· 91
　　6.4.1　将原创数据变为增值数据 ··· 91
　　6.4.2　大数据催生崭新的应用程序 ··· 92
　　6.4.3　在大数据"空白"中提取最
　　　　　大价值 ······························· 92

【作业】 ………………………………… 93

【实训与思考】熟悉大数据如何激发
创造力 ………………………… 95

第7课 大数据规划考虑 …………… 97

【导读案例】谷歌的搜索算法 ………… 97

7.1 信息与通信技术 ………………… 98

    7.1.1 开源技术与商用硬件 ………… 99

    7.1.2 社交媒体 …………………… 99

    7.1.3 超连通社区与设备 ………… 99

7.2 万物互联网 …………………… 100

7.3 工业互联网 …………………… 101

    7.3.1 工业互联网的架构 ………… 102

    7.3.2 工业互联网应用场景 ……… 103

    7.3.3 工业互联网的前景 ………… 104

    7.3.4 工业大数据与互联网大数据 … 105

7.4 数据获取与数据来源 …………… 106

    7.4.1 让数据创造价值 …………… 106

    7.4.2 不同性能的挑战 …………… 108

7.5 不同的管理需求 ……………… 108

【作业】 ………………………………… 109

【实训与思考】熟悉大数据的规划
与考虑 ………………………… 111

第8课 大数据商务智能 …………… 113

【导读案例】微信支付广告，一个支付
之外的故事 …………………… 113

8.1 传统商务智能 ………………… 115

    8.1.1 即席报表 …………………… 116

    8.1.2 仪表板 ……………………… 116

    8.1.3 OLTP与OLAP …………… 117

    8.1.4 抽取、转换和加载技术 …… 117

    8.1.5 数据仓库与数据集市 ……… 118

8.2 大数据商务智能 ……………… 118

    8.2.1 传统商务分析 ……………… 118

    8.2.2 智能商务分析 ……………… 119

8.3 大数据营销 …………………… 119

    8.3.1 愿景、价值以及执行 ……… 120

    8.3.2 面对新的机遇与挑战 ……… 120

    8.3.3 创建高容量和高价值内容 … 121

    8.3.4 自动化营销 ………………… 122

    8.3.5 内容创作与众包 …………… 122

    8.3.6 评价营销效果 ……………… 123

【作业】 ………………………………… 124

【实训与思考】"五力模型"影响商务
智能 …………………………… 126

第9课 大数据可视化 ……………… 129

【导读案例】南丁格尔"极区图" ……… 129

9.1 数据与可视化 ………………… 131

    9.1.1 数据的可变性 ……………… 131

    9.1.2 数据的不确定性 …………… 133

    9.1.3 数据的背景信息 …………… 133

    9.1.4 打造最好的可视化效果 …… 134

9.2 数据与图形 …………………… 135

    9.2.1 数据与走势 ………………… 136

    9.2.2 视觉信息的科学解释 ……… 137

9.3 视觉分析 ……………………… 138

    9.3.1 热点图 ……………………… 138

    9.3.2 时间序列图 ………………… 138

    9.3.3 网络图 ……………………… 139

    9.3.4 空间数据制图 ……………… 139

9.4 实时可视化 …………………… 140

9.5 数据可视化的运用 …………… 141

【作业】 ………………………………… 142

【实训与思考】绘制新的泰坦尼克事件镶嵌图 ………………… 144

第10课　大数据存储技术　147

【导读案例】什么是低代码开发？ …… 147

10.1　分布式系统 ……………………… 149

10.2　Hadoop 分布式处理技术 ……… 150

　10.2.1　Hadoop 的发展 …………… 150

　10.2.2　Hadoop 的优势 …………… 151

　10.2.3　Hadoop 的发行版本 ……… 151

10.3　大数据存储基础 ………………… 152

　10.3.1　Hadoop 与 NoSQL ………… 152

　10.3.2　NoSQL 的主要特征 ……… 152

　10.3.3　NoSQL 替代方案 NewSQL … 153

10.4　存储的技术路线 ………………… 154

　10.4.1　存储方式 …………………… 154

　10.4.2　MPP 架构的数据库集群 … 155

　10.4.3　基于 Hadoop 的技术扩展 … 155

　10.4.4　云数据库 …………………… 155

　10.4.5　数据湖存储技术 …………… 156

10.5　数据库设计原理 ………………… 157

　10.5.1　ACID 设计原则 …………… 157

　10.5.2　CAP 定理 ………………… 160

　10.5.3　BASE 设计原理 …………… 161

【作业】 ………………………………… 163

【实训与思考】熟悉大数据存储的概念 … 165

第11课　从 SQL 到 NoSQL　167

【导读案例】AI 并非全能，大模型开出错误治疗方案 ……………… 167

11.1　内存存储方式 …………………… 169

　11.1.1　内存存储设备 ……………… 169

　11.1.2　内存数据网格 ……………… 170

　11.1.3　内存数据库 ………………… 171

11.2　RDBMS ………………………… 172

11.3　NoSQL 数据库 …………………… 173

　11.3.1　主要特征 …………………… 174

　11.3.2　理论基础 …………………… 175

　11.3.3　NoSQL 数据库的类型 …… 175

11.4　键-值存储 ……………………… 176

11.5　文档存储 ………………………… 177

11.6　列簇存储 ………………………… 178

11.7　图存储 …………………………… 179

【作业】 ………………………………… 180

【实训与思考】熟悉 NoSQL 存储设备 … 182

第12课　大数据处理技术　184

【导读案例】什么是开源 …………… 184

12.1　开源技术的商业支援 …………… 186

12.2　大数据的技术架构 ……………… 187

12.3　处理工作量 ……………………… 188

12.4　SCV 原则 ……………………… 189

12.5　批处理模式 ……………………… 190

　12.5.1　MapReduce 批处理 ………… 190

　12.5.2　Map 和 Reduce 任务 ……… 190

　12.5.3　MapReduce 简单实例 …… 193

　12.5.4　理解 MapReduce 算法 …… 194

12.6　实时处理模式 …………………… 194

　12.6.1　事件流处理 ………………… 195

　12.6.2　复杂事件处理 ……………… 196

　12.6.3　大数据实时处理 …………… 196

【作业】 ………………………………… 197

【实训与思考】理解和熟悉大数据处理技术 ………………………… 199

第13课　大数据预测分析 ………… 201

【导读案例】葡萄酒的品质 ………… 201
13.1　什么是预测分析 ………………… 206
　13.1.1　预测分析的作用 …………… 206
　13.1.2　数据具有内在预测性 ……… 208
　13.1.3　定量分析与定性分析 ……… 208
13.2　统计分析 ………………………… 209
　13.2.1　A/B 测试 …………………… 209
　13.2.2　相关性分析 ………………… 210
　13.2.3　回归性分析 ………………… 211
13.3　数据挖掘 ………………………… 212
13.4　大数据分析生命周期 …………… 212
　13.4.1　商业案例评估 ……………… 213
　13.4.2　数据标识 …………………… 214
　13.4.3　数据获取与过滤 …………… 214
　13.4.4　数据提取 …………………… 215
　13.4.5　数据验证与清理 …………… 216
　13.4.6　数据聚合与表示 …………… 216
　13.4.7　数据分析 …………………… 217
　13.4.8　数据可视化 ………………… 218
　13.4.9　分析结果的使用 …………… 218

【作业】………………………………… 218
【实训与思考】理解大数据的内在
　　　　　　　预测性 ………………… 221

第14课　大数据安全与法律 ……… 222

【导读案例】《中华人民共和国个人信息
　　　　　　保护法》施行 …………… 222
14.1　大数据的管理维度 ……………… 224
14.2　大数据的安全问题 ……………… 225
　14.2.1　采集汇聚安全 ……………… 225
　14.2.2　存储处理安全 ……………… 225
　14.2.3　共享使用安全 ……………… 227

14.3　大数据的安全体系 ……………… 227
　14.3.1　安全技术体系 ……………… 228
　14.3.2　大数据安全治理 …………… 228
　14.3.3　大数据安全测评 …………… 229
　14.3.4　大数据安全运维 …………… 229
　14.3.5　以数据为中心的安全要素 … 229
14.4　大数据伦理与法规 ……………… 230
　14.4.1　大数据的伦理问题 ………… 230
　14.4.2　大数据的伦理规则 ………… 231
　14.4.3　数据安全法施行 …………… 232
　14.4.4　消费者隐私权法案 ………… 233

【作业】………………………………… 235
【实训与思考】制定大数据伦理原则的
　　　　　　　现实意义 ……………… 237

第15课　大数据在云端 ……………… 238

【导读案例】数字经济时代云发展趋势 … 238
15.1　云计算概述 ……………………… 241
　15.1.1　云计算定义 ………………… 241
　15.1.2　云基础设施 ………………… 242
15.2　计算虚拟化 ……………………… 243
15.3　网络虚拟化 ……………………… 244
　15.3.1　网卡虚拟化 ………………… 244
　15.3.2　虚拟交换机 ………………… 245
　15.3.3　接入层虚拟化 ……………… 246
　15.3.4　覆盖网络虚拟化 …………… 246
　15.3.5　软件定义网络(SDN) ……… 246
　15.3.6　对大数据处理的意义 ……… 248
15.4　存储虚拟化 ……………………… 249
15.5　云计算服务形式 ………………… 249
　15.5.1　云计算的服务层次 ………… 250
　15.5.2　大数据与云相辅相成 ……… 251

【作业】………………………………… 251

【实训与思考】熟悉云端大数据的基础
　　　　　　设施 ·············· 253

第16课　大数据的发展 ·············· 256

【导读案例】加快建立完善数据产权
　　　　　　制度 ·············· 256
16.1　数据科学与数据工作者 ········· 258
16.2　连接开放数据 ················ 261
　16.2.1　LOD 运动 ··············· 261
　16.2.2　利用开放数据创业 ········· 263
　16.2.3　大数据与人工智能 ········· 263
16.3　大数据发展趋势 ·············· 264
　16.3.1　传统IT过渡到大数据系统 ··· 264
　16.3.2　信息领域突破性发展 ······· 265
　16.3.3　未来发展的专家预测 ······· 266
16.4　大数据技术展望 ·············· 268
　16.4.1　数据管理仍然很难 ········· 268
　16.4.2　数据孤岛继续激增 ········· 268
　16.4.3　流媒体分析的突破 ········· 269
　16.4.4　技术发展带来技能转变 ····· 269
　16.4.5　"快速数据"和"可操作
　　　　　数据" ················· 269
　16.4.6　将数据转化为预测分析 ····· 270
【作业】 ·························· 270
【课程学习与实训总结】 ············· 272

附录 ························· 278

参考文献 ····················· 280

第1课

进入数据文明新时代

学习目标
(1) 熟悉大数据发展与数字文明时代的概念。
(2) 熟悉大数据的狭义与广义定义,熟悉大数据3V特征。
(3) 熟悉大数据的数据结构类型,熟悉数字化、数字化转型和数字经济概念。

学习难点
(1) 大数据结构类型。
(2) 数字化与数字化转型。

导读案例 从乌镇看"数字文明"社会

一到乌镇,就仿佛进入了一段静谧的旧时光里,乌镇是慢的,车、马、邮件都慢。沉溺在这旧时光里的只有如织的游人,但乌镇却在互联网近乎光速的世界里急速变革。每年的深秋或初冬,世界的目光总是聚焦这里,在各国语言的碰撞里,人们谋划着构建更广阔、更宏大的"数字文明"(见图1-1)。

图1-1 世界互联网大会·中国乌镇

2022年11月9日,习近平向2022年世界互联网大会乌镇峰会致贺信:"中国愿同世界各国一道,携手走出一条数字资源共建共享、数字经济活力迸发、数字治理精准高效、数字文化繁荣发展、数字安全保障有力、数字合作互利共赢的全球数字发展道路,加快构建网络空间命运共同体,为世界和平发展和人类文明进步贡献智慧和力量。"

峰会特色活动之一的"长三角一体化数字文明共建研讨会"从宏观经济、产业发展等多角度探讨了数字文明新未来。作为新晋热词,"数字文明"到底是个什么文明?它离我们还有多远?它将带来哪些巨大价值?长三角的数字文明一体化构建着力点又在哪里?

1. 文明的 4.0 版

"数字文明"首先是一种新"文明"的诞生。"文明"一词,我国先秦的历史文献中就有涉及。《尚书·舜典》里记载"睿哲文明",唐代孔颖达对《尚书》的疏解称:"经天纬地曰文,照临四方曰明"。"文明"是社会历史长期发展的产物。

纵观人类发展史,人类文明有着一个漫长的演进过程。人们在原始文明中进化了数百万年,在农耕文明中进化了几千年,在工业文明中进化了两百多年,数字文明现在正开启中。每一次新文明的诞生看似偶然,实则必然。按照经济基础决定上层建筑的逻辑,每一次文明形态的重塑,都脱离不开技术的驱动。18 世纪蒸汽机的轰鸣声,拉开工业文明的序幕;20 世纪 40 年代计算机的问世,开启了信息技术的大门。而"数字文明"的基础就是数字技术。

短短数十年,人类已然置身数字的海洋。以大数据、人工智能、物联网、移动互联网、云计算(大智物移云)为代表的数字技术,正以新理念、新业态、新模式,全面融入人类经济、政治、文化、社会、生态文明建设各领域和全过程。

由此可见,无论从深度还是广度,数字技术都从量的积累迈向了质的飞跃,到了足以塑造一种人类新文明的高度和节点。或许,可以参照工业文明的定义,给数字文明一个轮廓——工业文明是以工业化为重要标志、机械化大生产占主导地位的一种现代社会文明形态,而数字文明则是以数字化为重要标志、数字经济占主导地位的一种现代社会文明状态。

历史车轮滚滚向前,数字文明已经悄然到来。

2. 全球视野下的数字文明

站在全球视野下,数字文明正以"变局者"的姿态,给全世界带来巨变。如今数字经济几乎占了全球经济的"半壁江山",全球都在抢占风口。

"过不了互联网这一关,就过不了长期执政这一关。"从 1994 年首次接入互联网开始,中国就在加速追赶数字的大浪潮。党的十八大以来,发展数字经济上升为国家战略。党的二十大报告进一步提出加快建设网络强国、数字中国。

从供给侧看,数字脉动成为中国经济和社会发展的主旋律,2022 年中国数字经济规模已经增至 50.2 万亿元,总量稳居世界第二,占 GDP 比重提升至 41.5%,数字经济成为稳增长促转型的重要引擎。我国建成全球最大 5G 网络,人工智能、云计算、大数据、区块链、量子信息等新兴技术跻身全球第一梯队……从需求侧来看,庞大的用户市场,也为中国带来了巨大的变革效应,远程医疗、在线教育、网络直播、移动支付、电子政务等,给全球带来了一系列广泛的创新。

2014 年,第一届世界互联网大会在乌镇举办。近 10 年来,世界在变,乌镇在变。但不变的是,每年多国政要、国际组织代表、企业高管、网络精英和专家学者都不远千万里来到乌镇,激荡观点,寻求共识,推动互联网更好地造福人类。可以说,在这场文明变革中,中国正在从"追随者"转变为"引领者",并隐然触摸到了数字文明的脉搏。

第1课 进入数据文明新时代

如果缩小视野,数字文明为何要看长三角?众所周知,长三角一直承担着创新开路先锋的重任。特别是长三角一体化发展上升为国家战略后,这片发展的热土,从产业集聚到协同创新,从基础设施到公共服务,开创高质量一体化发展新局面。同时,加快努力数字化转型,建设以5G网络为基础的"数字长三角",长三角累计建成的5G基站约占全国四分之一。作为我国经济发展最活跃、开放度最高、创新能力最强的区域之一,长三角三省一市将如何共建网络世界、共创数字未来,对于"数字中国"建设具有示范意义。

再将视野锁定在一个省,数字文明为何还要看浙江?浙江是数字经济先发地。"数字浙江"这条路,浙江已经走了20年。2003年,习近平总书记在浙江工作期间,就创造性地提出打造"数字浙江"。

《数字浙江建设规划纲要(2003—2007年)》面世;杭州的中国公用计算机互联网核心节点建成;"数字浙江"被写入了"八八战略"……此后,浙江历届省委坚持一张蓝图绘到底、一任接着一任干,深入推进"数字浙江"建设,以数字化改革为牵引,以科技创新为动力,深入实施数字经济"一号工程",深化国家数字经济创新发展试验区建设,加快构建以数字经济为核心的现代化经济体系,努力建设全民共享、引领未来、彰显制度优势的数字文明。

阅读上文,思考、分析并简单记录:

(1) 请通过网络搜索,了解世界互联网大会的相关信息,简单记录你的搜索体会。

答:＿＿＿＿＿＿＿＿＿＿＿＿＿＿＿＿＿＿＿＿＿＿＿＿＿＿＿＿＿＿＿＿＿＿＿＿

＿＿

(2) 人们在原始文明中进化了数百万年,在农耕文明中进化了几千年,在工业文明中进化了两百多年。你对现在正开启的数字文明有什么认识?

答:＿＿＿＿＿＿＿＿＿＿＿＿＿＿＿＿＿＿＿＿＿＿＿＿＿＿＿＿＿＿＿＿＿＿＿＿

＿＿

＿＿

(3) 简述你对"加快构建以数字经济为核心的现代化经济体系,努力建设全民共享、引领未来、彰显制度优势的数字文明"的认识。

答:＿＿＿＿＿＿＿＿＿＿＿＿＿＿＿＿＿＿＿＿＿＿＿＿＿＿＿＿＿＿＿＿＿＿＿＿

＿＿

＿＿

(4) 简单记述你所知道的上一周内发生的国际、国内或者身边的大事。

答:＿＿＿＿＿＿＿＿＿＿＿＿＿＿＿＿＿＿＿＿＿＿＿＿＿＿＿＿＿＿＿＿＿＿＿＿

＿＿

＿＿

生产资料是人类文明的核心。农业时代生产资料是土地,工业时代生产资料是机器,数字时代生产资料是数据。劳动方式是人类文明的重要表征。渔猎农耕时代形成的是以手工劳动为主要方式的"手工文明",工业时代发展为以机器劳动为主要方式的"机器文明",智能时代则基于数字劳动而不断推动和丰富着"数字文明"。

1.1 数字劳动推动数字文明

2021年9月26日,国家主席习近平在向2021年世界互联网大会乌镇峰会致贺信时指出:"中国愿同世界各国一道,共同担起为人类谋进步的历史责任,激发数字经济活力,增强数字政府效能,优化数字社会环境,构建数字合作格局,筑牢数字安全屏障,让数字文明造福各国人民,推动构建人类命运共同体。"

这里,"数字文明"折射出以大智物移云为代表的数字技术对世界和人类的影响,在广度和深度上有了质的飞跃,到了塑造一种人类文明新形态的高度。数字技术正以新理念、新业态、新模式全面融入人类经济、政治、文化、社会、生态文明建设各领域和全过程,给人类生产生活带来广泛而深刻的影响。以数字技术为基座的互联网,促进交流、提高效率,也在重塑制度、催生变革,更影响社会思潮和人类文明进程。这是不可逆转的时代趋势。

顺势而为、共建共治,是各国应有的眼光和抉择。人类需要以数字文明为桅,升起网络空间命运共同体之帆,助力人类命运共同体的巨轮乘风破浪,驶向宁静祥和的彼岸。事实证明,以信息化、数字化、网络化、智能化为发力点,加强国际交流合作,是应对疫情和经济复苏的重要抓手,也是符合和促进全人类福祉的强大武器。

1.2 大数据的定义

信息社会所带来的好处是显而易见的:每个人口袋里都揣有一部手机,每个办公桌上都放着一台计算机,每间办公室内都连接到局域网甚至互联网。半个世纪以来,随着计算机技术全面和深度地融入社会生活,信息爆炸已经积累到了一个开始引发变革的程度。它不仅使世界充斥着比以往更多的信息,而且其增长速度也在加快。信息总量的变化还导致了信息形态的变化——量变引起了质变。

最先经历信息爆炸的学科(如天文学和基因学)创造出了"大数据"这个概念。如今,这个概念几乎应用到了所有人类致力于发展的领域。

1.2.1 天文学——信息爆炸的起源

综合观察社会各个方面的变化趋势,我们能真正意识到信息爆炸或者说大数据的时代已经到来。以天文学为例,2000年,位于新墨西哥州阿帕奇山顶天文台的斯隆数字巡天项目(见图1-2)启动的时候,位于新墨西哥州的望远镜在短短几周内收集到的数据,就比世界天文学历史上总共收集的数据还要多。到了2010年,信息档案已经高达 1.4×2^{42} 字节。2016年在智利投入使用的大型视场全景巡天望远镜能在五天之内就获得同样多的信息。

图 1-2　斯隆数字巡天望远镜

天文学领域发生的变化在社会各个领域都在发生。2003 年,人类第一次破译人体基因密码的时候,辛苦工作了十年才完成了三十亿对碱基对的排序。大约十年之后,世界范围内的基因仪每 15 分钟就可以完成同样的工作。在金融领域,美国股市每天的成交量高达 70 亿股,而其中 2/3 的交易都是由建立在数学模型和算法之上的计算机程序自动完成的,这些程序运用海量数据来预测利益和降低风险。

互联网公司更是要被数据淹没了。谷歌公司每天要处理超过 24 拍字节(PB,2^{50}字节)的数据,这意味着其每天的数据处理量是美国国家图书馆所有纸质出版物所含数据量的上千倍。微信是 2011 年 1 月 21 日推出的一个提供即时通信服务的应用程序,它支持跨通信运营商、跨操作系统平台通过网络快速发送语音短信、视频、图片和文字,同时,也可以使用通过共享流媒体内容的资料和基于位置的社交服务插件。微信覆盖了中国 94% 以上的智能手机,月活跃用户达到 8.06 亿,用户涉及 200 多个国家和地区、超过 20 种语言……从科学研究到医疗保险,从银行业到互联网,各个不同的领域都在讲述着一个类似的故事,那就是爆发式增长的数据量。这种增长超过了我们创造机器的速度,甚至超过了我们的想象。

1.2.2　爆发式增长的数据量

我们周围到底有多少数据?增长的速度有多快?许多人试图测量出一个确切的数字。尽管测量的对象和方法有所不同,但他们都获得了不同程度的成功。南加利福尼亚大学安嫩伯格通信学院的马丁·希尔伯特进行了一个比较全面的研究,他试图得出人类所创造、存储和传播的一切信息的确切数目。他的研究范围不仅包括书籍、图画、电子邮件、照片、音乐、视频(模拟和数字),还包括电子游戏、电话、汽车导航和信件。马丁·希尔伯特还以收视率和收听率为基础,对电视、电台这些广播媒体进行了研究,他指出,仅在 2007 年,人类存储的数据就超过了 300 艾字节(EB,2^{60}字节),有趣的是,其中只有 7% 是存储在报纸、书籍、图片等媒介上的模拟数据,其余全部是数字数据。下面这个比喻应该可以帮助人们更容易地理解这意味着什么:一部完整的数字电影可以压缩成 1 GB 的文件,而 1 艾字节相当于 10 亿 GB,1 泽字节(ZB,2^{70}字节)则相当于 1 024 艾字节。总之,这是一个非常庞大的数量。

但在不久之前,情况却完全不是这样的。虽然1960年就有了"信息时代"和"数字村镇"的概念,在2000年的时候,数字存储信息仍只占全球数据量的1/4,当时,另外3/4的信息都存储在报纸、胶片、黑胶唱片和盒式磁带这类媒介上。

事实上,在1986年的时候,世界上约40%的算力都在袖珍计算器上运行,那时候,所有个人计算机的处理能力之和还没有所有袖珍计算器处理能力之和高。但是,因为数字数据的快速增长,整个局势很快就颠倒过来了。按照希尔伯特的说法,数字数据的数量每三年多就会翻一倍。相反,模拟数据的数量则基本上没有增加。

公元前3世纪,埃及托勒密二世竭力收集了当时所有的书写作品,所以伟大的亚历山大图书馆可以代表世界上所有的知识量。亚历山大图书馆藏书丰富,有据可考的超过50 000卷(纸草卷),包括《荷马史诗》《几何原本》等。但是,当数字数据洪流席卷世界之后,每个地球人都可以获得大量的数据信息,相当于当时亚历山大图书馆存储的数据总量的320倍之多。

事情真的在快速发展。人类存储信息量的增长速度比世界经济的增长速度快4倍,而计算机数据处理能力的增长速度则比世界经济的增长速度快9倍。难怪人们会抱怨信息过量,因为每个人都受到了这种极速发展的冲击。

历史学家伊丽莎白·爱森斯坦发现,1453—1503年,50年间大约印刷了800万本书籍,比1 200年之前君士坦丁堡建立以来整个欧洲所有的手抄书还要多。换言之,欧洲的信息存储量花了50年才增长了一倍,而如今大约每三年就能增长一倍。

1.2.3　量变导致质变

物理学和生物学都告诉我们,当改变规模时,事物的状态有时也会发生改变。以纳米技术为例,它专注于把东西变小,其原理就是当事物到达分子级别时,它的物理性质就会发生改变。一旦你知道这些新的性质,就可以用同样的原料来做以前无法做的事情。铜本来是导电物质,但它一旦到达纳米级别就不在磁场中导电了。银离子具有抗菌性,但当它以分子形式存在的时候,这种性质会消失。一旦到达纳米级别,金属可以变得柔软,陶土可以具有弹性。同样,当增加所利用的数据量时,也就可以做很多在小数据量的基础上无法完成的事情。

有时候,我们认为约束自己生活的那些限制,对于世间万物都有着同样的约束力。事实上,尽管规律相同,但是我们能够感受到的约束,很可能只对我们这样尺度的事物起作用。对于人类来说,唯一最重要的物理定律便是万有引力定律。这个定律无时无刻不在控制着我们。但对于细小的昆虫来说,重力是无关紧要的。对它们而言,物理宇宙中有效的约束是表面张力,这个张力可以让它们在水上自由行走而不会掉下去。但人类对于表面张力毫不在意。

大数据的科学价值和社会价值正是体现在这里。一方面,对大数据的掌握程度可以转化为经济价值的来源。另一方面,大数据已经撼动了世界的方方面面,从商业、科技到医疗、政府、教育、经济、人文以及社会的其他各个领域。尽管我们还处在大数据以及数字文明时代的初期,但我们的日常生活已经离不开它了。

1.2.4　大数据的定义

如今,人们不再认为数据是静止和陈旧的。但在以前,一旦完成了事务流程之后,数据就会被认为没有用处了。比方说,飞机降落后票价数据就没有用了(对谷歌而言,则是一个检索命令完成之后)。例如,某城市的公交车因为价格不依赖于起点和终点,所以能够反映重要通勤信息的数据被工作人员"自作主张"地丢弃了。设计人员如果没有大数据的理念,就会丢失掉很多有价值的数据。

数据已经成为一种商业资本,一项重要的经济投入,可以创造新的经济利益。事实上,一旦思维转变过来,数据就能被巧妙地用来激发新产品和新服务。数据的奥妙只为谦逊、愿意聆听且掌握了聆听手段的人所知。今天,大数据是人们获得新知、创造新价值的源泉,大数据还是改变市场、组织机构,以及政府与公民关系的方法。大数据时代对我们的生活,以及与世界交流的方式都提出了挑战。

所谓大数据,狭义上可以定义为:用现有的一般技术难以管理的大量数据的集合。对大量数据进行分析,并从中获得有用观点,这种做法在一部分研究机构和大企业中,过去就已经存在了。现在的大数据和过去相比主要有二点区别:第一,随着社交媒体和传感器网络等的发展,在我们身边正产生出大量且多样的数据;第二,随着硬件和软件技术的发展,数据的存储、处理成本大幅下降;第三,随着云计算的兴起,大数据的存储、处理环境已经没有必要自行搭建。

所谓"用现有的一般技术难以管理",是指用目前在企业数据库占据主流地位的关系型数据库无法进行管理的、具有复杂结构的数据。或者也可以说,是指由于数据量的增大,导致对数据的查询响应时间超出允许范围的庞大数据。

研究机构高德纳给出了这样的定义:"大数据"是需要新处理模式才能具有更强的决策力、洞察发现力和流程优化能力的海量、高增长率和多样化的信息资产。

麦肯锡公司指出:"大数据指的是所涉及的数据集规模已经超过了传统数据库软件获取、存储、管理和分析的能力。这是一个被故意设计成主观性的定义,并且是一个关于多大的数据集才能被认为是大数据的可变定义,即并不定义大于多少 TB 才称为大数据。因为随着技术的不断发展,符合大数据标准的数据集容量也会增长;并且定义随不同的行业也有变化,这依赖于在一个特定行业通常使用何种软件和数据集有多大。因此,大数据在今天不同行业中的范围可以从几十太字节(TB)到几拍字节(PB)。"

随着"大数据"的出现,数据仓库、数据安全、数据分析、数据挖掘等围绕大数据商业价值的利用正逐渐成为行业人士争相追捧的利润焦点,在全球引领了又一轮数据技术革新的浪潮。

1.2.5 大数据的 3V 特征

从字面来看,"大数据"这个词可能会让人觉得只是容量非常大的数据集合而已。但容量只不过是大数据特征的一个方面,如果只拘泥于数据量,就无法深入理解当前围绕大数据所进行的讨论。因为"用现有的一般技术难以管理"这样的状况,并不仅仅是由于数据量增大这一个因素所造成的。

IBM 说:"可以用三个特征相结合来定义大数据:数量(volume,又称容量)、种类(variety,又称多样性)和速度(velocity),或者就是简单的 3V,即庞大容量、极快速度和种类丰富的数据(见图 1-3)。"

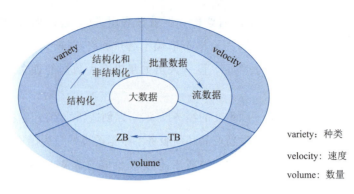

图 1-3 按数量、种类和速度来定义大数据

（1）数量。如今，存储的数据数量正在急剧增长中，人们存储所有事物，包括环境数据、财务数据、医疗数据、监控数据等。有关数据量的对话已从 TB 级别转向 PB 级别，并且不可避免地会转向 ZB 级别，但随着可供使用的数据量不断增长，可处理、理解和分析的数据的比例却不断下降。

（2）种类、多样性。随着传感器、智能设备以及社交协作技术的激增，人们掌握的数据也变得更加复杂，因为它不仅包含传统的关系型数据，还包含来自网页、互联网日志文件（包括点击流数据）、搜索索引、社交媒体论坛、电子邮件、文档、主动和被动系统的传感器数据等原始、半结构化和非结构化数据。

种类表示所有的数据类型。其中，爆发式增长的一些数据，如互联网上的文本数据、位置信息、传感器数据、视频等，用关系型数据库很难存储，它们都属于非结构化数据。

当然，在这些数据中，有一些是过去就一直存在并保存下来的。和过去不同的是，除了存储，还需要对这些数据进行分析，并从中获得有用的信息。例如，监控摄像机中的视频数据。近年来，超市、便利店等零售企业几乎都配备了监控摄像机，最初目的是防范盗窃，但现在也出现了使用监控摄像机的视频数据来分析顾客购买行为的案例。

例如，文具制造商万宝龙过去是凭经验和直觉来决定商品陈列布局的，现在尝试利用监控摄像头对顾客在店内的行为进行分析。通过分析监控摄像机的数据，将最想卖出去的商品移动到最容易吸引顾客目光的位置，使销售额提高了20%。某移动运营商也在其 1 000 多家门店中安装带分析功能的监控摄像机，统计来店人数，还可以追踪顾客在店内的行动路线、在展台前停留的时间，甚至是试用了哪一款手机、试用了多长时间等，对顾客在店内的购买行为进行分析。

（3）速度。数据产生和更新的频率也是衡量大数据的一个重要特征。就像我们收集和存储的数据量和种类发生了变化一样，生成和需要处理数据的速度也在变化。不要将速度的概念限定为与数据存储相关的增长速率，应动态地将此定义应用到数据，即数据流动的速度。有效处理大数据需要在数据变化的过程中对它的数量和种类进行分析，而不只是在它静止后进行分析。

例如，遍布全国的便利店在 24 小时内产生的 POS 机数据，电商网站中由用户访问所产生的网站点击流数据，高峰时达到每秒近万条的微信短文，全国公路上安装的交通堵塞探测传感器和路面状况传感器（可检测结冰、积雪等路面状态）等，每天都在产生着庞大的数据。

（4）真实和准确。IBM 在 3V 的基础上又归纳总结了第四个 V——veracity（真实和准确）。只有真实而准确的数据才能让对数据的管控和治理真正有意义。随着社交数据、企业内容、交易与应用数据等新数据源的兴起,传统数据源的局限性被打破,企业愈发需要有效的信息治理以确保其真实性及安全性。

IDC(互联网数据中心)说:"大数据是一个貌似不知道从哪里冒出来的大的动力。但是实际上,大数据并不是新生事物。然而,它确实正在进入主流,并得到重大关注,这是有原因的。廉价的存储、传感器和数据采集技术的快速发展、通过云和虚拟化存储设施增加的信息链路,以及创新软件和分析工具,正在驱动着大数据。大数据不是一个'事物',而是一个跨多个信息技术领域的动力/活动。大数据技术描述了新一代的技术和架构,其被设计用于:通过使用高速(velocity)的采集、发现和/或分析,从超大容量的多样数据中经济地提取价值。"这个定义除了揭示大数据传统的3V基本特征,即大数据量、多样性和高速,还增添了一个新特征:价值。

大数据实现的主要价值可以基于下面三个评价准则中的一个或多个进行评判:

(1)它提供了更有用的信息吗?
(2)它改进了信息的精确性吗?
(3)它改进了响应的及时性吗?

1.2.6 广义的大数据

大数据的狭义定义着眼点于数据的性质上,我们从广义层面上再为大数据下一个定义(见图1-4):"所谓大数据,是一个综合性概念,它包括因具备3V(大数据量/多样性/高速)特征而难以进行管理的数据,对这些数据进行存储、处理、分析的技术,以及能够通过分析这些数据获得实用意义和观点的人才和组织。"

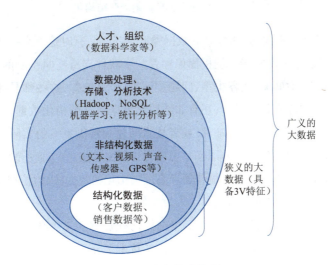

图1-4 广义的大数据

"存储、处理、分析的技术",指的是用于大规模数据分布式处理的框架Hadoop、具备良好扩展性的NoSQL数据库,以及机器学习和统计分析等;"能够通过分析这些数据获得实用意义和观点的人才和组织",指的是目前十分紧俏的"数据科学家"这类人才,以及能够对大数据进行有效运用的组织。

1.3 大数据的结构类型

大数据具有多种形式，从高度结构化的财务数据，到文本文件、多媒体文件和基因定位图的任何数据，都可以称为大数据。数据量大是大数据的一致特征。由于数据自身的复杂性，作为一个必然的结果，处理大数据的首选方法就是在并行计算环境中进行大规模并行处理，这使得同时发生的并行摄取、并行数据装载和分析成为可能。实际上，大数据大多数都是非结构化或半结构化的，这需要不同的技术和工具来处理和分析。

大数据最突出的特征是它的结构。图 1-5 显示了几种不同数据结构类型数据的增长趋势，由图可知，未来数据增长的 80%～90% 将来自不是结构化的数据类型（半、准和非结构化）。

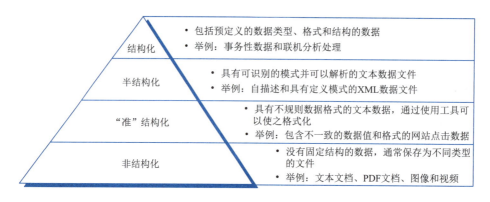

图 1-5　数据增长日益趋向非结构化

虽然图 1-5 显示了四种不同的、相分离的数据类型，实际上，有时这些数据类型是被混合在一起的。例如，一个传统关系数据库管理系统里面保存着一个软件支持呼叫中心的通话日志，这里有典型的结构化数据，如日期/时间戳、机器类型、问题类型、操作系统等，这些都是在线支持人员通过图形用户界面的下拉式菜单输入的。另外，还有非结构化数据或半结构化数据，如自由形式的通话日志信息，这些可能来自包含问题的电子邮件，或者技术问题和解决方案的实际通话描述。另外一种可能是与结构化数据有关的实际通话的语音日志或者音频文字实录。即使是现在，大多数分析人员还无法分析这种通话日志历史数据库中最普通和高度结构化的数据，因为挖掘文本信息是一项强度很大的工作，并且无法简单地实现自动化。

人们通常最熟悉结构化数据的分析，然而，半结构化数据（XML）、"准"结构化数据（网站地址字符串）和非结构化数据代表了不同的挑战，需要不同的技术来分析。

除了三种基本数据类型以外，还有一种重要的数据类型为元数据。元数据提供了一个数据集的特征和结构信息。这种数据主要由机器生成，并且能够添加到数据集中。搜寻元数据对于大数据存储、处理和分析是至关重要的，因为元数据提供了数据系谱信息以及数据处理的起源。元数据的例子包括：

（1）XML 文件中提供作者和创建日期信息的标签。

（2）数码照片中提供文件大小和分辨率的属性文件。

1.4 数字化与数字化转型

数字化是信息技术发展的高级阶段，是数字经济的主要驱动力。随着新一代数字技术的快速发展，各行各业利用数字技术创造了越来越多的价值，加快推动了各行业的数字化变革。数字化能改变人们的思维、行动、学习、工作和运营方式，它允许实现系统自动化，并释放人力资源以增加价值，使组织更加敏捷和响应，使事情发生得更快。

我们来看看大家最熟悉的购物所发生的变化。过去，人们去商场的柜台前买东西，后来到超市买东西，而现在很多是应用电子商务来购物。买东西有个一般流程，就是：

挑选商品→确认商品→结算→支付

在商场柜台买东西时，商品是售货员拿的，顾客自己不能随便挑选。后来有了超市，顾客自助随意挑选商品，然后到出口处收银员那里收银结算。应用电子商务了，人们不仅自助随意挑选商品，而且系统自动结算、用微信或支付宝等移动支付付款。现在又出来一种购物方式，那就是无人零售商店：你到里面自助随意挑选东西，然后拿了东西直接出门就可以了，后台技术会自动识别你、跟踪你的行走轨迹、识别商品、完成结算。这就是真正的数字化，也就是说，购物活动经过机器芯片处理，直接变成了 0、1 二进制数字信息。这种数字化转型带来的用户体验的改变、业务流程的改变，甚至商业模式的改变，体现了数字化转型的威力和价值。

所以说，数字化转型并不是用新技术（移动、容器、大数据、人工智能）重新开发一次，然后放到云上，搞成多租户、年度订阅持续收费。这是信息化上云，并不是数字化转型。简单来说：数字化是以机器为主以人为辅，信息化是以人为主以机器为辅。

与数字化相关的技术主要以大数据、人工智能、物联网、5G/6G 通信移动互联网、工业互联网、云计算、区块链等为基础。

1.4.1 数字化的概念

国际研究机构高德纳在 2011 年定义了数字化转型，其内容包括：

数字：形容词或名词，是通过二进制代码表示的物理项目或活动。当用作形容词时，它描述了最新数字技术在改善组织流程，改善人员，组织与事物之间的交互或使新的业务模型成为可能方面的主要用途。

数字化：名词，是利用数字技术来改变商业模式，并提供新的收入和价值创造机会；这是转向数字业务的过程，其概念又分为狭义数字化和广义数字化。

数字化-业务-转型：是开发数字技术和支持功能以创建强大的新数字业务模型的过程。

（1）狭义数字化。主要是利用数字技术，对具体业务、场景的数字化改造，更关注数字技术本身对业务的降本增效作用，是指利用信息系统、各类传感器、机器视觉等信息通信技术，将物理世界中复杂多变的数据、信息、知识，转变为一系列二进制代码，引入计算机内部，形成可识别、可存储、可计算的数字、数据，再以这些数字、数据建立起相关的数据模型，进行统一处理、分析、应用，这是数字化的基本过程。

(2)广义数字化。利用大数据、人工智能、物联网、移动互联网、区块链等新一代数字技术,对企业、政府等各类组织的业务模式、运营方式进行系统化、整体性的变革,更关注数字技术对组织的整个体系的赋能,强调的是数字技术对整个组织的重塑。数字技术能力不再只是单纯地解决降本增效问题,而成为赋能模式创新和业务突破的核心力量。

场景、语境的不同,数字化的含义也不同。针对具体业务的多为狭义数字化,针对企业、组织整体的数字化变革的多为广义数字化。广义数字化的概念中包含了狭义的数字化。

数字化的优点包括:

(1)与模拟信号相比,数字信号属于加工信号,它对于有杂波和易产生失真的外部环境和电路条件来说,具有较好的稳定性。数字信号传送具有稳定性好、可靠性高的优点。

(2)数字信号需要使用集成电路(IC)和大规模集成电路(ISI),计算机易于处理数字信号,数字信号还适用于数字特技和图像处理。

(3)数字信号处理电路简单。它没有模拟电路中的各种调整,因而电路工作稳定,技术人员能够从日常的调整工作中解放出来。例如,模拟摄像机中需要约100个以上的可变电阻。在调整这些可变电阻的同时,还需要调整摄像机的摄像特性。各种调整彼此之间又相互有微妙的影响,需要反复调整才能够使摄像机接近于完善的工作状态。在电视广播设备中,摄像机还算是较小的电子设备。如果实现完全数字化,就不需要调整了。对厂家来说,降低了摄像机的成本。对电视台来说,不需要熟练工程师,还缩短了节目制作时间。

(4)数字信号易于进行压缩。这一点是数字化摄像机的主要优点。但是,数字化处理会造成图像质量的损伤。换句话说,经过模拟→数字→模拟的处理,多少会使图像质量有所降低。严格地说,从数字信号恢复到模拟信号,将其与原来的模拟信号相比,不可避免地会受到损伤。为了提高数字化图像质量,需要进一步增加信息量。这是数字化技术需要解决的基本难题。

1.4.2 数字化的意义

数字化是信息技术发展的高级阶段,是数字经济的主要驱动力,随着新一代数字技术的快速发展,各行各业利用数字技术创造了越来越多的价值,加快推动了各行业的数字化变革。

(1)数字技术革命推动了人类的数字化变革。人类社会的经济形态随着技术的进步不断演变,农耕技术开启了农业经济时代,工业革命实现了农业经济向工业经济的演变,如今数字技术革命,推动了人类生产生活的数字化变革,孕育出一种新的经济形态——数字经济,数字化成为数字经济的核心驱动力。

(2)数字技术成本的降低让数字化价值充分发挥。自计算机发明开始,大数据、人工智能、物联网、云计算等各类数字技术不断涌现,成本不断降低,使得数字技术从科学走向实践,形成了完整的数字化价值链,在各个领域实现应用,推动行业数字化,不断创造新价值。

(3)数字基础设施快速发展推动数字化应用更加广泛深入。政府和社会各界全面加快数字基础设施建设,推进工业互联网、物联网、车联网、人工智能、大数据、云计算、区块链等技术集成创新和融合应用,让数字化应用更加广泛深入到社会经济运行的各个层面。

1.4.3 信息化与数字化

所谓信息,一定是经过人为的理解、加工、选择的,不是原始的百分之百的事实。在传统超市购物,顾客从进门到挑选东西到结账支付,收银员只能记录下买的东西的信息,通过几个字段来描述所买的商品,如名称、型号规格、数量、价格……这就是收银员的人为识别和提取。如果是真正的数字化的商店,则整个买东西过程,从进门到出门,都全程全息忠实记录。

数字化是以机器为主以人为辅,为了达到这个原则,就需要一系列的技术支撑,如业务在线自动化智能化处理、数据驱动和大数据技术(需要云资源来海量存储与海量计算)、人工智能技术(需要云资源来海量分析)、IoT 技术(需要云资源接入 IoT 设备)。

与传统信息化相比,无论是狭义数字化,还是广义数字化,都是在信息化高速发展的基础上诞生和发展的,但与传统信息化条块化服务业务的方式不同,数字化更多的是对业务和商业模式的系统性变革和重塑。

(1)数字化打通企业信息孤岛,释放了数据价值。信息化是利用信息系统,将企业的生产工艺、事务处理、现金流动、客户交互等业务过程,加工生成相关数据、信息、知识来支持业务效率提升,更多是一种条块分割、烟囱式的应用;而数字化则是利用新一代 ICT 技术,通过对业务数据的实时获取、网络协同、智能应用,打通了企业数据孤岛,让数据在企业系统内自由流动,数据价值得以充分发挥。

(2)数字化以数据为主要生产要素。数字化以数据作为企业核心生产要素,要求将企业中所有的业务、生产、营销、客户等有价值的人、事、物全部转变为数据存储,形成可存储、可计算、可分析的数据、信息、知识,并和企业获取的外部数据一起,通过对这些数据的实时分析、计算、应用来指导企业生产、运营等各项业务。

(3)数字化变革了企业生产关系,提升了企业生产力。数字化让企业从传统生产要素转向数据生产要素,从传统部门分工转向网络协同的生产关系,从传统层级驱动转向以数据智能化应用为核心驱动的方式,让生产力得到指数级提升,使企业能够实时洞察各类动态业务中的一切信息,实时做出最优决策,使资源合理配置,适应瞬息万变的市场经济竞争环境,实现经济效益最大化。

虽然社会已经处在信息化向数字化过渡的阶段,但很多企业连最起码的信息化程度都还没完成。随着互联网的快速发展,新的事务和行业的诞生越来越快,这是时代发展决定的。在信息化时代,信息被输入计算机中,如企业资源计划(ERP)、办公自动化(OA)、客户关系管理(CRM)、商业智能(BI)等系统都属于信息化的范畴。

随着大数据、人工智能、物联网、移动互联网和云计算新技术的普及,数据能产生并被自动处理,这让人们对数据的利用程度大大提高,这就是从信息化到数据化的转变。"信息技术"正在被"数字技术"取代,从历史的规律也不难看出,数字化是信息化的延续和升级。

1.4.4 数字化企业解决方案

数字化转型是一个使用数字化工具,从根本上实现企业转变的过程,是指通过技术和文化变革来改进或替换现有的资源。数字化转型并不是指购买某个产品或某种解决方案,而是会影响各行各业中涉及 IT 的所有要素(见图 1-6)。

企业通过信息数字化实现数字化转换,通过流程数字化实现数字化升级,以及通过业务数字化进而实现数字化转型。

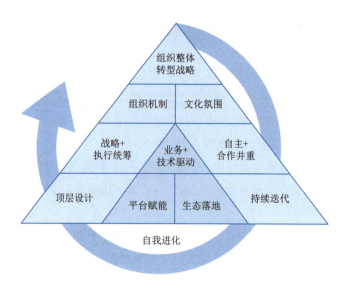

图 1-6　企业数字化转型的架构设计

企业是国家经济的最基本组成单位,所以,"数字经济"的基础设施建设核心就是"数字化企业","全力发展数字化企业是构建中国数字经济底层的最关键步骤。传统企业完成数字化转型才可能形成中国经济发展的内核力。如果不能让大部分企业快速地实施数字化,仍旧采用传统的低效运营、管理、市场、销售方式,即使拥有了先进的数字技术,却仍旧不具备可持续发展的能力。只有大部分企业都实现了数字化转型,中国的数字经济的发展才能取得最终的胜利。快速、高效地进行企业的数字化转型,进而形成数字化企业的产业集群,是未来用数字经济构建核心竞争力的重要保障。

"数字化企业"的三大组成部分是:

(1)企业管理人员形成"数字化"思维意识,要具有"数字经济"知识和技能。

(2)企业"数字化"改造关联的规章制度和奖惩机制。

(3)管理人员"数字化"思维落地的监督和考核。

企业构建围绕"数字化"的运营、管理模式,具体包含围绕"数字化"修订的企业发展战略和商业模式,根据自身情况制定的"数字化"落地方案和实施计划,构建起企业的数字资产、数字信用和数字商业积分体系等内容。

企业具备全面"数字化"的高效软、硬件体系,涉及企业内部管理增效和企业外部市场、销售管理增效的"数字化"软、硬件体系,企业通过数字化技术(如大数据、人工智能、物联网、移动互联网、云计算、区块链、数字孪生等)研发、设计、生产、运营的新产品、服务综合体系等相关内容。

1.5　数字经济

数字经济是一个经济学概念,它是人类通过数字化的知识与信息的识别—选择—过滤—存储—使用,引导、实现资源的快速优化配置与再生、实现经济高质量发展的经济形态。

1.5.1　数字经济的概念

自人类社会进入信息时代以来,数字技术的快速发展和广泛应用衍生出数字经济。与农耕时代的农业经济,以及工业时代的工业经济大有不同,数字经济是一种新的经济、新的动能,新的业态,其引发了社会和经济的整体性深刻变革。

现阶段,数字化的技术、商品与服务不仅在向传统产业进行多方向、多层面与多链条的加速渗透,即产业数字化;而且在推动诸如互联网数据中心建设与服务等数字产业链和产业集群的不断发展壮大,即数字产业化。我国重点推进建设的现代通信网络、数据中心、工业互联网等新型基础设施,本质上就是围绕科技新产业的数字经济基础设施,数字经济已成为驱动我国经济实现又好又快增长的新引擎,所催生出的各种新业态也将成为我国经济新的重要增长点。

数字经济是继农业经济、工业经济之后的主要经济形态,是以数据资源为关键要素,以现代信息网络为主要载体,以信息通信技术融合应用、全要素数字化转型为重要推动力,促进公平与效率更加统一的新经济形态。数字经济发展速度快、辐射范围广、影响程度深,正推动生产方式、生活方式和治理方式深刻变革,成为重组要素资源、重塑经济结构、改变竞争格局的关键力量。

发展数字经济之所以会在全球形成广泛共识,是因为当前社会经济生活的生产要素发生了巨大改变,数据已经成为一种新的且最为重要的生产要素。建立在数据基础上的数字经济成为一种新的经济社会发展形态,并形成新动能,重塑经济发展结构和深刻改变生产生活方式。

1.5.2　数字经济的要素

数字经济的要素主要有数据、信息和产业。

(1)数据。这是新的关键生产要素。在数字文明时代下,万物互联,各行各业的一切活动和行为都将数据化。

(2)信息。信息为创新提供动力。以信息技术为基础的数字经济,正在打破传统的供需模式和已有的经济学定论,催生出更加普惠性、共享性和开源性的经济生态,并推动高质量的发展,例如基于物联网技术诞生出诸如智慧路灯、智慧电梯、智慧物流、智能家居等丰富多彩的应用,为经济生活注入了极大的创新动力。

(3)产业。数字经济推动产业融合。数字经济并不是独立于传统产业而存在,它更加强调的是融合与共赢,与传统产业的融合中实现价值增量。数字经济对传统产业融合主要体现在生产方式融合、产品融合、服务融合、竞争规则融合以及产业融合。数字经济与各行各业的融合渗透发展将带动新型经济范式加速构建,改变实体经济结构和提升生产效率。

1.5.3　数字经济的研究

传统的治理体系、机制与规则难以适应数字化发展所带来的变革,无法有效解决数字平台崛起所带来的市场垄断、税收侵蚀、安全隐私、伦理道德等问题,需尽快构建数字治理体系,这是一个长期迭代的过程。数字治理体系建设涉及国家、行业和组织三个层次,包含数据的资产地位确立、管理体制机制、共享与开放、安全与隐私保护等内容,需要从制度法规、标准规范、应用实践和支撑技术等方面多管齐下,提供支撑。数字经济发展既对经济发展的内外部环境、现实条件和体制机制产生了显著影响,也为传统经济理论研究的创新发展提供了诸多契机。

数字经济受到三大定律的支配。

(1) 梅特卡夫法则:网络的价值等于其节点数的平方。所以网络上联网的计算机越多,每台计算机的价值就越大,"增值"以指数关系不断变大。

(2) 摩尔定律:计算机硅芯片的处理能力每18个月就翻一番,而价格以减半数下降。

(3) 达维多定律:进入市场的第一代产品通常能自动获得50%的市场份额,所以企业在本产业中必须第一个淘汰自己的产品。这个定律体现的是网络经济中的马太效应(两极分化现象)。

这三大定律决定了数字经济具有以下基本特征。

(1) 快捷性。首先,互联网突破了传统的国家、地区界限,被网络连为一体,使整个世界紧密联系起来,把地球变成一个"村"。其次,突破了时间的约束,使人们的信息传输、经济往来可以在更小的时间跨度上进行。再次,数字经济是一种速度型经济。现代信息网络可用光速传输信息,数字经济以接近于实时的速度收集、处理和应用信息,节奏大大加快了。

(2) 高渗透性。迅速发展的信息技术、网络技术,具有极高的渗透性功能,使得信息服务业迅速地向第一、第二产业扩张,使三大产业之间的界限模糊,出现了第一、第二和第三产业相互融合的趋势。

(3) 自我膨胀性。数字经济的价值等于网络节点数的平方,这说明网络产生和带来的效益将随着网络用户的增加而呈指数形式增长。在数字经济中,由于人们的心理反应和行为惯性,在一定条件下,优势或劣势一旦出现并达到一定程度,就会导致不断加剧而自行强化,出现"强者更强,弱者更弱"的"赢家通吃"的垄断局面。

(4) 边际效益递增性。主要表现为数字经济边际成本递减和数字经济具有累积增值性。

(5) 外部经济性。指每个用户从使用某产品中得到的效用与用户的总数量有关。用户人数越多,每个用户得到的效用就越高。

(6) 可持续性。在很大程度上能有效杜绝传统工业生产对有形资源、能源的过度消耗,造成环境污染、生态恶化等危害,实现了社会经济的可持续发展。

(7) 直接性。由于网络的发展,经济组织结构趋向扁平化,处于网络端点的生产者与消费者可直接联系,降低了传统中间商存在的必要性,从而显著降低了交易成本,提高了经济效益。

【作 业】

1. ( )是人类文明的核心,在农业时代是土地,在工业时代是机器,在数字时代是数据。
   A. 自然环境　　　　B. 物质财富　　　　C. 生产资料　　　　D. 信息资源

2. ( )方式是人类文明的重要表征。在智能时代,基于数字劳动而不断推动和丰富着"数字文明"。
   A. 劳动　　　　　　B. 学习　　　　　　C. 生活　　　　　　D. 生产

3. 以( )技术为基座的互联网,促进交流、提高效率,也在重塑制度、催生变革,更影响社会思潮和人类文明进程。这是不可逆转的时代趋势。
   A. 物理　　　　　　B. 信息　　　　　　C. 电子　　　　　　D. 数字

4. 随着计算机技术全面和深度地融入社会生活,信息爆炸不仅使世界充斥着比以往更多的信息,而且其增长速度也在加快。信息总量的变化导致了(   )——量变引起了质变。

   A. 数据库的出现　　　　　　　　　　B. 信息形态的变化

   C. 网络技术的发展　　　　　　　　　D. 软件开发技术的进步

5. 综合观察社会各个方面,例如(   )的变化趋势,我们能真正意识到信息爆炸或者说大数据的时代已经到来。

   ①天文学　　　　②医疗器械　　　　③医疗保险　　　　④互联网公司

   A. ①②④　　　　B. ①②③　　　　C. ①③④　　　　D. ②③④

6. 南加利福尼亚大学安嫩伯格通信学院的马丁·希尔伯特进行了一个比较全面的研究,他试图得出人类所创造、存储和传播的一切信息的确切数目。有趣的是,根据马丁·希尔伯特的研究,在2007年的数据中,(   )。

   A. 只有7%是模拟数据,其余全部是数字数据　　B. 只有7%是数字数据,其余全部是模拟数据

   C. 几乎全部都是模拟数据　　　　　　　　　　D. 几乎全部都是数字数据

7. 公元前3世纪,亚历山大图书馆可以代表世界上所有的知识量。但是,当数字数据洪流席卷世界之后,每个地球人都可以获得大量的数据信息,相当于当时亚历山大图书馆存储的数据总量的(   )倍之多。

   A. 3　　　　　　B. 320　　　　　　C. 30　　　　　　D. 3 200

8. 对于人类来说,唯一最重要的物理定律便是(   )。但对于细小的昆虫来说,物理宇宙中有效的约束是(   )。

   A. 表面张力,万有引力　　　　　　　B. 万有引力,表面张力

   C. 万有引力,万有引力　　　　　　　D. 能量守恒,表面张力

9. 如果仅仅是从数据量的角度来看的话,大数据在过去就已经存在了。现在和过去的区别之一,就是大数据已经不仅产生于特定领域中,而且还产生于我们每天的日常生活中。(   )是促进大数据时代到来的主要动力。

   ①硬件性价比提高与软件技术进步　　　　②云计算的普及

   ③大数据作为BI的进化形式　　　　　　　④贸易保护促进了地区经济的发展

   A. ①③④　　　　B. ①②④　　　　C. ②③④　　　　D. ①②③

10. 所谓大数据,狭义上可以定义为(   )。

    A. 用现有的一般技术难以管理的大量数据的集合

    B. 随着互联网的发展,在我们身边产生的大量数据

    C. 随着硬件和软件技术的发展,数据的存储、处理成本大幅下降,从而促进数据大量产生

    D. 随着云计算的兴起而产生的大量数据

11. 所谓"用现有的一般技术难以管理",例如是指(   )。

    A. 由于数据量的增大,导致对非结构化数据的查询产生了数据丢失

    B. 用目前在企业数据库中占主流地位的关系数据库无法进行管理的、具有复杂结构的数据

C. 分布式处理系统无法承担如此巨大的数据量

D. 数据太少无法适应现有的数据库处理条件

12. 大数据的定义是一个被故意设计成主观性的定义,即并不定义大于一个特定数字的字节数才称为大数据。随着技术的不断发展,符合大数据标准的数据集容量(　　)。

　　A. 稳定不变　　　　B. 略有精简　　　　C. 也会增长　　　　D. 大幅压缩

13. 可以用三个特征相结合定义大数据,即(　　)。

　　A. 数量、数值和速度　　　　　　　　B. 庞大容量、极快速度和丰富的数据种类

　　C. 数量、速度和价值　　　　　　　　D. 丰富的数据、极快的速度、极大的能量

14. 数据产生和更新的频率,也是衡量大数据的一个重要特征。在下列选项中,(　　)都能说明大数据速度(速率)这一特征。

　①在大数据环境中,数据产生得很快,在极短的时间内就能聚集起大量的数据集

　②从企业的角度来说,数据的速率代表数据从进入企业边缘到能够马上进行处理的时间

　③处理快速的数据输入流,需要企业设计出稳妥的数据处理方案和简单的数据存储能力

　④在数据变化过程中对其数量和种类执行有效分析处理,而不只是在它静止后执行分析

　　A. ②③④　　　　B. ①②③　　　　C. ①③④　　　　D. ①②④

15. (　　)、传感器和数据采集技术的快速发展、通过云和虚拟化存储设施增加的信息链路,以及创新软件和分析工具,正在驱动着大数据。

　　A. 廉价的存储　　　　　　　　　　　　B. 昂贵的存储

　　C. 小而精的存储　　　　　　　　　　　D. 昂贵且精准的存储

16. (　　)能改变人们的思维、行动和运营方式,允许实现系统自动化,并释放人力资源以增加价值,使企业更加敏捷和响应,而不是通过管理任务进行磨炼。

　　A. 电子化　　　　B. 数字化　　　　C. 信息化　　　　D. 自动化

17. (　　)是指:通过二进制代码表示的物理项目或活动。它描述了最新数字技术在改善组织流程,改善人员,组织与事物之间的交互或使新的业务模型成为可能方面的主要用途。

　　A. 业务-转型　　　　B. 数字化　　　　C. 数字　　　　D. 数据处理

18. (　　)数字化,是利用数字技术,对企业、政府等各类组织的业务模式、运营方式,进行系统化、整体性的变革,更关注数字技术对组织的整个体系的赋能和重塑。

　　A. 深刻的　　　　B. 狭义的　　　　C. 广义的　　　　D. 普遍的

19. 当企业随着技术进步而采用全新的方式来开展业务时,他们就是在实施(　　)。这是使用数字化工具从根本上实现转变的过程,是指通过技术和文化变革来改进或替换现有的资源。

　　A. 数据优化　　　　B. 数字化转型　　　　C. 精益化生产　　　　D. 信息化发展

20. "数字化企业"的三大组成部分是(　　)。

　①企业管理人员形成"数字化"思维意识

　②企业"数字化"改造关联的规章制度和奖惩机制

　③管理人员"数字化"思维落地的监督和考核

④企业管理人员具有高级信息化职称

A. ①③④　　　　B. ①②④　　　　C. ②③④　　　　D. ①②③

实训与思考　熟悉大数据以及数字文明的定义

1. 概念理解

(1) 结合查阅相关文献资料,为"大数据"给出一个权威性的定义。

答:_____

这个定义的来源是:_____

(2) 具体描述大数据的3V特征。

答:

①volume(数量):_____

②variety(多样性):_____

③velocity(速度):_____

(3) 结合查阅相关文献资料,简单阐述"促进大数据发展"的主要因素。

答:

①_____

②_____

③_____

(4) 结合查阅相关文献资料,为"数字文明"给出一个权威性的定义。

答:_____

2. 实训总结

_____

_____

_____

3. 教师实训评价

_____

第2课

思维转变之一：样本 = 总体

学习目标

(1) 熟悉大数据思维重要转变之一：样本 = 总体。
(2) 理解数据处理中采样和采样随机性的意义。
(3) 理解大数据分析基于抽样。

学习难点

(1) 数据处理中的采样。
(2) 数据采样的随机性。

导读案例　美国百亿美元望远镜主镜安装

于1990年成功发射的哈勃太空望远镜(见图2-1)是以天文学家爱德温·哈勃为名，在轨道上环绕地球的望远镜。它的位置在地球大气层之上，因此影像不受大气湍流的扰动，视相度绝佳又没有大气散射造成的背景光，还能观测会被臭氧层吸收的紫外线，弥补了地面观测的不足，帮助天文学家解决了许多天文学上的基本问题。2013年12月，天文学家利用哈勃太空望远镜在太阳系外发现5颗行星，它们的大气层中都有水存在的迹象，是首次能确定性地测量多个系外行星的大气光谱信号特征与强度并进行比较。

图 2-1　哈勃太空望远镜

詹姆斯·韦伯太空望远镜是哈勃望远镜的继承者，这具价值88亿美元的空间望远镜有望揭开宇宙的奥秘，因此它有"时间机器"的美名。这架巨大的空间望远镜于当地时间2018年2月4日由美国宇航局成功完成最后一片镜片的安装,这也成为该望远镜十余载建造史上的一座重要的里程碑。

在位于马里兰州的美国宇航局戈达德航天飞行中心的洁净室内,研究团队使用机械手对韦伯望远镜进行组装。经过机械臂测量,韦伯望远镜的每一片六角形镜片的对角线都大于4.2英尺(约1.3 m),大约和咖啡桌一般大小,每片镜片的质量约40 kg(见图2-2)。

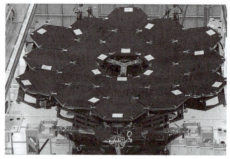

图2-2　詹姆斯·韦伯太空望远镜

美国宇航局副局长约翰·格伦费尔德表示,工程师们孜孜不倦地完成了这些不可思议、近乎完美的镜片的安装(见图2-3),人类距离解开宇宙形成奥秘的神秘面纱又近了一步。

图2-3　安装镜片

韦伯望远镜的最大特点是它拥有一个网球场大小的五层遮阳板,能够将太阳的灼热减弱至一百万分之一。为了保证科学探索的成功,韦伯望远镜的镜片需要精确排列。在极寒条件下,当温度介于零下406到零下343华氏度时,望远镜的底板位移不得超过38 nm,大约是人类毛发直径的千分之一。

韦伯望远镜是当前世界上规模最大、功能最强的望远镜。它的能力达到哈勃望远镜的100倍,能够观察到宇宙大爆炸后两亿年的场景。完成太空全面部署后,18片基本镜片和一片直径为21.3英尺(约6.5 m)的大镜片一道运作。

与在地球近地轨道上运行的哈勃望远镜不同,韦伯望远镜的目的地更加遥远。它被发射到一个称为L2的地方,即日地拉格朗日点2,该点位于距离地球表面约930 000英里(150万 km)的高度(见图2-4)。

图2-4 韦伯望远镜的位置

美国宇航局表示,韦伯太空望远镜是一部拥有红外视觉的强大的时间机器,它能够回到135亿年前的宇宙,探索在早期宇宙的黑暗中形成的第一批星球与星系。150万km的超远轨道使得它能够保持低温运作,以免其观测受到自身红外线和外界辐射的影响。

尽管韦伯望远镜拥有许多科技成果,它的总体造价高达88亿美元,远远超过了最初3.5亿美元的预算,堪称是史上最昂贵的空间望远镜之一。

阅读上文,思考、分析并简单记录:
(1)通过网络搜索,了解中国在天文望远镜建设方面的最新成就。
答:_____
_____
_____

(2)人类为什么要一再斥巨资建设观天设施和发展航天事业?
答:_____
_____
_____

(3)依你的理解,天文学及其积累的大数据,会大到什么程度?
答:_____
_____
_____

(4)简单描述你所知道的上一周内发生的国际、国内或者身边的大事。
答:_____
_____
_____
_____

人类使用数据已经有相当长一段时间了,无论是日常进行的大量非正式观察,还是过去几个世纪以来在专业层面上用高级算法进行的量化研究,都与数据有关。在大数据时代,数据处理变得更加容易、更加快速,人们能够在瞬间处理成千上万的数据。而"大数据"在于发现和理解信息内容及信息与信息之间的关系。

实际上,大数据的精髓在于我们分析信息时的三个转变,这些转变将改变我们理解和建设社会的方法,这三个转变是相互联系和相互作用的。

2.1 从采样开始改变

19世纪以来,当面临大量数据时,都依赖于采样分析。但采样分析是信息缺乏时代和信息流通受限制的模拟数据时代的产物。以前我们通常把这看成是理所当然的限制,但高性能数字技术的流行让我们意识到,这种限制其实是人为的。与局限在小数据范围相比,使用一切数据为我们带来了更高的精确性,也让我们看到了一些以前无法发现的细节——大数据让我们更清楚地看到了样本无法揭示的细节信息。

大数据思维的第一个转变,是要分析与某事物相关的所有数据,而不是依靠分析少量的数据样本。很长时间以来,因为记录、存储和分析数据的工具不够好,为了让分析变得简单,人们会把收集的数据量缩减到最少,人们依据少量数据进行分析,而准确分析大量数据一直都是一种挑战。如今,信息技术的条件已经有了非常大的提高,虽然人类可以处理的数据依然是有限的,但是可以处理的数据量已经大大地增加,而且未来会越来越多。

在某些方面,人们依然没有完全意识到自己拥有了能够收集和处理更大规模数据的能力,还是在信息匮乏的假设下做很多事情,认为自己只能收集到少量信息。这是一个自我实现的过程。人们甚至发展了一些使用尽可能少的信息的技术。例如,统计学的一个目的就是用尽可能少的数据来证实尽可能重大的发现。事实上,我们形成了一种习惯,那就是在制度、处理过程和激励机制中尽可能地减少对数据的使用。

2.2 小数据时代的随机采样

数千年来,人们一直都试图通过收集信息来管理国家,只是到最近,小企业和个人才有可能拥有大规模收集和分类数据的能力。

2.2.1 人口普查的"完整"记载

以人口普查为例。据说古埃及曾进行过人口普查。那次由恺撒主导实施的人口普查,提出了"每个人都必须纳税"。

1086年,当时的英国政府对国民人口、土地和财产做了一个前所未有的全面调查。皇家委员穿越整个国家对每个人、每件事都做了记载。然而,人口普查是一项耗资且费时的事情,尽管如此,当时收集的信息也只是一个大概情况,实施人口普查的人也知道他们不可能准确记录下每个人的信息。实际上,"人口普查"这个词来源于拉丁语的"censere",本意就是推测、估算。

三百多年前,英国缝纫用品商约翰·格朗特提出了一个很有新意的方法,来推算出鼠疫时期[①]

---

① 鼠疫时期:鼠疫又称黑死病,1348年第一次袭击英国,此后断断续续延续了300多年。当时英国有近1/3的人口死于鼠疫。到1665年,这场鼠疫肆虐了整个欧洲。仅伦敦地区就死亡六七万人以上。1665年的6月至8月仅仅3个月内,伦敦的人口就减少了十分之一。到1665年8月,每周死亡达2 000人,9月竟达8 000人。鼠疫由伦敦向外蔓延,英国王室逃出伦敦,市内的富人也携家带口匆匆出逃,居民用马车装载行李疏散到乡间。

伦敦的人口数,这种方法就是后来的统计学。这个方法不需要一个人一个人地计算。虽然这个方法比较粗糙,但采用这个方法,人们可以利用少量有用的样本信息获取人口的整体情况。虽然后来证实他能够得出正确的数据仅仅是因为运气好,但在当时他的方法大受欢迎。样本分析法一直都有较大的漏洞,因此,无论是进行人口普查还是其他大数据类的任务,人们还是一直使用清点的方法。

考虑到人口普查的复杂性以及耗时耗费的特点,政府极少进行普查。古罗马在拥有数十万人口的时候每 5 年普查一次。美国宪法规定每 10 年进行一次人口普查,而随着国家人口越来越多,只能以百万计数。但是到 19 世纪为止,即使这样不频繁的人口普查依然很困难,因为数据变化的速度超过了人口普查局统计分析的能力。

中国的人口调查有近 4 000 年的历史,留下了丰富的人口史料。但是,在封建制度下,历代政府都是为了征税、抽丁等才进行人口调查,因而隐瞒匿报人口的现象十分严重,调查统计的口径也很不一致。具有近代意义的人口普查,在 1949 年以前有过两次:一次是清宣统元年(1909)进行的人口清查,另一次是民国 17 年(1928)国民政府试行的全国人口调查。前者多数省仅调查户数而无人口数,推算出当时中国人口约为 3.7 亿人,包括边民户数总计约为 4 亿人口。后者只规定调查常住人口,没有规定标准时间。经过 3 年时间,也只对 13 个省进行了调查,其他未调查的省的人数只进行了估算。调查加估算的结果,全国人口约为 4.75 亿人。

中华人民共和国成立后,先后于 1953、1964 和 1982 年举行过 3 次人口普查,1990 年进行了第 4 次全国人口普查。前 3 次人口普查是不定期进行的,自 1990 年开始改为定期进行。根据《中华人民共和国统计法实施细则》和国务院的决定以及国务院 2010 年颁布的《全国人口普查条例》规定,人口普查每 10 年进行一次,尾数逢 0 的年份为普查年度。两次普查之间,进行一次简易人口普查。2020 年为第七次全国人口普查时间。

中华人民共和国第一次人口普查的标准时间是 1953 年 6 月 30 日 24 时,所谓人口普查的标准时间,就是规定一个时间点,无论普查员入户登记在哪一天进行,登记的人口及其各种特征都是反映那个时间点上的情况。根据上述规定,不管普查员在哪天进行入户登记,普查对象所申报的都应该是标准时间的情况。通过这个标准时间,所有普查员普查登记完成后,经过汇总就可以得到全国人口的总数和各种人口状况的数据。1953 年 11 月 1 日发布了人口普查的主要数据,当时全国人口总数为 601 938 035 人。

第七次人口普查的标准时间是 2020 年 11 月 1 日零时。2021 年 5 月 11 日发布了第七次全国人口普查主要数据。此次人口普查登记的全国总人口为 1 443 497 378 人。全国人口与 2010 年第六次全国人口普查相比,增加 72 053 872 人,增长 5.38%,年平均增长率为 0.53%。全国人口中,汉族人口为 1 286 311 334 人,占 91.11%;各少数民族人口为 125 467 390 人,占 8.89%。与 2010 年第六次全国人口普查相比,汉族人口增加 60 378 693 人,增长 4.93%;各少数民族人口增加 11 675 179 人,增长 10.26%。

2.2.2 自动处理数据的开端

美国在 1880 年进行的人口普查,耗时 8 年才完成数据汇总。因此,他们获得的很多数据都是过时的。1890 年进行的人口普查,预计要花费 13 年的时间来汇总数据。然而,因为税收分摊和国会代表人数确定都是建立在人口基础上的,必须获得正确且及时的数据。很明显,当人们被数据淹没的时候,已有的数据处理工具已经难以应付了,所以就需要有新技术。当时,美国人口普查局就和美国发明家赫尔曼·霍尔瑞斯(称为现代自动计算之父)签订了一个协议,用他的穿孔卡片制表机(见图2-5)完成1890年的人口普查。

图2-5 霍尔瑞斯普查机

经过大量努力,霍尔瑞斯成功地在1年时间内完成了人口普查的数据汇总工作。这个奇迹标志着自动处理数据的开端,也为后来 IBM 公司的成立奠定了基础。但是,将其作为收集处理大数据的方法依然过于昂贵。毕竟,每个美国人都必须填一张可制成穿孔卡片的表格,然后再进行统计。这么麻烦的情况下,很难想象如果不足十年就要进行一次人口普查应该怎么办。对于一个跨越式发展的国家而言,十年一次的人口普查的滞后性已经让普查失去了大部分意义。

2.2.3 什么是随机性

随机性这个词是用来表达目的、动机、规则或一些非科学用法的可预测性的缺失。随机性是偶然性的一种形式,是具有某一概率的事件集合中的各个事件所表现出来的不确定性。对于一个随机事件,可以探讨其可能出现的概率,反映该事件发生的可能性的大小。

一个随机的过程是一个不定因子不断产生的重复过程,但它可能遵循某个概率分布。随机经常用于统计学中,表示一些定义清晰的、彻底的统计学属性,例如缺失偏差或者相关。随机与任意不同,因为"一个变量是随机的",表示这个变量遵循概率分布。而任意在另一方面又暗示了变量没有遵循可限定概率分布。

随机性在自然科学和哲学上有着重要的地位。

2.2.4 样本随机性比数量更关键

这就是问题所在,是利用所有数据还是仅仅采用一部分呢?最明智的自然是得到有关被分析事物的所有数据,但是当数量无比庞大时,这又不太现实。那么,应该如何选择样本呢?有人提出有目的地选择最具代表性的样本是最恰当的方法。1934年,波兰统计学家耶日·奈曼指出,这只会导致更多更大的漏洞。事实证明,问题的关键是选择样本时的随机性。

统计学家们证明:采样分析的精确性随着采样随机性的增加而大幅提高,但与样本数量的增加关系不大。虽然听起来很不可思议,但事实上,研究表明,当样本数量达到了某个值之后,我们从新个体身上得到的信息会越来越少,就如同经济学中的边际效应递减一样。

认为样本选择的随机性比样本数量更重要,这种观点是非常有见地的。这种观点为我们开辟了一条收集信息的新道路。通过收集随机样本,人们可以用较少的花费做出高精准度的推断。因此,政府每年都可以用随机采样的方法进行小规模的人口普查,而不是只在每十年进行一次。事实上,政府也这样做了。例如,除了十年一次的人口大普查,美国人口普查局每年都会用随机采样的方法对经济和人口进行200多次小规模的调查。当收集和分析数据都不容易时,随机采样就成为应对信息采集困难的办法。

在商业领域,随机采样被用来监管商品质量。这使得监管商品质量和提升商品品质变得更容易,花费也更少。以前,全面的质量监管要求对生产出来的每个产品进行检查,而现在只需从一批商品中随机抽取部分样品进行检查即可。本质上来说,随机采样让大数据问题变得更加切实可行。同理,它将客户调查引进了零售行业,将焦点讨论引进了政治界,也将许多人文问题变成了社会科学问题。

随机采样取得了巨大的成功,成为现代社会、现代测量领域的主心骨。但这只是一条捷径,是在不可收集和分析全部数据的情况下的选择,它本身存在许多固有的缺陷。它的成功依赖于采样的绝对随机性,但是实现采样的随机性非常困难。一旦采样过程中存在任何偏见,分析结果就会相去甚远。

更糟糕的是,随机采样不适合考察子类别的情况。因为一旦继续细分,随机采样结果的错误率会大大增加。因此,当人们想了解更深层次的细分领域的情况时,随机采样的方法就不可取了。在宏观领域起作用的方法在微观领域失去了作用。随机采样就像是模拟照片打印,远看很不错,但是一旦聚焦某个点,就会变得模糊不清。

随机采样也需要严密的安排和执行。人们只能从采样数据中得出事先设计好的问题的结果。所以虽说随机采样是一条捷径,但它并不适用于一切情况,因为这种调查结果缺乏延展性,即调查得出的数据不可以重新分析以实现计划之外的目的。

2.3 大数据与医疗的基因排序

我们来看一下DNA分析。由于技术成本大幅下降以及在医学方面的广阔前景,个人基因排序成为一门新兴产业。

从2007年起,硅谷的科技公司23andme就开始分析人类基因,价格仅为几百美元。这可以揭示出人类遗传密码中一些会导致其对某些疾病抵抗力差的特征,如乳腺癌和心脏病。23andme希望能通过整合顾客的DNA和健康信息,了解到用其他方式不能获取的新信息。公司对某人的一小部分DNA进行排序,标注出几十个特定的基因缺陷。这只是该人整个基因密码的样本,还有几十亿个基因碱基对未排序。最后,23andme只能回答其标注过的基因组表现出来的问题。发现新标注时,该人的DNA必须重新排序,更准确地说,是相关的部分必须重新排列。只研究样本而不是整体,有利有弊:能更快更容易地发现问题,但不能回答事先未考虑到的问题。

苹果公司的史蒂夫·乔布斯在与癌症斗争的过程中采用了不同的方式,成为世界上第一个对自身所有 DNA 和肿瘤 DNA 进行排序的人。为此,他支付了高达几十万美元的费用,这是 23andme 报价的几百倍之多。所以,他得到了包括整个基因密码的数据文档。

对于一个普通的癌症患者,医生只能期望其 DNA 排列同试验中使用的样本足够相似。但是,史蒂夫·乔布斯的医生们能够基于乔布斯的特定基因组成,按所需效果用药。如果癌症病变导致药物失效,医生可以及时更换另一种药。乔布斯曾经开玩笑地说:"我要么是第一个通过这种方式战胜癌症的人,要么就是最后一个因为这种方式死于癌症的人。"虽然他的愿望都没有实现,但是这种获得所有数据而不仅是样本的方法还是将他的生命延长了好几年。

2.4　全数据模式:样本=总体

采样的目的是用最少的数据得到最多的信息,而当我们可以获得海量数据的时候,采样就没有什么意义了。如今,计算和制表已经不再困难,感应器、手机导航、网站点击和微信等被动地收集了大量数据,而计算机可以轻易地对这些数据进行处理。但是,数据处理技术已经发生了翻天覆地的改变,而我们的方法和思维却没有跟上这种改变。

在很多领域,从收集部分数据到收集尽可能多的数据的转变已经发生。如果可能,我们会收集所有的数据,即"样本=总体"。

"样本=总体"是指我们能对数据进行深度探讨。在上面提到的有关采样的例子中,用采样的方法分析情况,正确率可达 97%。对于某些事物来说,3% 的错误率是可以接受的。但是你无法得到一些微观细节的信息,甚至还会失去对某些特定子类别进行进一步研究的能力。我们不能满足于正态分布一般中庸平凡的景象。生活中有很多事情经常藏匿在细节之中,而采样分析法却无法捕捉到这些细节。

谷歌流感趋势预测不是依赖于随机样本,而是分析了全美国几十亿条互联网检索记录。分析整个数据库,而不是对一个小样本进行分析,能够提高微观层面分析的准确性,甚至能够推测出某个特定城市的流感状况。所以,我们现在经常会放弃样本分析这条捷径,选择收集全面而完整的数据。我们需要足够的数据处理和存储能力,也需要最先进的分析技术。同时,简单廉价的数据收集方法也很重要。过去,这些问题中的任何一个都很棘手。在一个资源有限的时代,要解决这些问题需要付出很高的代价。但是现在,解决这些难题已经变得简单容易得多。曾经只有大公司才能做到的事情,现在绝大部分公司都可以做到。

通过使用所有数据,我们可以发现如若不然则将会在大量数据中淹没掉的情况。例如,信用卡诈骗是通过观察异常情况来识别的,只有掌握了所有的数据才能做到这一点。在这种情况下,异常值是最有用的信息,你可以把它与正常交易情况进行对比。这是一个大数据问题。而且,因为交易是即时的,所以你的数据分析也应该是即时的。

然而,使用所有数据并不代表这是一项艰巨的任务。大数据中的"大"不是绝对意义上的大,虽然在大多数情况下是这个意思。谷歌流感趋势预测建立在数亿的数学模型上,而它们又建立在数十亿数据节点的基础之上。完整的人体基因组有约 30 亿个碱基对。但这只是单纯的数据节点的绝对数量,不代表它们就是大数据。大数据是指不用随机分析法这样的捷径,而采用所有数据的方法。谷歌流感趋势和乔布斯的医生们采取的就是大数据的方法。

因为大数据是建立在掌握所有数据,至少是尽可能多的数据的基础上的,所以我们就可以正确地考察细节并进行新的分析。在任何细微的层面,我们都可以用大数据去论证新的假设。是大数据让我们发现了流感的传播区域和对抗癌症需要针对的那部分 DNA。它让我们能清楚分析微观层面的情况。

当然,有些时候,我们还是可以使用样本分析法,毕竟我们仍然活在一个资源有限的时代。但是更多时候,利用手中掌握的所有数据成为最好也是可行的选择。

社会科学是被"样本=总体"撼动得最厉害的学科。随着大数据分析取代了样本分析,社会科学不再单纯依赖于分析实证数据。这门学科过去曾非常依赖样本分析、研究和调查问卷。当记录下来的是人们的平常状态,也就不用担心在做研究和调查问卷时存在的偏见了。现在,我们可以收集过去无法收集到的信息,不管是通过移动电话表现出的关系,还是通过微信信息表现出的感情。更重要的是,我们现在也不再依赖抽样调查了。

我们总是习惯把统计抽样看作文明得以建立的牢固基石,就如同几何学定理和万有引力定律一样。但是统计抽样其实只是为了在技术受限的特定时期,解决当时存在的一些特定问题而产生的,其历史尚不足一百年。如今,技术环境已经有了很大的改善。在大数据时代进行抽样分析就像是在汽车时代骑马一样。

在某些特定的情况下,我们依然可以使用样本分析法,但这不再是我们分析数据的主要方式。慢慢地,我们会完全抛弃样本分析。

2.5 大数据分析基于抽样

如今,数据分析非常热门,这对于统计学来说既是机遇又是挑战,机遇在于大数据分析要建立在统计学基础上。大数据的信息量非常大,但是其中有很多信息并不是我们所关心的,因此就需要对数据进行处理、挖掘和分析,从而使得大数据"可视化"。而挑战在于,传统统计学方法对大数据的分析、处理和响应太慢,需要对统计学进行发展与创新。实际上,大数据里的一些应用分析仍然需要采取统计分析方法。

无论是经典的统计分析还是大数据分析,都基于抽样分析。真正意义上的总体信息仍然是无法获得的,即使采取了各种数据采集系统,但数据采集间隔永远不可能是 0。因此,我们所说的大数据,同样是抽样数据,当然样本信息会多得多。对于数据分析者而言,我们还是应该掌握基本的统计分析思路。如果基本统计理念发生错误,那么后续的分析结果会和实际结果产生很大的偏差。

抽样调查基于推论统计学的理念。所谓推论统计学,是指在统计学中,研究如何根据样本数据去推断总体数量特征的方法。它是在对样本数据进行描述的基础上,对统计总体的未知数量特征做出以概率形式表述的推断。例如,一个班级有 50 人参加了考试,可由于某些原因大部分数据丢失,只剩下 20 人的考试成绩。那是否可以通过计算这 20 人的及格率来推断 50 人的及格率呢?答案是肯定的。但这里有个前提,就是这20人的成绩必须是随机分布的,不能是某一区间段的成绩。也就是说这20个人不能全都是不及格的,而是要有高有低随机分布的。

从全部的调查研究对象中,抽选一部分单位进行调查,并根据样本信息对全部调查研究对象(即总体)做出估计和推断的一种调查方法。抽样调查虽然是非全面调查,但它的目的却在于取得反映总体情况的信息资料,因而,可以通过样本信息对总体起到一个科学的估计和预测作用。

抽样调查最基本的前提假设就是抽样必须满足"随机性要求",也就是在总体中每一个单位被抽取的机会是均等的,不至于出现倾向性误差。所以不管是人口普查和市场调查,如果抽样不满足随机性而导致的对总体的推断错误的情况经常会发生。

再举一个案例。二战时的太平洋战争,美日交战初期,在美国的恶妇式战斗机出现之前,日军零式飞机的飞行作战能力大大强于美军的野猫式飞机,美军作战飞机被大量击落。为提高防御能力,需要对飞机的关键部位进行加固,美国国防部原先的做法是首先对飞机修理厂中的飞机进行检查,统计它们受到攻击的部位,发现飞机的尾部弹孔最多,因此,国防部要求在飞机的尾部部位加厚防弹钢板。这似乎非常正确,但效果却不尽如人意,返航率并没有提高,反而因为加重了飞机自身质量影响了飞行灵活性。

在统计研究小组介入后,形势迅速扭转,统计学家亚伯拉罕·瓦尔德指出,军方的统计样本只包括那些从战场上安全返回的飞机,实际上这些飞机的弹孔部位都是无关紧要的打击部位,最需要加固的恰恰是那些样本飞机中没有遭受打击的部位——驾驶员座位和发动机,但是这些样本却无法安全返航,因为他们都阵亡了。换句话说,能够"活着"飞回来的飞机,它们的中弹位置都是无关紧要的。因此,从飞机修理厂获得的中弹部位并不是关键的"要害"部位。而驾驶员座位和发动机才是关键部位。按瓦尔德意见改装后的飞机返航率迅速从35%上升至76%。

总结这些抽样非随机情况造成统计失真的案例可见,如果希望一个调查能够反映尽可能真实的情况,抽样的随机性是一个重要原则。在制订抽样计划时,要充分考虑可能会影响随机性的因素,否则抽样"调查"结果的可信度就会受到影响。

【作 业】

1. 人类使用数据已经有相当长一段时间了。在大数据时代,数据处理变得更加(　　　)。

　　A. 困难　　　　　B. 容易　　　　　C. 复杂　　　　　D. 难以理解

2. 19世纪以来,当面临大量数据时,社会都依赖于采样分析。但是采样分析是(　　　)时代的产物。

　　A. 计算机　　　B. 青铜器　　　　C. 模拟数据　　　　D. 云

3. 大数据时代的第一个思维转变,(　　　)。

　　A. 是要分析与某事物相关的所有数据,而不是依靠分析少量的数据样本

　　B. 是人们乐于接受数据的纷繁复杂,而不再一味追求其精确性

　　C. 是人们尝试着不再探求难以捉摸的因果关系,转而关注事物的相关关系

　　D. 是加强统计学应用,重视算法的复杂性

第2课 思维转变之一：样本=总体

4. 长期以来,已经发展了一些使用尽可能少的信息的技术,例如统计学的一个目的就是(   )。
   A. 用尽可能多的数据来验证一般的发现
   B. 同尽可能少的数据来验证尽可能简单的发现
   C. 用尽可能少的数据来证实尽可能重大的发现
   D. 用尽可能少的数据来验证一般的发现

5. 数千年来,人们一直都试图通过收集信息来管理国家。由奥古斯都·恺撒主导实施的人口普查,其目的是"(   )"。
   A. 为每个国民进行分配   B. 安排全民的生产活动
   C. 为了方便官吏统治   D. 每个人都必须纳税

6. 三百多年前,英国缝纫用品商约翰·格朗特提出了一个很有新意的方法,来推算出鼠疫时期伦敦的人口数,这种方法就是后来的统计学的雏形。采用这个方法,(   )。
   A. 人们可以利用大量有用的详细信息来获取人口的整体情况
   B. 人们可以利用少量有用的详细信息来获取人口的个别情况
   C. 人们可以利用大量有用的详细信息来获取人口的个别情况
   D. 人们可以利用少量有用的样本信息来获取人口的整体情况

7. 随机性这个词是用来表达(   )或一些非科学用法的可预测性的缺失。
   ①成果   ②目的   ③动机   ④规则
   A. ②③④   B. ①②③   C. ①②④   D. ①③④

8. "一个变量是(   )",表示这个变量遵循概率分布。
   A. 最大值   B. 随机的   C. 任意的   D. 最极致

9. "一个变量是(   )",暗示了变量没有遵循可限定概率分布。
   A. 最大值   B. 随机的   C. 任意的   D. 最极致

10. 一个随机的过程是一个(   )不断产生的重复过程,但它可能遵循某个概率分布,它在自然科学和哲学上有着重要的地位。
    A. 不定因子   B. 固定因素   C. 特定成分   D. 基本要素

11. 统计学家们证明:(   )。
    A. 采样分析的精确性随着采样随机性的增加而大幅提高,但与样本数量的增加关系不大
    B. 采样分析的精确性随着采样精确性的增加而大幅提高,但与样本数量的增加关系不大
    C. 采样分析的精确性随着采样随机性的减少而大幅提高,但与样本数量的增加关系不大
    D. 采样分析的精确性随着采样随机性的减少而大幅提高,但与样本数量的增加密切相关

12. 只研究样本而不是整体,有利有弊:(   )。
    A. 能更快更容易地发现问题,也能回答事先未考虑到的问题
    B. 能更快更容易地发现问题,但不能回答事先未考虑到的问题
    C. 虽然发现问题比较困难,但能回答事先未考虑到的问题
    D. 发现问题比较困难,也不能回答事先未考虑到的问题

13. 如今，在很多领域中，从收集部分数据到收集尽可能多的数据的转变已经发生了。如果可能，我们会收集所有数据，即"样本＝总体"，它是指（　　）。

    A. 人们能对数据进行浅层探讨，分析问题的广度

    B. 人们能对数据进行深度探讨，抓住问题的重点

    C. 人们能对数据进行深度探讨，捕捉问题的细节

    D. 人们能对数据进行浅层探讨，抓住问题的细节

14. 因为大数据是建立在（　　），所以我们就可以正确地考察细节并进行新的分析。

    A. 掌握少量精确数据的基础上，尽可能多地收集其他数据

    B. 掌握少量数据，至少是尽可能精确的数据的基础上的

    C. 尽可能掌握精确数据的基础上

    D. 掌握所有数据，至少是尽可能多的数据的基础上的

15. 无论是经典的统计分析还是大数据分析，都基于抽样分析。真正意义上的总体信息仍然是无法获得的，这是因为即使采取了各种数据采集系统，但数据采集间隔（　　）。

    A. 一般会大于0　　　　　　　　　　B. 通常大于或等于0

    C. 有时会小于0　　　　　　　　　　D. 永远不可能是0

16. 抽样调查基于（　　）统计学的理念，它是在对样本数据进行描述的基础上，对统计总体的未知数量特征做出以概率形式表述的推断。

    A. 结论　　　　B. 推论　　　　C. 悖论　　　　D. 理论

17. 抽样调查虽然是非全面调查，但它的目的在于取得反映（　　）的信息资料，因而，可以通过样本信息起到一个科学的估计和预测作用。

    A. 个别问题　　B. 全概率　　　C. 总体情况　　D. 局部情况

18. 1948年的美国总统大选，选举前芝加哥日报做了一个万分之一的"电话抽样"民意调查，调查结果发生了较大偏差，究其原因，是因为（　　）。

    A. 只有有钱人才会装电话　　　　　　B. 抽样率过低，样本数不够

    C. 没有调查移动电话　　　　　　　　D. 缺乏公用电话数据

19. 在二战时的太平洋战争空战案例中，美国的统计学家分析从飞机修理厂获得的中弹部位，认为那些能够"活着"飞回来的飞机的中弹位置都是（　　）的。

    A. 必须重视　　B. 有典型性　　C. 至关重要　　D. 无关紧要

20. 总结那些抽样统计失真的案例可见，如果希望一个调查能够反映尽可能真实的情况，抽样的（　　）是一个重要原则。

    A. 非随机性　　B. 随机性　　　C. 原则性　　　D. 典型性

实训与思考　搜索与分析，体会"样本＝总体"

1. 网络搜索与分析

（1）通过网络搜索，寻找至少三则"小数据时代随机采样"的案例并进行简单分析。

答1：＿＿

答2：_____

答3：_____

(2)通过网络搜索，寻找至少二则"DNA基因分析"的案例并进行简单分析，探索其中大数据分析的因素与作用。

答1：_____

答2：_____

(3)阐述：在大数据时代，为什么要"分析与某事物相关的所有数据，而不是依靠分析少量的数据样本"？

答：_____

(4)分析:大数据时代,还会有统计方法中的数据采样吗?它的关键是什么?

答:_____

_____

_____

2. 实训总结

_____

_____

_____

_____

3. 教师实训评价

_____

_____

第3课

思维转变之二：接受数据的混杂性

学习目标

(1) 熟悉大数据思维重要转变之二：接受数据的混杂性。

(2) 理解传统情况下数据精确度的意义。

(3) 理解大数据时代数据混杂性的意义。

学习难点

(1) 大数据简单算法与小数据复杂算法。

(2) 新的数据库设计。

导读案例　数据驱动≠大数据

数据驱动这样一种商业模式是在大数据的基础上产生的，它需要利用大数据的技术手段，对企业海量的数据进行分析处理，挖掘出这些海量数据蕴含的价值，从而指导企业进行生产、销售、经营、管理。

1. 数据驱动与大数据有区别

无论是从产生背景还是从内涵来说，数据驱动与大数据都具有很大的不同。

(1) 产生背景不同。21世纪第二个十年，伴随着大数据、人工智能、物联网、移动互联网、云计算和社交化技术的发展，一切皆可数据化，全球正逐步进入数据社会阶段，企业也存储了海量的数据。在这样的进程中，曾经能获得竞争优势的定位、效率和产业结构均不能保证企业在残酷的商业竞争中保证自身竞争优势，诺基亚、索尼等就是很好的例子。在这样的背景之下，数据驱动产生了，未来谁能更好地由数据驱动企业生产、经营、管理，谁才有可能在竞争中立于不败之地。

大数据早于数据驱动产生，但是都处于相同的时代，都是在互联网、移动互联网、云计算、物联网之后。随着这些技术的应用，积累了海量的数据，单个数据没有任何价值，但是海量的数据则蕴含着不可估量的价值，通过挖掘、分析，可从中提取出相应的价值，而大数据就是为解决这一类问题而产生的。

由分析可知，数据驱动与大数据产生的背景及目的是有差别的，不能认为数据驱动就是大数据。

(2) 内涵不同。数据驱动是一种新的运营模式。在传统的商业模式之下,企业通过差异化的战略定位、高效率的经营管理以及低成本优势,可以保证企业在商业竞争中占据有利位置,这些可以通过对流程的不断优化实现,而在移动互联网时代以及正在进入的数据社会时代,这些优势都将不能保证企业的竞争优势,只有企业的数据才能保证企业的竞争优势,也就是说,企业只有由数据驱动才能保证其竞争优势。

在这样的环境之下,传统的经营管理模式都将改变以数据为中心,由数据驱动。数据驱动的企业,这实际上是技术对商业界,对企业界的一个改变。前面,消费电子产品经历了一个从模拟走向数字化的革命历程。与此类似,企业的经营管理也将从现有模式转向数据驱动的企业。这样一个转变,实际上也是全球企业面临的一场新变革。

2. 大数据是数据及相关技术工具的统称

大数据是需要新的处理模式才能具有更强的决策力、洞察发现力和流程优化能力的海量、高增长率和多样化的信息资产。从产业角度,常常把这些数据与采集它们的工具、平台、分析系统一起统称为"大数据"。数据驱动是一种全新的商业模式,而大数据是海量的数据以及对这些数据进行处理的工具的统称。二者具有本质上的差别,不能一概而论。

3. 数据驱动与大数据有联系

虽然数据驱动与大数据有着众多的不同,但是由上面的阐述可知,数据驱动与大数据二者还是有着一定的联系。大数据是数据驱动的基础,而数据驱动是大数据的应用体现。

同样的,再先进的技术,如果不用于生产实践,则其对于社会是没有太大价值的,大数据技术应用于数据驱动的企业这样一种商业模式之下,正好体现其应用价值。

阅读上文,思考、分析并简单记录:

(1) 阅读理解上文,阐述什么是数据驱动。

答:＿＿＿

＿＿＿

＿＿＿

(2) 阐述:本文为什么说"数据驱动≠大数据"?

答:＿＿＿

＿＿＿

＿＿＿

＿＿＿

(3) 简单分析数据驱动与大数据的联系与区别。

答:＿＿＿

＿＿＿

＿＿＿

＿＿＿

(4) 简单描述你所知道的上一周内发生的国际、国内或者身边的大事。

答：_____

_____

_____

_____

当我们测量事物的能力受限时，关注最重要的事情和获取最精确的结果是可取的。直到今天，我们的数字技术依然建立在精准的基础上。我们假设只要电子数据表格把数据排序，数据库引擎就可以找出和我们检索的内容完全一致的检索记录。这种思维方式适用于掌握"小数据量"的情况，因为需要分析的数据很少，所以我们必须尽可能精准地量化我们的记录。

大数据时代的第二个转变，是我们乐于接受数据的纷繁复杂，而不再一味追求其精确性。在越来越多的情况下，使用所有可获取的数据变得更为可能，但为此也要付出一定的代价。数据量的大幅增加会造成结果的不准确，与此同时，一些错误的数据也会混进数据库。然而，重点是我们能够努力避免这些问题，而且也正在学会接受它们。

3.1 不再热衷于追求精确度

在某些方面，我们已经意识到了差别。例如，一个小商店在晚上打烊的时候要把收银台里的每分钱都数清楚，但是我们不会、也不可能用"分"这个单位去精确度量国内生产总值。随着规模的扩大，对精确度的痴迷将减弱。

达到精确需要有专业的数据库。针对小数据量和特定事情，追求精确性依然是可行的，比如一个人的银行账户上是否有足够的钱开具支票。但是，在这个大数据时代，很多时候，追求精确度已经变得不可行，甚至不受欢迎了。当我们拥有海量即时数据时，绝对的精准不再是我们追求的主要目标。大数据纷繁多样，优劣掺杂，分布在全球多个服务器上。拥有了大数据，我们不再需要对一个现象刨根究底，只要掌握大体的发展方向即可。当然，我们也不是完全放弃了精确度，只是不再沉迷于此。适当忽略微观层面上的精确度会让我们在宏观层面拥有更好的洞察力。

3.1.1 允许不精确

对"小数据"而言，最基本、最重要的要求就是减少错误，保证质量。因为收集的信息量比较少，所以必须确保记录下来的数据尽量精确。无论是确定天体的位置还是观测显微镜下物体的大小，为了使结果更加准确，很多科学家都致力于优化测量工具。在采样的时候，对精确度的要求就更高更苛刻了。因为收集信息有限，意味着细微的错误会被放大，甚至有可能影响整个结果的准确性。

历史上很多时候，人们会把通过测量世界来征服世界视为最大的成就。事实上，对精确度的高要求始于13世纪中期的欧洲。那时候，天文学家和学者对时间、空间的研究采取了比以往更为精确的量化方式，用历史学家阿尔弗雷德·克罗斯比的话来说就是"测量现实"。后来，测量方法逐渐被运用到科学观察、解释方法中，体现为一种进行量化研究、记录，并呈现可重复结果的能力。物理学家开尔文曾说过："测量就是认知"，这已成为一条至理名言。同时，很多数学家以及后来的精算师和会计师都发展了可以准确收集、记录和管理数据的方法。

然而,在不断涌现的新情况中,允许不精确的出现已经成为一个亮点,而非缺点。因为放松了容错的标准,人们掌握的数据也多了起来,还可以利用这些数据做更多新的事情。这样就不是大量数据优于少量数据那么简单了,而是大量数据创造了更好的结果。

同时,我们需要与各种各样的混乱做斗争。混乱,简单地说就是随着数据的增加,错误率也会相应增加。所以,如果桥梁的压力数据量增加1 000倍的话,其中的部分读数就可能是错误的,而且随着读数量的增加,错误率可能会继续增加。在整合来源不同的各类信息时,因为它们通常不完全一致,所以也会加大混乱程度。

混乱还可以指格式的不一致性,因为要达到格式一致,就需要在进行数据处理之前仔细地清洗数据,而这在大数据背景下很难做到。例如,I. B. M.、T. J. Watson Labs、International Business Machines都可以用来指代IBM,甚至可能有成千上万种方法称呼IBM。

3.1.2 葡萄园的温度测量

当然,在萃取或处理数据的时候,混乱也会发生。因为在进行数据转化的时候,我们是在把它变成另外的事物。

例如,温度是葡萄生长发育的重要因素。葡萄是温带植物(见图3-1),对热量要求高,但不同发育阶段对温度的要求不同。当气温升到10 ℃以上时,欧洲品种先开始萌芽。新梢生长的最适温度为25~30 ℃;开花期的最适温度为20~28 ℃,品种间稍有差异,夜间最低温不低于14 ℃,否则授粉受精不良;浆果生长不低于20 ℃,低于20 ℃,浆果生长缓慢,成熟期推迟;果实成熟期为25~30 ℃,当低于14 ℃时不能正常成熟,成熟期的昼夜温差应大于10 ℃,这样有利于糖分的积累和品质的提高。生长期温度高于40 ℃,对葡萄会造成伤害。-5 ℃以下低温根部会受冻。葡萄的生长发育还受大于10 ℃以上活动积温的影响。不同成熟期的品种对活动积温的要求不同。在露地条件下,寒冷地区由于活动积温量低,晚熟和极晚熟品种不能正常成熟,只能栽植早熟和中熟品种。在温室条件下可不受此限制。

图3-1 葡萄园

假设你要测量一个葡萄园的温度,但是整个葡萄园只有一个温度测量仪,那你就必须确保这个测量仪是精确的而且能够一直工作。反过来,如果每100棵葡萄树就有一个测量仪,有些测试数据可能是错误的,可能会更加混乱,但众多的读数合起来就可以提供一个更加准确的结果。因为这里面包含了更多的数据,而它不仅能抵消掉错误数据造成的影响,还能提供更多的额外价值。

再来想想增加读数的频率。如果每隔一分钟就测量一下温度,我们至少还能够保证测量结果是按照时间有序排列的。如果变成每分钟测量十次甚至百次的话,不仅读数可能出错,连时间先后都可能搞混乱。试想,如果信息在网络中流动,那么一条记录很可能在传输过程中被延迟,在其到达的时候已经没有意义了,甚至干脆在奔涌的信息洪流中彻底迷失。虽然我们得到的信息不再那么准确,但收集到的数量庞大的信息让我们放弃严格精确的选择变得更为划算。

3.1.3 大数据用概率说话

为了获得更广泛的数据而牺牲了精确性,也因此看到了很多如若不然无法被关注到的细节。或者,为了高频率而放弃了精确性,结果观察到了一些本可能被错过的变化。虽然如果我们能够下足够多的功夫,这些错误是可以避免的,但在很多情况下,与致力于避免错误相比,对错误的包容会带给我们更多好处。

"大数据"通常用概率说话。我们可以在大量数据对计算机其他领域进步的重要性上看到类似的变化。我们都知道,如摩尔定律所预测的,过去一段时间里计算机的数据处理能力得到了很大的提高。摩尔定律认为,每块芯片上晶体管的数量每两年就会翻一倍。这使得计算机运行更快速了,存储空间更大了。大家没有意识到的是,驱动各类系统的算法也进步了,有报告显示,在很多领域这些算法带来的进步还要胜过芯片的进步。然而,社会从"大数据"中所能得到的,并非来自运行更快的芯片或更好的算法,而是更多的数据。

由于象棋的规则家喻户晓,且走子限制良多,在过去的几十年里,象棋算法的变化很小。计算机象棋程序总是先人一步是由于对残局掌握得更好了,而之所以能做到这一点也只是因为往系统里加入了更多的数据。实际上,当棋盘上只剩下六枚棋子或更少的时候,这个残局得到了全面的分析,并且接下来所有可能的走法(样本=总体)都被记录到一个庞大的数据表格。这个数据表格如果不压缩的话,会有1 TB那么多。所以,计算机在这些重要的象棋残局中表现得完美无缺和不可战胜。

3.2 大数据简单算法与小数据复杂算法

大数据在多大程度上优于算法,这个问题在自然语言处理上表现得很明显(这是关于计算机如何学习和领悟人们在日常生活中使用语言的学科方向)。2000年,微软研究中心的米歇尔·班科和埃里克·布里尔一直在寻求改进Word程序中语法检查的方法。但是他们不能确定是努力改进现有的算法、研发新的方法,还是添加更加细腻精致的特点更有效。所以,在实施这些措施之前,他们决定往现有的算法中添加更多的数据,看看会有什么不同的变化。很多对计算机学习算法的研究都建立在百万字左右的语料库基础上。最后,他们决定往四种常见的算法中逐渐添加数据,先是一千万字,再到一亿字,最后到十亿字。

结果有点令人吃惊。他们发现,随着数据的增多,四种算法的表现都大幅提高了。当数据只有

500万字的时候,有一种简单的算法表现得很差,但当数据达到10亿字的时候,它变成了表现最好的,准确率从原来的75%提高到95%。与之相反的是,在少量数据情况下运行得最好的算法,当加入更多的数据时,也会像其他算法一样有所提高,但是却变成了在大量数据条件下运行得最不好的。其准确率从86%提高到94%。

后来,班科和布里尔在他们发表的研究论文中写道:"如此一来,我们得重新衡量一下更多的人力物力是应该消耗在算法发展上还是在语料库发展上。"

20世纪40年代,计算机由真空管制成,要占据整个房间这么大的空间。而机器翻译也只是计算机开发人员的一个想法。在冷战时期,美国掌握了大量关于苏联的各种资料,但缺少翻译这些资料的人手。所以,计算机翻译也成了亟待解决的问题。

最初,计算机研发人员打算将语法规则和双语词典结合在一起。1954年,IBM以计算机中的250个词语和六条语法规则为基础,将60个俄语词组翻译成了英语,结果振奋人心。IBM 701通过穿孔卡片读取了一句话,并将其译成"我们通过语言来交流思想"。在庆祝这个成就的发布会上,一篇报道中提到,这60句话翻译得很流畅。这个程序的指挥官表示,他相信"在三五年后,机器翻译将会变得很成熟"。

事实证明,计算机翻译最初的成功误导了人们。1966年,很多机器翻译的研究人员意识到,翻译比他们想象得更困难,他们不得不承认自己的失败。机器翻译不能只是让计算机熟悉常用规则,还必须教会计算机处理特殊的语言情况。毕竟,翻译不仅仅只是记忆和复述,也涉及选词,而明确地教会计算机这些非常不现实。

在20世纪80年代后期,IBM的研发人员提出了一个新的想法。与单纯教给计算机语言规则和词汇相比,他们试图让计算机自己估算一个词或一个词组适合于用来翻译另一种语言中的一个词和词组的可能性,然后再决定某个词和词组在另一种语言中的对等词和词组。

20世纪90年代,IBM这个名为Candide的项目花费了大概十年的时间,将大约300万句加拿大议会资料译成了英语和法语并出版。由于是官方文件,翻译的标准非常高。用当时的标准来看,数据量非常庞大。统计机器学习从诞生之日起,就聪明地把翻译的挑战变成了一个数学问题,而这似乎很有效。计算机翻译能力在短时间内就提高了很多。然而,在这次飞跃之后,IBM公司尽管投入了很多资金,但取得的成效不大。最终,IBM公司停止了这个项目。

2006年,谷歌公司也开始涉足机器翻译。这被当作实现"收集全世界的数据资源,并让人人都可享受这些资源"这个目标的一个步骤。谷歌翻译开始利用一个更大更繁杂的数据库,也就是全球的互联网,而不再只利用两种语言之间的文本翻译。

为了训练计算机,谷歌翻译系统会吸收它能找到的所有翻译。它会从各种各样语言的公司网站上寻找对译文档,以及寻找联合国和欧盟等国际组织发布的官方文件和报告的译本。它甚至会吸收速读项目中的书籍翻译。谷歌翻译部的负责人弗朗兹·奥齐是机器翻译界的权威,他指出,"谷歌的翻译系统不会像Candide一样只是仔细地翻译300万句话,它会掌握用不同语言翻译的质量参差不齐的数十亿页的文档。"不考虑翻译质量的话,上万亿的语料库就相当于950亿句英语。

尽管输入源混乱,但与其他翻译系统相比,谷歌翻译的质量相对而言还是最好的,而且可翻译的内容更多。到2012年年中,谷歌数据库涵盖了60多种语言,甚至能够接受14种语言的语音输入,并有很流利的对等翻译。之所以能做到这些,是因为它将语言视为能够判别可能性的数据,而不是语言本身。如果要将印度语译成加泰罗尼亚语,谷歌就会把英语作为中介语言。因为在翻译的时候它能适当增减词汇,所以谷歌的翻译比其他系统的翻译灵活很多(见图3-2)。

图 3-2　谷歌翻译

谷歌的翻译之所以更好并不是因为它拥有一个更好的算法机制。与微软一样,这是因为谷歌翻译增加了各种各样的数据。从谷歌的例子来看,它之所以比 IBM 的 Candide 系统多利用成千上万的数据,是因为它接受了有错误的数据。2006 年,谷歌发布的上万亿的语料库,就是来自互联网的一些废弃内容。这就是"训练集",可以正确地推算出英语词汇搭配在一起的可能性。

谷歌公司人工智能专家彼得·诺维格在题为《数据的非理性效果》的文章中写道:"大数据基础上的简单算法比小数据基础上的复杂算法更加有效。"他指出,混杂是关键。

"由于谷歌语料库的内容来自未经过滤的网页内容,所以会包含一些不完整的句子、拼写错误、语法错误以及其他各种错误。况且,它也没有详细的人工纠错后的注解。但是,谷歌语料库的数据优势完全压倒了缺点。"

3.3　纷繁的数据越多越好

通常传统的统计学家都很难容忍错误数据的存在,在收集样本的时候,他们会用一整套的策略来减少错误发生的概率。在结果公布之前,他们也会测试样本是否存在潜在的系统性偏差。这些策略包括根据协议或通过受过专门训练的专家来采集样本。但是,即使只是少量的数据,这些规避错误的策略实施起来还是耗费巨大。尤其是当我们收集所有数据的时候,这就行不通了。不仅是因为耗费巨大,还因为在大规模的基础上保持数据收集标准的一致性不太现实。

3.3.1　重新审视数据精确性

大数据时代要求我们重新审视数据精确性的优劣。如果将传统的思维模式运用于数字化、网络化的 21 世纪,就有可能错过重要的信息。

如今,我们已经生活在信息时代。我们掌握的数据库越来越全面,它包括了与这些现象相关的大量甚至全部数据。我们不再需要那么担心某个数据点对整套分析的不利影响。我们要做的就是接受这些纷繁的数据并从中受益,而不是以高昂的代价消除所有不确定性。

在华盛顿州布莱恩市的英国石油公司(BP)切里波因特炼油厂(见图3-3)里,无线感应器遍布于整个工厂,形成无形的网络,能够产生大量实时数据。在这里,酷热的恶劣环境和电气设备的存在有时会对感应器读数有所影响,形成错误的数据。但是数据生成的数量之多可以弥补这些小错误。随时监测管道的承压使得BP能够了解到,有些种类的原油比其他种类更具有腐蚀性。以前,这都是无法发现也无法防止的。

图3-3 切里波因特炼油厂

有时候,当我们掌握了大量新数据时,精确性就不那么重要了,我们同样可以掌握事情的发展趋势。大数据不仅让我们不再期待精确性,也让我们无法实现精确性。然而,除了一开始会与我们的直觉相矛盾之外,接受数据的不精确和不完美,我们反而能够更好地进行预测,也能够更好地理解这个世界。

值得注意的是,错误性并不是大数据本身固有的特性,而是一个亟须我们去处理的现实问题,并且有可能长期存在。它只是我们用来测量、记录和交流数据的工具的一个缺陷。如果说哪天技术变得完美无缺了,不精确的问题也就不复存在了。因为拥有更大数据量所能带来的商业利益远远超过增加一点精确性,所以通常我们不会再花大力气去提升数据的精确性。这又是一个关注焦点的转变,正如以前,统计学家们总是把他们的兴趣放在提高样本的随机性而不是数量上。如今,大数据给我们带来的利益,让我们能够接受不精确的存在了。

3.3.2 混杂性是标准途径

长期以来,人们一直用分类法和索引法来帮助自己存储和检索数据资源。这样的分级系统通常都不完善。而在"小数据"范围内,这些方法就很有效,但一旦把数据规模增加好几个数量级,这些预设一切都各就各位的系统就会崩溃。

相片分享网站Flickr①在2011年就已经拥有来自大概1亿用户的60亿张照片。根据预先设定好的分类来标注每张照片就没有意义了。恰恰相反,清楚的分类被更混乱却更灵活的机制所取代

---

① Flickr,一家图片分享网站。由加拿大Ludicorp公司开发设计,2004年2月正式发布。早期的Flickr是一个具有即时交换照片功能的多人聊天室,可供分享照片。后来,研发工作都集中在使用者的上传和归档功能,聊天室渐渐被忽略了。除了许多使用者在Flickr上分享他们的私人照片,该服务也可作为网络图片的存放空间,受到许多网络作者喜爱。2013年5月,Flick进行了大幅改版,彻底改变了外观和感觉,并增加了存储空间。

了，这些机制才能适应改变着的世界。

当我们上传照片到 Flickr 网站的时候，我们会给照片添加标签，也就是使用一组文本标签来编组和搜索这些资源。人们用自己的方式创造和使用标签，所以它是没有标准、没有预先设定的排列和分类，也没有我们所必须遵守的类别规定。任何人都可以输入新的标签，标签内容事实上就成为网络资源的分类标准。标签被广泛地应用于博客等社交网络上。因为它们的存在，互联网上的资源变得更加容易找到，特别是像图片、视频和音乐这些无法用关键词搜索的非文本类资源。

当然，有时人们错标的标签会导致资源编组不准确，这会让习惯了精确性的人们很痛苦。但是，我们用来编组照片集的混乱方法给我们带来了很多好处。比如，我们拥有了更加丰富的标签内容，同时能更深更广地获得各种照片。我们可以通过合并多个搜索标签来过滤我们需要寻找的照片，这在以前是无法完成的。我们添加标签时所带来的不准确性从某种意义上说明我们能够接受世界的纷繁复杂。这是对更加精确系统的一种对抗。这些精确的系统试图让我们接受一个世界贫乏而规整的惨象——假装世间万物都是整齐地排列的。而事实上现实是纷繁复杂的，天地间存在的事物也远远多于系统所设想的。

互联网上最火的网址都表明，它们欣赏不精确而不会假装精确。当一个人见到快手的"喜欢"按钮时，可以看到有多少其他人也在点击。当数量不多时，会显示像"63"这种精确的数字。当数量很大时，则只会显示近似值，如"4 000"。这并不代表系统不知道正确的数据是多少，只是当数量规模变大的时候，确切的数量已经不那么重要了。另外，数据更新得非常快，甚至在刚刚显示出来的时候可能就已经过时了。所以，同样的原理适用于时间的显示。电子邮箱会确切标注在很短时间内收到的信件，比方说"11 分钟之前"。但是，对于已经收到一段时间的信件，则会标注如"两个小时之前"这种不太确切的时间信息。

如今，要想获得大数据带来的好处，混乱应该是一种标准途径，而不应该是竭力避免的。

3.4　新的数据库设计

传统的关系数据库是为小数据的时代设计的，所以能够也需要仔细策划。在那个时代，人们遇到的问题无比清晰，数据库被设计用来有效地回答这些问题。

传统的数据库引擎要求数据高度精确和准确排列。数据不是单纯地被存储，它往往被划分为包含"域"（字段）的记录，每个域都包含了特定种类和特定长度的信息。比方说，某个数值域被设定为 7 位数长，一个 1 000 万或者更大的数值就无法被记录。一个人想在某个记录手机号码的域中输入一串汉字是"不被允许"的。想要被允许，则需要改变数据库结构才可以。索引是事先就设定好了的，这也就限制了人们的搜索。增加一个新的索引往往很耗费时间，因为需要改变底层的设计。预设场域显示的是数据的整齐排列。最普遍的数据库查询语言是结构化查询语言（SQL）。

但是，这种数据存储和分析的方法越来越和现实相冲突。我们发现，不精确已经开始渗入数据库设计这个最不能容忍错误的领域。我们现在拥有各种各样、参差不齐的海量数据。很少有数据完全符合预先设定的数据种类。而且，我们想要数据回答的问题，也只有在我们收集和处理数据的过程中才能得到。这些现实条件促进新的数据库设计的诞生。

近年的大转变是非关系型数据库的出现，它不需要预先设定记录结构，允许处理超大量五花八门的数据。因为包容了结构多样性，这些数据库设计要求更多的处理和存储资源。帕特·赫兰德是权威的数据库设计专家之一，他把这称为一个重大转变。他分析了被各种各样质量参差不齐的数据所侵蚀的传统数据库设计的核心原则，他认为，处理海量数据会不可避免地导致部分信息的缺失。虽然这本来就是有"损耗性"的，但是能快速得到想要的结果弥补了这个缺陷。

传统数据库的设计要求在不同的时间提供一致的结果。比方说，如果你查询你的账户结余，它会提供给你确切的数目；而你几秒之后查询的时候，系统应该提供给你同样的结果，没有任何改变。但是，随着数据数量的大幅增加以及系统用户的增加，这种一致性将越来越难保持。

大的数据库并不是固定在某个地方的，它一般分散在多个硬盘和多台计算机上。为了确保其运行的稳定性和速度，一条记录可能会分开存储在两三个地方。如果一个地方的记录更新了，其他地方的记录则只有同步更新才不会产生错误。传统的系统会一直等到所有地方的记录都更新，然而，当数据广泛地分布在多台服务器上而且服务器每秒都会接受成千上万条搜索指令的时候，同步更新就比较不现实了。因此，多样性是一种解决的方法。

最能代表这个转变的就是Hadoop。Hadoop是与谷歌的MapReduce系统相对应的开源式分布系统的基础架构，它非常善于处理超大量的数据。通过把大数据变成小模块，然后分配给其他机器进行分析，它实现了对超大量数据的处理。它预见到硬件可能会瘫痪，所以在内部建立了数据的副本，它还假定数据量之大导致数据在处理之前不可能整齐排列。典型的数据分析需要经过"萃取、转移和下载"，这样一个操作流程，但是Hadoop不拘泥于这样的方式。相反，它假定了数据量的巨大使得数据完全无法移动，所以人们必须在本地进行数据分析。

Hadoop的输出结果没有关系型数据库输出结果那么精确，它不能用于卫星发射、开具银行账户明细这种精确度要求很高的任务。但是对于不要求极端精确的任务，它就比其他系统运行得快很多，比如说把顾客分群，然后分别进行不同的营销活动。

信用卡公司VISA使用Hadoop，能够将处理两年内730亿单交易所需的时间，从一个月缩减至13分钟。这样大规模处理时间上的缩减足以变革商业了。也许Hadoop不适合正规记账，但是当可以允许少量错误的时候它就非常实用。接受混乱，我们就能享受极其有用的服务，这些服务如果使用传统方法和工具是不可能做到的，因为那些方法和工具处理不了这么大规模的数据。

3.5 5%数字数据与95%非结构化数据

据估计，只有5%的数字数据是结构化的且能适用于传统数据库。如果不接受混乱，剩下95%的非结构化数据都无法被利用，比如网页和视频资源。通过接受不精确性，我们打开了一个从未涉足的世界的窗户。

我们怎么看待使用所有数据和使用部分数据的差别，以及我们怎样选择放松要求并取代严格的精确性，将会对我们与世界的沟通产生深刻的影响。随着大数据技术成为日常生活中的一部分，我们应该开始从一个比以前更大更全面的角度来理解事物，也就是说应该将"样本＝总体"植入我们的思维中。

第3课 思维转变之二：接受数据的混杂性

现在，我们能够容忍模糊和不确定出现在一些过去依赖于清晰和精确的领域，当然过去可能也只是有清晰的假象和不完全的精确。只要我们能够得到一个事物更完整的概念，我们就能接受模糊和不确定的存在。就像印象派的画风一样（见图3-4），近看画中的每一笔都感觉是混乱的，但是退后一步你就会发现这是一幅精美的作品，因为你退后一步的时候就能看出画作的整体思路了。

图3-4　印象派画作

相比依赖于小数据和精确性的时代，大数据因为更强调数据的完整性和混杂性，帮助我们进一步接近事实的真相。"部分"和"确切"的吸引力是可以理解的。但是，当我们的视野局限在我们可以分析和能够确定的数据上时，我们对世界的整体理解就可能产生偏差和错误。不仅失去了去尽力收集一切数据的动力，也失去了从各个不同角度来观察事物的权利。所以，局限于狭隘的小数据中，我们可以自豪于对精确性的追求，但是就算我们可以分析得到细节中的细节，也依然会错过事物的全貌。

大数据要求我们有所改变，我们必须能够接受混乱和不确定性。精确性似乎一直是我们生活的支撑，但认为每个问题只有一个答案的想法是站不住脚的。

【作　业】

1. 当我们测量事物的能力受限时，关注最重要的事情和获取最精确的结果是可取的。直到今天，我们的数字技术依然建立在精准的基础上。这种思维方式适用于掌握（　　）的情况。

    A. 小数据量　　　　B. 大数据量　　　　C. 无数据　　　　D. 多数据

2. 当人们拥有海量即时数据时，绝对的精准不再是人们追求的主要目标。当然，（　　）。适当忽略微观层面上的精确度会让我们在宏观层面拥有更好的洞察力。

    A. 我们应该完全放弃精确度，不再沉迷于此

    B. 我们不能放弃精确度，需要努力追求精确度

    C. 我们也不是完全放弃了精确度，只是不再沉迷于此

    D. 我们是在确保精确度的前提下，适当寻求更多数据

3. 大数据时代的第二个思维转变，（　　）。

    A. 是要分析与某事物相关的所有数据，而不是依靠分析少量的数据样本

    B. 是人们乐于接受数据的纷繁复杂，而不再一味追求其精确性

C. 是人们尝试着不再探求难以捉摸的因果关系,转而关注事物的相关关系

D. 是加强统计学应用,重视算法的复杂性

4. 一个小商店在晚上打烊的时候要把收银台里的每分钱都数清楚,但是我们不会、也不可能用"分"这个单位去精确度量国内生产总值。随着规模的扩大,对精确度的痴迷将(　　)。

  A. 随机体现　　　　B. 取消　　　　　　C. 加强　　　　　　D. 减弱

5. 在大数据时代,当我们针对的是小数据量和特定事情,追求精确性(　　)。

  A. 不能允许　　　　B. 依然可行　　　　C. 没有必要　　　　D. 方向偏离

6. 对"(　　)"而言,最基本、最重要的要求就是减少错误,保证质量。因为收集的信息量比较少,所以必须确保记录下来的数据尽量精确。

  A. 数据处理　　　　B. 大数据　　　　　C. 小数据　　　　　D. 方向预测

7. 历史上很多时候,人们会把通过测量世界来征服世界视为最大的成就。物理学家开尔文曾说过:"(　　)",这已成为一条至理名言。

  A. 世界需要测量　　　　　　　　　　B. 测量数据才能认识世界

  C. 数理就是测量　　　　　　　　　　D. 测量就是认知

8. 在大数据时代,在不断涌现的新情况里,(　　)。因为放松了容错标准,人们掌握的数据多了起来,可以利用来做更多事情。

  A. 允许不精确的出现已经成为一个亮点,而非缺点

  B. 允许不精确的出现已经成为一个缺点,而非优点

  C. 允许不精确的出现已经成为一个历史

  D. 允许不精确的出现已经得到控制

9. 在数据处理的时候,我们需要与各种各样的"混乱"做斗争。所谓混乱,简单地说就是(　　)。

  ①随着数据的增加,错误率也会相应增加

  ②在整合不同信息时,通常会放大它们之间不完全一致的程度

  ③不同来源的数据其格式的不一致性

  ④数值数据经过算术运算之后得到综合结果

  A. ②③④　　　　　B. ①②③　　　　　C. ①②④　　　　　D. ①③④

10. 温度是葡萄生长发育的重要因素。葡萄是温带植物,对热量要求高,但(　　)。

  A. 不同发育阶段对温度的要求一致　　　B. 同一发育阶段对温度的要求不同

  C. 有的发育阶段对温度没有要求　　　　D. 不同发育阶段对温度的要求不同

11. 为了获得更广泛的数据而牺牲了精确性,也因此看到了很多原先没有关注到的细节,(　　)。

  A. 在很多情况下,与致力于避免错误相比,对错误的包容会带给我们更多问题

  B. 在很多情况下,与致力于避免错误相比,对错误的包容会带给我们更多好处

  C. 无论什么情况,我们都不能容忍错误的存在

  D. 无论什么情况,我们都可以包容错误

第3课 思维转变之二：接受数据的混杂性

12. 有报告显示，在很多领域中各类算法带来的进步要胜过芯片的进步。然而，社会从"大数据"中所能得到的，却是更多的（　　）。

    A. 数据　　　　　　B. 芯片　　　　　　C. 算法　　　　　　D. 利润

13. 以前，统计学家们总是把他们的兴趣放在提高样本的随机性而不是数量上，是因为（　　）。

    A. 提高样本随机性可以减少对数据量的需求

    B. 样本随机性优于对大数据的分析

    C. 可以获取的数据少，提高样本随机性可以提高分析准确率

    D. 提高样本随机性是为了减少统计分析的工作量

14. 研究表明，在少量数据情况下运行得最好的算法，当加入更多的数据时，（　　）。

    A. 也会像其他的算法一样有所提高，但是却变成了在大量数据条件下运行得最不好的

    B. 与其他的算法一样有所提高，仍然是在大量数据条件下运行得最好的

    C. 与其他的算法一样有所提高，在大量数据条件下运行得还是比较好的

    D. 虽然没有提高，还是在大量数据条件下运行得最好的

15. "大数据基础上的简单算法比小数据基础上的复杂算法更加有效。"谷歌公司人工智能专家的研究指出，其中（　　）。

    A. 精确是关键　　　　　　　　　　　　B. 混杂是关键

    C. 并没有特别之处　　　　　　　　　　D. 精确和混杂同样重要

16. 如今，要想获得大规模数据带来的好处，混乱应该是一种（　　）。

    A. 不正确途径，需要竭力避免的　　　　B. 非标准途径，应该尽量避免的

    C. 非标准途径，但可以勉强接受的　　　D. 标准途径，而不应该是竭力避免的

17. 传统的关系数据库能够也需要仔细策划。在小数据时代，（　　）。

    A. 人们遇到的问题无比清晰，数据库被设计用来有效地回答这些问题

    B. 人们遇到的问题很模糊，数据库被设计用来尽力回答这些问题

    C. 人们遇到的问题很模糊，数据库无须有效地回答这些问题

    D. 人们遇到的问题无比清晰，但数据库设计很复杂，无法有效地回答这些问题

18. 研究表明，只有（　　）的数字数据是结构化的且能适用于传统数据库。如果不接受混乱，剩下（　　）的非结构化数据都无法被利用。

    A. 95%，5%　　　　B. 30%，70%　　　　C. 5%，95%　　　　D. 70%，30%

19. 怎么看待使用所有数据和部分数据的差别，以及怎样选择放松要求并取代严格的精确性，将会对我们与世界的沟通产生深刻影响。在大数据时代，应该将"（　　）"植入我们的思维中。

    A. 样本=总体　　　B. 总体=样本　　　C. 随机是根本　　　D. 精确最重要

20. 在大数据面前，现在我们能够容忍（　　）出现在一些过去依赖于清晰和精确的领域，只要我们能够得到一个事物更完整的概念，我们就能接受模糊和不确定的存在。

    A. 抽样和随机　　　　　　　　　　　　B. 模糊和不确定

    C. 精确和标准　　　　　　　　　　　　D. 确定与不确定

47

实训与思考　搜索与分析,体验"接受数据的混杂性"

1. 网络搜索与分析

(1) 通过网络搜索,举例说明为什么"大数据的简单算法要优于小数据的复杂算法"?

答:＿＿

＿＿＿

＿＿＿

(2) 通过网络搜索,举例说明"5%的是数字数据(结构化数据),95%的是非结构化数据"。

答:＿＿

＿＿＿

＿＿＿

(3) 简述,在大数据时代,为什么"我们乐于接受数据的纷繁复杂,而不再一味地追求其精确性"?

答:＿＿

＿＿＿

＿＿＿

2. 实训总结

＿＿＿

＿＿＿

＿＿＿

3. 教师实训评价

＿＿＿

＿＿＿

第4课

思维转变之三:重视相关关系

学习目标

(1)熟悉大数据思维重要转变之三:重视相关关系。
(2)熟悉传统生活中的因果关系和相关关系。
(3)理解大数据时代通过因果关系和相关关系了解世界。

学习难点

(1)相关关系的关联物。
(2)通过相关关系了解世界。

导读案例 亚马逊推荐系统

虽然亚马逊的故事大多数人都耳熟能详,但只有少数人知道它早期的书评内容最初是由人工完成的。当时,它聘请了一个由20多名书评家和编辑组成的团队,他们写书评、推荐新书,挑选非常有特色的新书标题放在亚马逊的网页上(见图4-1)。这个团队创立了"亚马逊的声音"版块,成为当时公司皇冠上的一颗宝石,是其竞争优势的重要来源。《华尔街日报》的一篇文章中热情地称他们为全美最有影响力的书评家,因为他们使得书籍销量猛增。

图4-1 亚马逊图书推荐

亚马逊公司的创始人及总裁杰夫·贝索斯决定尝试一个极富创造力的想法:根据客户个人以前的购物喜好,为其推荐相关的书籍。

从一开始,亚马逊就从每个客户那里收集了大量的数据。比如说,他们购买了什么书籍?哪些书他们只浏览却没有购买?他们浏览了多久?哪些书是他们一起购买的?客户的信息数据量非常大,所以亚马逊必须先用传统的方法对其进行处理,通过样本分析找到客户之间的相似性。但这些推荐信息是非常原始的,就如同你在买一件婴儿用品时,会被淹没在一堆差不多的婴儿用品中一样。詹姆斯·马库斯回忆说:"推荐信息往往为你提供与你以前购买物品有微小差异的产品,并且循环往复。"

亚马逊的格雷格·林登很快就找到了一个解决方案。他意识到,推荐系统实际上并没有必要把顾客与其他顾客进行对比,这样做其实在技术上也比较烦琐。它需要做的是找到产品之间的关联性。1998年,林登和他的同事申请了著名的"项目到项目"协同过滤技术的专利。方法的转变使技术发生了翻天覆地的变化。

因为估算可以提前进行,所以推荐系统不仅快,而且适用于各种各样的产品。因此,当亚马逊跨界销售除书以外的其他商品时,也可以对电影或烤面包机这些产品进行推荐。由于系统中使用了所有的数据,推荐会更理想。林登回忆道:"在组里有句玩笑话,说的是如果系统运作良好,亚马逊应该只推荐你一本书,而这本书就是你将要买的下一本书。"

现在,公司必须决定什么应该出现在网站上。是亚马逊内部书评家写的个人建议和评论,还是由机器生成的个性化推荐和畅销书排行榜?

林登做了一个关于评论家所创造的销售业绩和计算机生成内容所产生的销售业绩的对比测试,结果他发现两者之间相差甚远。他解释说,通过数据推荐产品所增加的销售远远超过书评家的贡献。计算机可能不知道为什么喜欢海明威作品的客户会购买菲茨·杰拉德的书。但是这似乎并不重要,重要的是销量。最后,编辑们看到了销售额分析,亚马逊也不得不放弃每次的在线评论,最终,书评组被解散了。林登回忆说:"书评团队被打败、被解散,我感到非常难过。但是,数据没有说谎,人工评论的成本是非常高的。"

如今,据说亚马逊销售额的三分之一都来自它的个性化推荐系统。有了它,亚马逊不仅使很多大型书店和音乐唱片商店歇业,而且当地数百个自认为有自己风格的书商也难免受转型之风的影响。

知道人们为什么对这些信息感兴趣可能是有用的,但这个问题目前并不是很重要。但是,知道"是什么"可以创造点击率,这种洞察力足以重塑很多行业,不仅仅只是电子商务。所有行业中的销售人员早就被告知,他们需要了解是什么让客户做出了选择,要把握客户做决定背后的真正原因,因此专业技能和多年的经验受到高度重视。大数据却显示,还有另外一个在某些方面更有用的方法。亚马逊的推荐系统梳理出了有趣的相关关系,但不知道背后的原因——知道是什么就够了,没必要知道为什么。

阅读上文,请思考、分析并简单记录:

(1)你熟悉京东等电商网站的推荐系统吗?请列举一个这样的实例(你选择购买什么商品,网站又给你推荐了其他什么商品)。

答：_____
_____
_____

(2) 亚马逊书评组和林登推荐系统各自成功的基础是什么？
答：_____
_____
_____

(3) 为什么书评组最终输给了推荐系统？说说你的观点。
答：_____
_____
_____

(4) 简单描述你所知道的上一周内发生的国际、国内或者身边的大事。
答：_____
_____
_____
_____

  所谓因果关系，是指一种现象是另一种现象的原因，而另一种现象是结果。寻找因果关系（缘由）是人类长久以来的习惯，即使确定因果关系很困难而且用途不大，人们常常也是如此。而共变关系是指表面看起来有联系的两种事物实际上都与第三种现象有关。

  所谓相关关系，是指两类现象在发展变化的方向与大小方面存在一定的联系，但不是因果，也不是共变关系。也就是，既不能确定这两类现象之间哪个是因哪个是果；也有理由认为这两者并不同时受第三因素的影响，即不存在共变关系。具有相关关系的这两种现象之间情况是比较复杂的，甚至可能包含暂时尚未认识的因果关系以及共变关系在内。例如，同一组学生的语文成绩和数学成绩的关系，就属于相关关系。大数据时代的第三个思维转变，是重视数据间的相关关系。这是因前两个思维转变而促成的。

4.1 生活中的因果关系

  因果关系在生活中无处不在。经济、法律、医学、物理、统计、哲学、宗教等众多学科都与因果分析密不可分。然而，和其他概念相比（如统计的相关性），因果这个概念却非常难定义。利用直觉，人们可以轻易判断日常生活中的因果关系，但是，如果要求用清晰、没有歧义的语言准确回答"因果关系是什么"这个问题，超出了一般人的能力范围。

4.1.1 因果关系的定义

人们在研究中有一些对于因果关系的探讨。例如,在哲学话题下:"因果关系是真实存在,还是我们认识世界的一种方法?"这个问题的大多数答案都把重心放在认知论上,如"我们怎么知道,我们认知的因果关系是可靠的?"似乎大家都默认"什么是因果关系"是一个琐碎得不需要讨论的前提,从而没有给出一个实用的因果模型。事实上,因果关系是一个本体论(存在论)的话题:我们需要找到一个符合直觉、足够广泛,但也足够具体的定义来描述因果关系;在此基础之上,我们还需要一套可靠的判定因果的方法。

常用的统计因果模型都采用了介入主义的诠释:因果关系的定义依赖于"介入"的概念;外在的介入是因,产生现象的变化是果。

18世纪英国哲学家大卫·休谟认为:因果就是"经常性联结"。如果我们观察到A总是在B之前发生,事件A与事件B始终联结在一起,那么A就导致了B,或者说A是B的原因。但不同的看法是:令A表示公鸡打鸣,令B表示日出。自然条件下,日出之前总有公鸡打鸣,但不会有人认为公鸡打鸣导致了日出。假如我们进行介入,监禁了所有的公鸡,使它们无法打鸣,太阳仍然会照常升起。

可见,休谟用的经常性联结只能定义相关性,不能定义因果性。在统计学成为一门严谨的学科,清晰地分离相关性和因果性之前,大多数人都把相关性和因果性混为一谈。即便到了现在,认为相关就代表因果的人也不在少数。

相关性是对称的,而因果性是不对称的。如果A是B的原因,那么B是A的结果,但我们绝不会同时说"事件A是事件B的原因,事件A也是事件B的结果"。

虽然哲学家们看似没有对因果关系给出令人满意的诠释。但实际上在统计、经济等领域,已经有大量成熟且投入使用的因果模型,它们准确反映了人们对因果的直觉认识,而且能被精确的数学语言描述。

4.1.2 不再热衷于因果关系

在大数据时代,我们无须再紧盯事物之间的因果关系,而应该寻找事物之间的相关关系,这会给我们提供非常新颖且有价值的观点。相关关系也许不能准确地告知我们某件事情为何会发生,但是它会提醒我们这件事情正在发生。在许多情况下,这种提醒的帮助已经足够大了。

例如,如果数百万条电子医疗记录都显示橙汁和阿司匹林的特定组合可以治疗癌症,那么找出具体的药理机制就没有这种治疗方法本身来得重要。同样,只要我们知道什么时候是买机票的最佳时机,就算不知道机票价格疯狂变动的原因也无所谓了。大数据告诉我们"是什么"而不是"为什么"。在大数据时代,我们不必知道现象背后的原因,只要让数据自己发声。我们不再需要在还没有收集数据之前,就把分析建立在早已设立的少量假设的基础之上。让数据发声,我们会注意到很多以前从来没有意识到的联系的存在。

在传统观念下,人们总是致力于找到一切事情发生背后的原因。然而在很多时候,寻找数据间的关联并利用这种关联就足够了。这些思想上的重大转变导致了第三个变革,我们尝试着不再探求难以捉摸的因果关系,转而关注事物的相关关系。

4.2 关联物,预测的关键

虽然在小数据世界中相关关系也是有用的,但在大数据背景下相关关系大放异彩。通过应用相关关系,我们可以比以前更容易、更快捷、更清楚地分析事物。

4.2.1 什么是相关关系

相关关系的核心是指量化两个数据值之间的数理关系。相关关系强,是指当一个数据值增加时,另一个数据值很有可能也会随之增加。我们已经看到过这种很强的相关关系,比如谷歌流感趋势:在一个特定的地理位置,越多的人通过谷歌搜索特定的"流感及其相关"词条,该地区就有更多的人患了流感。相反,相关关系弱,就意味着当一个数据值增加时,另一个数据值几乎不会发生变化。例如,我们可以寻找关于某个人的鞋码与其幸福的相关关系,但会发现它们几乎扯不上什么关系。

相关关系通过识别有用的关联物来帮助我们分析一个现象,而不是通过揭示其内部的运作机制。当然,即使是很强的相关关系也不一定能解释每一种情况,比如两个事物看上去行为相似,但很有可能只是巧合。相关关系没有绝对,只有可能性。也就是说,不是电商推荐的每本书都是顾客想买的书。但是,如果相关关系强,一个相关链接成功的概率是很高的。这一点很多人可以证明,他们的书架上有很多书都是因为图书电商推荐而购买的。

4.2.2 找到良好的关联物

通过找到一个现象的良好的关联物,相关关系可以帮助我们捕捉现在和预测未来。如果 A 和 B 经常一起发生,我们只需要注意到 B 发生了,就可以预测 A 也发生了。这有助于我们捕捉可能和 A 一起发生的事情,即使我们不能直接测量或观察到 A。更重要的是,它还可以帮助我们预测未来可能发生什么。当然,相关关系是无法预知未来的,他们只能预测可能发生的事情。但是,这已经极其珍贵了。

2004 年,沃尔玛对历史交易记录这个庞大的数据库进行了分析观察。这个数据库记录的不仅包括每一个顾客的购物清单以及消费额,还包括购物车中的物品(见图 4-2)、具体购买时间,甚至购买当日的天气。沃尔玛公司注意到,每当在季节性台风来临之前,不仅手电筒销售量增加了,而且蛋挞(美式含糖早餐零食)的销量也增加了。因此,当季节性台风来临时,沃尔玛会把库存的蛋挞放在靠着防台用品的位置,以方便行色匆匆的顾客从而增加销量。

在大数据时代来临前很久,相关关系就已经被证明大有用途了。这个观点是 1888 年弗朗西斯·高尔顿提出的,他注意到人的身高和前臂的长度有关系。相关关系背后的数学计算是直接而又有活力的,这是相关关系的本质特征,也是让相关关系成为最广泛应用的统计计量方法的原因。但是,在大数据时代之前,相关关系的应用很少。因为数据很少而且收集数据很费时费力,所以统计学家们喜欢找到一个关联物,然后收集与之相关的数据进行相关关系分析来评测这个关联物的优劣。

图 4-2 超市的购物车

除了仅仅依靠相关关系,专家们还会使用一些建立在理论基础上的假想来指导自己选择适当的关联物。这些理论就是一些抽象的观点,关于事物是怎样运作的。然后收集与关联物相关的数据进行相关关系分析,以证明这个关联物是否真的合适。如果不合适,人们通常会固执地再次尝试,因为担心可能是数据收集的错误,而最终却不得不承认,一开始的假设甚至假设建立的基础都是有缺陷的和必须修改的。这种对假设的反复试验促进了学科的发展,但是这种发展非常缓慢,因为个人以及团体的偏见会蒙蔽人们的双眼,导致人们在设立假想、应用假设和选择关联物的过程中犯错误。总之,这是一个烦琐的过程,只适用于小数据时代。

在大数据时代,通过建立在人的偏见的基础上的关联物监测法已经不再可行,因为数据库太大而且需要考虑的领域太复杂。幸运的是,许多迫使我们选择假想分析法的限制条件也逐渐消失了。现在,我们拥有如此多的数据,这么好的机器计算能力,因而不再需要人工选择一个关联物或者一小部分相似数据来逐一分析了。复杂的机器分析有助于我们做出准确的判断,就像在谷歌流感趋势中,计算机把检索词条在 5 亿个数学模型上进行测试之后,准确地找出了哪些是与流感传播最相关的词条。

我们理解世界不再需要建立在假设的基础上,这个假设是指针对现象建立的有关其产生机制和内在机理。因此,我们也不需要建立这样一个假设,关于哪些词条可以表示流感在何时何地传播;我们不需要了解航空公司怎样给机票定价;我们不需要知道沃尔玛顾客的烹饪喜好。取而代之的是,我们可以对大数据进行相关关系分析,从而知道哪些检索词条是最能显示流感传播的,飞机票的价格是否会飞涨,哪些食物是台风期间待在家里的人最想吃的。我们用数据驱动的关于大数据的相关关系分析法,取代了基于假设的易出错的方法。大数据的相关关系分析法更准确、更快,而且不易受偏见的影响。

4.2.3 相关关系分析

建立在相关关系分析法基础上的预测是大数据的核心。这种预测发生的频率非常高,以至于我们经常忽略了它的创新性。当然,它的应用会越来越多。

大数据相关关系分析的极致,非美国折扣零售商塔吉特(见图 4-3)莫属了。该公司使用大数据的相关关系分析已经有多年。《纽约时报》的记者查尔奢·杜西格就在一份报道中阐述了塔吉特公司怎样在完全不和准妈妈对话的前提下,预测一个女性会在什么时候怀孕。基本上来说,就是收集一个人可以收集到的所有数据,然后通过相关关系分析得出事情的真实状况。

图 4-3　超市的货架组合

对于零售商来说,知道一个顾客是否怀孕是非常重要的。因为这是一对夫妻改变消费观念的开始,也是一对夫妻生活的分水岭。他们会开始光顾以前不会去的商店,渐渐对新的品牌建立忠诚。塔吉特公司的市场专员们向分析部求助,看是否有什么办法能够通过一个人的购物方式发现她是否怀孕。公司的分析团队首先查看了签署婴儿礼物登记簿的女性的消费记录。塔吉特公司注意到,登记簿上的妇女会在怀孕大概第三个月的时候买很多无香乳液。几个月之后,她们会买一些营养品,比如镁、钙、锌。公司最终找出了大概20多种关联物,这些关联物可以给顾客进行"怀孕趋势"评分。这些相关关系甚至使得零售商能够比较准确地预测预产期,这样就能够在孕期的每个阶段给客户寄送相应的优惠券,这才是塔吉特公司的目的。

在社会环境下寻找关联物只是大数据分析法采取的一种方式。同样有用的一种方法是,通过找出新种类数据之间的相互联系来解决日常需要。比方说,一种称为预测分析法的方法就被广泛地应用于商业领域,它可以预测事件的发生。这可以指一个能发现可能的流行歌曲的算法系统——音乐界广泛采用这种方法来确保它们看好的歌曲真的会流行;也可以指那些用来防止机器失效和建筑倒塌的方法。现在,在机器、发动机和桥梁等基础设施上放置传感器变得越来越平常了,这些传感器被用来记录散发的热量、振幅、承压和发出的声音等。

一个东西要出故障,不会是瞬间的,而是慢慢地出问题的。通过收集所有数据,我们可以预先捕捉到事物要出故障的信号,比方说发动机的嗡嗡声、引擎过热都说明它们可能要出故障了。系统把这些异常情况与正常情况进行对比,就会知道什么地方出了毛病。通过尽早地发现异常,系统可以提醒我们在故障之前更换零件或者修复问题。通过找出一个关联物并监控它,我们就能预测未来。

4.3　"是什么"而不是"为什么"

在小数据时代,相关关系分析和因果分析都不容易,耗费巨大,都要从建立假设开始,然后进行实验——这个假设要么被证实要么被推翻。但是,由于两者都始于假设,这些分析就都有受偏见影响的可能,极易导致错误。与此同时,用来做相关关系分析的数据很难得到。

另一方面,在小数据时代,由于计算机能力不足,大部分相关关系分析仅限于寻求线性关系。而事实上，实际情况远比我们所想象的要复杂。经过复杂的分析，我们能够发现数据的"非线性关系"。

多年来，经济学家和政治家一直认为收入水平和幸福感是成正比的。从数据图表上可以看到，虽然统计工具呈现的是一种线性关系，但事实上，它们之间存在一种更复杂的动态关系：例如，对于月收入水平在1万元以下的人来说，一旦收入增加，幸福感会随之提升；但对于月收入水平在1万元以上的人来说，幸福感并不会随着收入水平提高而提升。如果能发现这层关系，我们看到的就应该是一条曲线，而不是统计工具分析出来的直线。

这个发现对决策者来说非常重要。如果只看到线性关系的话，那么政策重心应完全放在增加收入上，因为这样才能增加全民的幸福感。而一旦察觉到这种非线性关系，策略的重心就会变成提高低收入人群的收入水平，因为这样明显更划算。

当相关关系变得更复杂时，一切就更混乱了。比如，各地麻疹疫苗接种率的差别与人们在医疗保健上的花费似乎有关联。但是，哈佛与麻省理工的联合研究小组发现，这种关联不是简单的线性关系，而是一个复杂的曲线图。和预期相同的是，随着人们在医疗上花费的增多，麻疹疫苗接种率的差别会变小；但令人惊讶的是，当增加到一定程度时，这种差别又会变大。发现这种关系对公共卫生官员来说非常重要，但是普通的线性关系分析无法捕捉到这个重要信息。

大数据时代，专家们正在研发能发现并对比分析非线性关系的技术工具。一系列飞速发展的新技术和新软件也从多方面提高了相关关系分析工具发现非因果关系的能力。这些新的分析工具和思路为我们展现了一系列新的视野被有用的预测，我们看到了很多以前不曾注意到的联系，还掌握了以前无法理解的复杂技术和社会动态。但最重要的是，通过去探求"是什么"而不是"为什么"，相关关系帮助我们更好地了解了这个世界。

4.4 通过因果关系了解世界

传统情况下，人类是通过因果关系了解世界的。

首先，我们的直接愿望就是了解因果关系。即使无因果联系存在，我们也还是会假定其存在。研究证明，这只是我们的认知方式，与每个人的文化背景、生长环境以及教育水平无关。当我们看到两件事情接连发生的时候，我们会习惯性地从因果关系的角度来看待它们。看看下面的三句话："小明的父母迟到了；供应商快到了；小明生气了。"

读到这里时，我们可能立马就会想到小明生气并不是因为供应商快到了，而是他父母迟到了的缘故。实际上，我们也不知道到底是什么情况。即便如此，我们还是不禁认为这些假设的因果关系是成立的。

普林斯顿大学心理学专家，同时也是2002年诺贝尔经济学奖得主丹尼尔·卡尼曼就是用这个例子证明了人有两种思维模式。第一种是不费力的快速思维，通过这种思维方式几秒就能得出结果；另一种是比较费力的慢性思维，对于特定的问题，需要考虑到位。

4.4.1 快速思维模式

快速思维模式使人们偏向用因果联系来看待周围的一切。在古代，这种快速思维模式是很有用的,它能帮助我们在信息量缺乏却必须快速做出决定的危险情况下化险为夷。但实际上这种因果关系可能并不存在。

卡尼曼指出,平时生活中,由于惰性,我们很少慢条斯理地思考问题,所以快速思维模式就占据了上风。因此,我们会经常臆想出一些因果关系,最终导致了对世界的错误理解。

父母经常告诉孩子,天冷时不戴帽子和手套就会感冒。然而,事实上,感冒和穿戴之间并没有直接的联系。有时,我们在某个餐馆用餐后生病了的话,就会自然而然地觉得这是餐馆食物的问题,以后可能就不再去这家餐馆了。事实上,我们肚子痛也许是因为其他传染途径,比如和患者握过手之类的。然而,快速思维模式使我们直接将其归于任何我们能在第一时间想起来的因果关系,从而经常导致错误的决定。

与常识相反,经常凭借直觉而来的因果关系并没有帮助我们加深对这个世界的理解。很多时候,这种认知捷径只是给了我们一种自己已经理解的错觉,但实际上,我们因此完全陷入了理解误区之中。就像采样是我们无法处理全部数据时的捷径一样,这种找因果关系的方法也是我们大脑用来避免辛苦思考的捷径。

在小数据时代,很难证明由直觉而来的因果联系是错误的。现在,情况不一样了,大数据之间的相关关系,将经常会用来证明直觉的因果联系是错误的。最终也能表明,统计关系也不蕴含多少真实的因果关系。总之,我们的快速思维模式将会遭受各种各样的现实考验。

4.4.2 慢性思维模式

为了更好地了解世界,我们会因此更加努力地思考。但是,即使是我们用来发现因果关系的第二种思维方式——慢性思维,也将因为大数据之间的相关关系迎来大的改变。

日常生活中,我们习惯性地用因果关系来考虑事情,所以会认为,因果联系是浅显易寻的。但事实却并非如此。与相关关系不一样,即使用数学这种比较直接的方式,因果关系也很难被轻易证明。我们也不能用标准的等式将因果关系表达清楚。因此,即使我们慢慢思考,想要发现因果关系也是很困难的。因为我们已经习惯了信息的匮乏,故此亦习惯了在少量数据的基础上进行推理思考,即使大部分时候很多因素都会削弱特定的因果关系。

就拿狂犬疫苗这个例子来说,1885 年 7 月 6 日,法国化学家路易·巴斯德接诊了一个 9 岁的小孩约瑟夫·梅斯特,他被带有狂犬病毒的狗咬了。那时,巴斯德刚刚研发出狂犬疫苗,也实验验证过效果了。梅斯特的父母就恳求巴斯德给他们的儿子注射一针。巴斯德做了,梅斯特活了下来。发布会上,巴斯德因为把一个小男孩从死神手中救出而大受褒奖。

但真的是因为他吗?事实证明,一般来说,人被狂犬病狗咬后患上狂犬病的概率只有七分之一。即使巴斯德的疫苗有效,这也只适用于七分之一的案例中。无论如何,就算没有狂犬疫苗,这个小男孩活下来的概率还是有 85%。

在这个例子中,大家都认为是注射疫苗救了梅斯特一命。但这里却有两个因果关系值得商榷。第一个是疫苗和狂犬病毒之间的因果关系,第二个就是被带有狂犬病毒的狗咬和患狂犬病之间的因果关系。即便是说疫苗能够医好狂犬病,第二个因果关系也只适用于极少数情况。

不过,科学家已经克服了用实验来证明因果关系的难题。实验是通过是否有诱因这两种情况,分别来观察所产生的结果是不是和真实情况相符,如果相符就说明确实存在因果关系。这个衡量假说的验证情况控制得越严格,你就会发现因果关系越有可能是真实存在的。

因此,与相关关系一样,因果关系被完全证实的可能性几乎是没有的,我们只能说,某两者之间很有可能存在因果关系。但两者之间又有不同,证明因果关系的实验要么不切实际,要么违背社会伦理道德。比方说,我们怎么从 5 亿词条中找出和流感传播最相关的呢?我们难道真能为了找出被咬和患病之间的因果关系而置成百上千的病人的生命于不顾吗?因为实验会要求把部分病人当成未被咬的"控制组"成员来对待,但是就算给这些病人打了疫苗,我们又能保证万无一失吗?而且就算这些实验可以操作,操作成本也非常的昂贵。

4.5 通过相关关系了解世界

不像因果关系,证明相关关系的实验耗资少,费时也少。与之相比,分析相关关系,我们既有数学方法,也有统计学方法,同时,数字工具也能帮助我们准确地找出相关关系。

相关关系分析本身意义重大,同时它也为研究因果关系奠定了基础。通过找出可能相关的事物,我们可以在此基础上进行进一步的因果关系分析。如果存在因果关系的话,我们再进一步找出原因。这种便捷的机制通过实验降低了因果分析的成本。我们也可以从相互联系中找到一些重要的变量,这些变量可以用到验证因果关系的实验中去。

4.5.1 避免因果关系屏蔽相关关系

可是,我们必须非常认真。相关关系很有用,不仅仅是因为它能为我们提供新的视角,而且提供的视角都很清晰。而我们一旦把因果关系考虑进来,这些视角就有可能被蒙蔽掉。

例如,Kaggle 是一家为所有人提供数据挖掘竞赛平台的公司,举办了关于二手车的质量竞赛。二手车经销商将二手车数据提供给参加比赛的统计学家,统计学家们用这些数据建立一个算法系统来预测经销商拍卖的哪些车有可能出现质量问题。相关关系分析表明,橙色的车有质量问题的可能性只有其他车的一半。

当我们读到这里的时候,不禁也会思考其中的原因。难道是因为橙色车的车主更爱车,所以车被保护得更好吗?或是这种颜色的车子在制造方面更精良些吗?还是因为橙色的车更显眼、出车祸的概率更小,所以转手的时候各方面的性能保持得更好呢?

马上,我们就陷入了各种各样谜一样的假设中。若要找出相关关系,我们可以用数学方法,但如果是因果关系的话,这却是行不通的。所以,我们没必要一定要找出相关关系背后的原因,当我们知道了"是什么"的时候,"为什么"其实没那么重要了,否则就会催生一些滑稽的想法。比方说上面提到的例子中,我们是不是应该建议车主把车漆成橙色呢?毕竟,这样就说明车子的质量更过硬啊!

考虑到这些,如果把以确凿数据为基础的相关关系和通过快速思维构想出的因果关系相比的话,前者就更具有说服力。在越来越多的情况下,快速清晰的相关关系分析甚至比慢速的因果分析更有用和更有效。慢速的因果分析集中体现为通过严格控制的实验来验证因果关系,而这必然是非常耗时耗力的。

近年来，科学家一直在试图减少这些实验的花费，比如说，通过巧妙结合相似的调查，做成"类似实验"。这样一来，因果关系的调查成本就降低了，但还是很难与相关关系体现的优越性相抗衡。还有，正如我们之前提到的，在专家进行因果关系的调查时，相关关系分析本来就会起到帮助的作用。

4.5.2 相关关系之后的因果关系

在大多数情况下，一旦我们完成了对大数据的相关关系分析，而又不再满足于仅仅知道"是什么"时，我们就会继续向更深层次研究因果关系，找出背后的"为什么"。

因果关系还是有用的，但是它将不再被看成是意义来源的基础。在大数据时代，即使很多情况下，我们依然指望用因果关系来说明我们所发现的相互联系，但是，我们知道因果关系只是一种特殊的相关关系。相反，大数据推动了相关关系分析。相关关系分析通常情况下能取代因果关系起作用，即使不可取代的情况下，它也能指导因果关系起作用。

【作 业】

1. 在传统观念下，人们总是致力于找到一切事情发生背后的原因。寻找（　　）是人类长久以来的习惯，而即使确定这样的关系很困难而且用途不大。

    A. 相关关系　　　　B. 因果关系　　　　C. 信息关系　　　　D. 组织关系

2. 在大数据时代，我们无须再紧盯事物之间的（　　），而应该寻找事物之间的（　　），这会给我们提供非常新颖且有价值的观点。

    A. 因果关系，相关关系　　　　　　B. 相关关系，因果关系
    C. 复杂关系，简单关系　　　　　　D. 简单关系，复杂关系

3. 所谓相关关系，其核心是指量化两个数据值之间的数理关系。相关关系强，是指当一个数据值增加时，另一个数据值很有可能会随之（　　）。

    A. 减少　　　　　　B. 显现　　　　　　C. 增加　　　　　　D. 隐藏

4. 通过找到一个现象的（　　），相关关系可以帮助我们捕捉现在和预测未来。

    A. 出现原因　　　　B. 隐藏原因　　　　C. 一般的关联物　　D. 良好的关联物

5. 相关关系背后的（　　）是直接而又有活力的，这是相关关系的本质特征，也是让相关关系成为最广泛应用的统计计量方法的原因。

    A. 逻辑计算　　　　B. 符号计算　　　　C. 数学计算　　　　D. 字符计算

6. 在大数据时代之前，相关关系的应用很少。因为（　　），所以统计学家们喜欢找到一个关联物，然后收集与之相关的数据进行相关关系分析来评测这个关联物的优劣。

    A. 数据很少但收集数据很方便　　　　B. 数据很少而且收集数据很费时费力
    C. 数据太多但收集数据很方便　　　　D. 数据太多而使数据处理很困难

7. 在大数据时代，人们拥有如此多的数据，这么好的机器计算能力，因而（　　）需要人工选择一个关联物或者一小部分相似数据来逐一分析。

    A. 仍然　　　　　　B. 应该　　　　　　C. 更加　　　　　　D. 不再

8. 建立在相关关系分析法基础上的（　　）是大数据的核心。这种活动发生的频率非常高，以至于我们经常忽略了它的创新性。
   A. 预测　　　　　B. 规划　　　　　C. 决策　　　　　D. 处理

9. 在小数据时代，相关关系分析和因果分析（　　）。
   A. 都很容易　　　　　　　　　　　B. 都不容易
   C. 前者容易后者不容易　　　　　　D. 前者不容易后者容易

10. 大数据时代，专家们正在研发能发现并对比分析非线性关系的技术工具。通过（　　），相关关系帮助我们更好地了解了这个世界。
    A. 探求"原因"而不是"结果"　　　B. 探求"是什么"而不是"为什么"
    C. 探求"结果"而不是"原因"　　　D. 探求"为什么"而不是"是什么"

11. 传统情况下，当人们看到两件事情接连发生的时候，会从（　　）的角度来看待它们。即使没有这种联系存在，也还是会假定其存在，这是由人们的认知方式决定的。
    A. 相关关系　　　B. 因果关系　　　C. 信息关系　　　D. 组织关系

12. 快速思维模式使人们偏向用因果联系来看待周围的一切。在（　　），这是很有用的，它能帮助我们在信息量缺乏却必须快速做出决定的危险情况下化险为夷。
    A. AI 时代　　　B. 大数据时代　　　C. 现代　　　D. 古代

13. 普林斯顿大学心理学专家丹尼尔·卡尼曼指出，平时生活中由于惰性，人们很少慢条斯理地思考问题，所以（　　）思维模式占据上风，通过不费力的思维方式几秒就能得出结果。
    A. 个体　　　　　B. 集体　　　　　C. 快速　　　　　D. 慢速

14. 在小数据时代，很难证明由（　　）而来的因果联系。而现在，大数据之间的相关关系，将经常会用来证明这是错误的。
    A. 直觉　　　　　B. 理智　　　　　C. 实践　　　　　D. 思考

15. 日常生活中，人们习惯性地用（　　）来考虑事情，所以会认为，它是浅显易寻的。但事实却并非如此，即使用数学这种比较直接的方式，它也很难被轻易证明。
    A. 并行同步　　　B. 前后关联　　　C. 相关关系　　　D. 因果关系

16. 相关关系很有用，不仅仅是因为它能为人们提供新视角，而且提供的视角都很清晰。而我们一旦把因果关系考虑进来，这些视角就有可能（　　）。
    A. 得到加强　　　B. 被蒙蔽掉　　　C. 更显突出　　　D. 不复存在

17. 如果把以（　　）为基础的相关关系和通过快速思维构想出的因果关系相比，前者就更具有说服力。
    A. 确凿数据　　　B. 统计理论　　　C. 真实场景　　　D. 虚拟现实

18. 在大多数情况下，一旦人们完成了对大数据的相关关系分析，又不再满足于仅仅知道"是什么"时，就会继续向更深层次研究（　　）。
    A. 层次关系　　　B. 理论基础　　　C. 因果关系　　　D. 共生关系

19. 因果关系还是有用的，但是它将不再被看成是（　　）的基础。在大数据时代，因果关系只是一种特殊的相关关系。
    A. 相关关系　　　B. 科学计算　　　C. 数据分析　　　D. 意义来源

第4课　思维转变之三：重视相关关系

20. 大数据推动了相关关系分析,它通常情况下能(　　)因果关系,或者起到指导作用。

　　A. 服务于　　　　B. 取代　　　　C. 配合　　　　D. 成为

实训与思考　搜索与分析,体验"重视相关关系"

1. 网络搜索与分析

(1)大数据时代人们分析信息、理解世界的三大转变是指：

答：

① _____

② _____

③ _____

(2)什么是数据的因果关系？什么是数据的相关关系？

答：_____

(3)简述在大数据时代,为什么"我们不再探求难以捉摸的因果关系,转而关注事物的相关关系"？

答：_____

(4)思考并体会所谓的快速和慢速思维模式,并简述你对此的看法。

答：_____

2. 实训总结

_____

3. 教师实训评价

_____

第5课

大数据促进医疗健康

学习目标

(1)了解循证医学,理解大数据对循证医学的促进作用。

(2)熟悉更多大数据变革公共卫生的典型案例。

(3)理解大数据在医疗与健康领域的应用前景。

学习难点

(1)搜索是大数据的最佳伙伴。

(2)数据决策的崛起。

导读案例　大数据变革公共卫生

2009年出现了一种新的流感病毒甲型H1N1,这种流感结合了导致禽流感和猪流感的病毒的特点,在短短几周之内迅速传播开来。全球的公共卫生机构都担心一场致命的流行病即将来袭。有的评论家甚至警告说,可能会爆发大规模流感,类似于1918年在西班牙暴发的影响了5亿人口并夺走了数千万人性命的大规模流感。更糟糕的是,我们还没有研发出对抗这种新型流感病毒的疫苗。公共卫生专家能做的只是减慢它传播的速度。但要做到这一点,他们必须先知道这种流感出现在哪里。

美国,和所有其他国家一样,都要求医生在发现新型流感病例时告知疾病控制与预防中心。但由于人们可能患病多日实在受不了了才会去医院,同时这个信息传达回疾控中心也需要时间,因此,通告新流感病例时往往会有一两周的延迟,而且,按常规疾控中心每周只进行一次数据汇总。然而,对于一种飞速传播的疾病,信息滞后两周的后果将是致命的。这种滞后导致公共卫生机构在疫情暴发的关键时期反而无所适从。

在甲型H1N1流感暴发的几周前,互联网巨头谷歌公司的工程师们在《自然》杂志上发表了一篇引人注目的论文。它令公共卫生官员们和计算机科学家们感到震惊。文中解释了谷歌为什么能够预测冬季流感的传播:不仅是全美范围的传播,而且可以具体到特定的地区和州。谷歌通过观察人们在网上的搜索记录来完成这个预测,而这种方法以前一直是被忽略的。谷歌保存了多年来所有的搜索记录,而且每天都会收到来自全球超过30亿条的搜索指令,如此庞大的数据资源足以支撑和帮助它完成这项工作。

谷歌公司把5 000万条美国人最频繁检索的词条和美国疾控中心在2003年至2008年间季节性流感传播时期的数据进行了比较。他们希望通过分析人们的搜索记录来判断这些人是否患上了流感,其他公司也曾试图确定这些相关的词条,但是他们缺乏像谷歌公司一样庞大的数据资源、处理能力和统计技术。

虽然谷歌公司的员工猜测,特定的检索词条是为了在网络上得到关于流感的信息,如"哪些是治疗咳嗽和发热的药物",但是找出这些词条并不是重点,他们也不知道哪些词条更重要。更关键的是,他们建立的系统并不依赖于这样的语义理解。他们设立的这个系统唯一关注的就是特定检索词条的使用频率与流感在时间和空间上的传播之间的联系。谷歌公司为了测试这些检索词条,总共处理了4.5亿个不同的数学模型。在将得出的预测与2007年、2008年美国疾控中心记录的实际流感病例进行对比后,谷歌公司发现,他们的软件找到了45条检索词条的组合,将它们用于一个特定的数学模型后,他们的预测与官方数据的相关性高达97%。和疾控中心一样,他们也能判断出流感是从哪里传播出来的,而且判断非常及时,不会像疾控中心一样要在流感暴发一两周之后才可以做到。

所以,2009年甲型H1N1流感暴发的时候,与习惯性滞后的官方数据相比,谷歌成为一个更有效、更及时的指示标。公共卫生机构的官员获得了非常有价值的数据信息。惊人的是,谷歌公司的方法甚至不需要分发口腔试纸和联系医生——它是建立在大数据的基础之上的。这是当今社会所独有的一种新型能力;以一种前所未有的方式,通过对海量数据进行分析,获得有巨大价值的产品和服务,或深刻的洞见。基于这样的技术理念和数据储备,下一次流感来袭的时候,世界将会拥有一种更好的预测工具,以预防流感的传播。

阅读上文,思考、分析并简单记录:

(1)互联网公司预测流感主要采用的是什么方法?

答:_____

_____

_____

(2)互联网公司预测流感暴发的方法与传统的医学手段有什么不同?

答:_____

_____

_____

(3)在现代医学的发展中,你认为大数据还会有哪些用武之地?

答:_____

_____

_____

(4) 简单描述你所知道的上一周内发生的国际、国内或者身边的大事。

答：_____

_____

_____

循证医学，意为"遵循证据的医学"，又称实证医学，其核心思想是医疗决策，即病人的处理、治疗指南和医疗政策等的制定，应重视结合个人的临床经验，在现有最好的临床研究依据基础上作出，如图 5-1 所示。

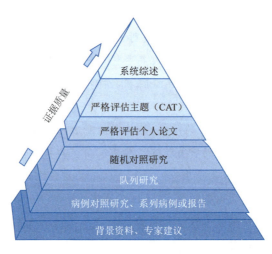

图 5-1　循证医学金字塔

5.1　大数据与循证医学

第一位循证医学的创始人科克伦(1909—1988)是英国的内科医生和流行病学家，1972 年他在牛津大学提出了循证医学思想。第二位循证医学的创始人费恩斯坦(1925—　)是美国耶鲁大学的内科学与流行病学教授，他是现代临床流行病学的开山鼻祖之一。第三位循证医学的创始人萨科特(1934—　)曾经以肾脏病和高血压为研究课题，先在实验室中进行研究，后又进行临床研究，最后转向临床流行病学的研究。

本质上，循证医学的方法与内容源于临床流行病学。费恩斯坦在美国《临床药理学与治疗学》杂志上，以"临床生物统计学"为题，从 1970 年到 1981 年的 11 年间共发表了 57 篇连载论文，他的论文将数理统计学与逻辑学导入临床流行病学，系统地构建了临床流行病学的体系，被认为富含极其敏锐的洞察能力，因此为医学界所推崇。

传统医学以个人经验为主，即根据非实验性的临床经验、临床资料和对疾病基础知识的理解来诊治病人。在传统医学下，医生根据自己的实践经验、高年资医师的指导，教科书和医学期刊上零散的研究报告为依据来处理病人。结果，一些真正有效的疗法因不为公众所了解而长期未被临床采用;一些实践无效甚至有害的疗法因从理论上推断可能有效而长期广泛使用。

循证医学并非要取代传统医学,它强调任何医疗决策应建立在最佳科学研究证据基础之上。循证医学实践既重视个人临床经验又强调采用现有的、最好的研究证据,两者缺一不可,如图5-2所示。

1992年,来自安大略的两名内科医生戈登·盖伊特和大卫·萨基特发表了呼吁使用"循证医学"的宣言。他们的核心思想很简单,认为医学治疗应该基于最好的证据,最好的证据应来自对统计数据的研究,他们希望统计数据在医疗诊断中起到更大的作用。

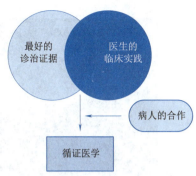

图5-2 循证医学强调研究证据

医生应该重视统计数据的这种观点直到今天仍颇受争议。从广义上来说,努力推广循证医学就是在努力推广大数据分析,事关统计分析对实际决策的影响。对于循证医学的争论在很大程度上是关于统计学是否应该影响实际治疗决策。由于循证医学运动的成功,一些医生在把数据分析结果与医疗诊断相结合方面已经加快了步伐。互联网在信息追溯方面的进步促进了这项影响深远的技术的发展,利用数据做出决策的过程得到迅速发展。

5.2 大数据带来的医疗新突破

根据美国疾病控制中心(CDC)的研究,心脏病是美国的第一大致命杀手,每年250万的死亡人数中约有60万人死于心脏病,而癌症紧随其后。在25～44岁的美国人群中,1995年,艾滋病是致死的头号原因(后来降至第六位)。死者中每年仅有2/3的人死于自然原因。那么那些情况不严重但影响深远的疾病又如何呢,比如普通感冒?据统计,美国民众每年总共会得10亿次感冒,平均每人3次。普通感冒是各种鼻病毒引起的,其中大约有99种已经排序,种类之多是普通感冒长久以来比较难治的根源所在。

在医疗保健方面,除了分析并指出非自然死亡的原因之外,大数据同样也可以增加医疗保健的机会、提升生活质量、减少因身体素质差造成的时间和生产力损失。以美国为例,通常一年在医疗保健上要花费27万亿美元,即人均8 650美元。随着人均寿命增长,婴儿出生死亡率降低,更多的人患上了慢性病并长期受其困扰。如今,因为注射疫苗的小孩增多,减少了五岁以下小孩的死亡数。而除了非洲地区,肥胖症已成为比营养不良更严重的问题。在研究中科学家发现,虽然世界人口寿命变长,但人们的身体素质却下降了。所有这些都表明我们亟须提供更高效的医疗保健,尽可能地帮助人们跟踪并改善身体健康。

5.2.1 量化自我,关注个人健康

脱氧核糖核酸(deoxyribonucleic acid,DNA)又称去氧核糖核酸,是一种可组成遗传指令,以引导生物发育与生命机能运作的分子(见图5-3)。谷歌联合创始人谢尔盖·布林的妻子安妮·沃西基2006年创办了DNA测试和数据分析公司23andMe(见图5-4)。公司并非仅限于个人健康信息的收

集和分析,而是将眼光放得更远,将大数据应用到了个人遗传学上。2016年6月22日,《麻省理工科技评论》评选出50家"最智能"科技公司,23andMe排名第7。

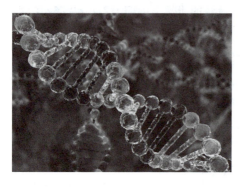

图5-3　基因DNA

图5-4　23andMe的DNA测试

通过分析人们的基因组数据,公司确认了个体的遗传性疾病,如帕金森病和肥胖症等遗传倾向。通过收集和分析大量的人体遗传信息数据,该公司不仅希望可以识别个人遗传风险因素,以帮助人们增强体质并延年益寿,而且希望能识别更普遍的趋势。通过分析,公司确定了约180个新的特征。例如,所谓的"见光喷嚏反射",即人们从阴暗处移动到阳光明媚的地方时会有打喷嚏的倾向;还有一个特征则与人们对药草、香菜的喜恶有关。

事实上,利用基因组数据可以为医疗保健提供更好的洞悉。人类基因计划组(HGP)绘制出总数约23 000组的基因组,而所有基因组最终构成了人类的DNA。这一项目费时13年,耗资38亿美元。

值得一提的是,存储人类基因数据并不需要多少空间。有分析显示,人类基因存储空间仅占20 MB,和在iPod中存几首歌所占的空间差不多。其实随意挑选两个人,他们的DNA约99.5%是完全一样的。因此,通过参考人类基因组序列,人们也许可以只存储那些将此序列转化为个人特有序列所必需的基因信息。

DNA最初的序列在捕捉的高分辨率图像中显示为一列DNA片段。虽然个人的DNA信息以及最初的序列形式会占据很大空间,但是,一旦序列转化为DNA的As、Cs、Gs和Ts(决定生物多样性的四种碱基腺嘌呤,这四种碱基的排列顺序不同存储着遗传信息),任何人的基因序列就都可以被高效地存储下来。

数据规模大并不一定能称其为大数据。真正体现大数据能量的是不仅要具备收集数据的能力,还要具备低成本分析数据的能力。人类最初的基因组序列分析耗资约38亿美元,而如今个人只需花大概99美元就能在23andMe网站上获取自己的DNA分析,基因测序成本在短短10年内跌了几个数量级。

当然,仅有DNA测序还不足以提升人们的健康,我们也需要在日常生活中做出积极的改变。

5.2.2　可穿戴的个人健康设备

在这个人们越来越重视身体健康的时代,相对于手机,智能手表作为可穿戴产品有着与生俱来的优势。由于和身体直接接触,可以更好地帮助人们了解自己的健康状态。

首款搭载鸿蒙操作系统的华为 Watch GT3 是一款在尺寸上和交互体验上接近传统形态的智能手表,其背壳部分采用高分子纤维复合材料。背壳部分的弧形心率镜片除了可以进行相应的健康数据测试,还能有效地避免长时间佩戴手腕部分汗液的累积。

常规的健康功能还包括呼吸健康、睡眠情况、情绪压力以及女性的生理周期管理等。基于高性能的心率传感器,华为 Watch GT3 与医院专家团队进行联合健康研究,提供了房颤及早搏筛查、个性化指导、房颤风险预测等整合管理服务。根据华为官方信息显示,在有 320 多万华为穿戴用户加入的一项心脏健康研究中,经过 App 筛查疑似房颤 11 415 人,医院回访 4 916 人,确诊 4 613 人,准确率高达 93.8%。

体温是显示人体生命体征最为重要的表征之一。智能手表的高精度温度传感器能够帮助用户更好、更便捷地了解体温。例如,华为 Watch GT3 的高原关爱模式能根据检测到的海拔、心率以及血氧的数据,对用户进行相应的高原反应风险评估。当用户的血氧水平与常规血氧有一定差距时,手表会给出科学的呼吸调整提醒(见图 5-5),这对于长期处于高海拔地区或是前往高海拔地区的用户是相当实用的。

图 5-5　华为 Watch GT3 智能手表的高原关爱模式

美国心脏协会的一篇文章《非活动状态的代价》称,65% 的成年人不是肥胖就是超重。自 1950 年以来,久坐不动的工作岗位增加了 83%,而仅有 25% 的劳动者从事的是身体活动多的工作。美国人平均每周工作 47 个小时,相比 20 年前,每年的工作时间增加了 164 个小时。而肥胖的代价就是,美国公司每年与健康相关的生产力损失估计高达 2 258 亿美元。因此,通过类似智能手表、智能手环这样的设备收集到的数据,人们可以了解正在发生什么以及自己的身体状况走势怎样。比如说,如果心律不齐,就表示健康状况出现了某种问题。通过分析数百万人的健康数据,科学家们可以开发更好的算法来预测人们未来的健康状况。

回溯过去,检测身体健康发展情况需要用到特殊设备,或是不辞辛苦、花费高额就诊费去医生办公室问诊。可穿戴设备新型应用程序最引人瞩目的一面是:它们使得健康信息的检测变得更简单易行。低成本的个人健康检测程序以及相关技术甚至"唤醒"了全民对个人健康的关注。配备合适的软件,低价设备或唾手可得的智能手机可以帮助人们收集到很多健康数据。将这种数据收集能力、低成本的分析、可视化云服务与大数据以及个人健康领域相结合,将在提升健康状况和降低医疗成本方面发挥出巨大的潜力。

5.2.3 大数据时代的医疗信息

就算有了这些可穿戴设备与应用程序,人们依然需要去看医生。医生大量的医疗信息收集工作依然靠纸笔进行,而纸笔做的记录会分散在多处,导致难以找到患者的关键医疗信息。

如今许多医生都在使用电子病历(见图 5-6),电子化的健康档案使医疗工作者能轻易接触到患者信息。医生还可以使用一些新的 App 应用程序,在平板电脑、智能手机等各种移动终端设备上收集病人信息,实现从语言转换到文本的听写、收集图像和视频等其他功能。

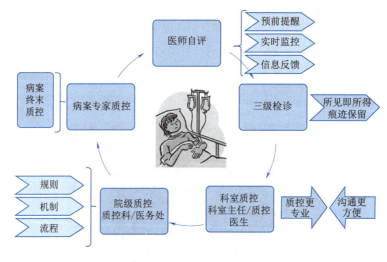

图 5-6 电子病历

电子健康档案、DNA 测试和新的成像技术在不断产生大量数据。收集和存储这些数据对于医疗工作者而言是一项挑战也是一个机遇,更新、更开放的系统与数字化的病人信息相结合可以带来医疗突破。

如此种种,数据分析也会给人们带来别样的见解。比如说,智能系统可以提醒医生使用与自己通常推荐的治疗方式相关的其他治疗方式。这种系统也可以告知那些忙碌无暇的医生在某一领域的最新研究成果。这些系统收集、存储的数据量大得惊人。越来越多的病患数据会采用数字化形式存储。不仅有填写在健康问卷上或医生记录在表格中的数据,还包括智能移动终端等设备以及新的医疗成像系统(如 X 光机和超声设备等)生成的数字图像。

就大数据而言,这意味着未来将会出现更好、更有效的患者看护,更为普及的自我监控以及防护性养生保健,当然也意味着要处理更多的数据。其中的挑战在于,要确保所收集的数据能够为医疗工作者以及个人提供重要的见解。

5.2.4 对抗癌症的新工具

所谓 PSA,是指前列腺特异抗原。PSA 偏高的人通常会被诊断出患有前列腺癌,但是否所有 PSA 高的人都患有癌症,这很难确诊。对此,一方面患者可以选择不采取任何行动,但得承受病症慢慢加重的心理压力,也许终有一日会遍至全身,而他已无力解决;另一方面患者可以采取行动,比如进行一系列的治疗,从激素治疗到手术完全切除前列腺,但结果也可能更糟。这种选择,对于患者而言,既简单又复杂。

这其中包含两个数据使用方面的重要经验教训:

(1)数据可以帮助我们看得更深入。数据可以传送更多的相关经验,使得计算机能够预知我们想看的电影、想买的书籍。但涉及医药治疗时,如何处理这些信息,制订决策并不容易。

(2)数据提供的见解会不断发展变化。这些见解都是基于当时的最佳数据。正如银行防诈骗识别系统在基于更多数据时能配合更好的算法实现系统优化一样,医生在掌握更多的数据之后,对于不同的医疗情况会有不同的推荐方案。

对男性,致死的癌症主要是肺癌、前列腺癌、肝癌以及大肠癌,而对于女性来说,致死的癌症主要是肺癌、乳腺癌和大肠癌。抽烟是引起肺癌的首要原因。1946年抽烟人数占美国人口的45%,1993年降至25%,到了2010年降至19.3%。但是,2019年公布的我国肺癌患者的五年生存率为19.7%,与美国、澳大利亚和欧洲国家的数据相似。尽管如今已经是全民抗癌,但仍没有防治癌症的通用方法,很大原因在于癌症并不止一种——目前已发现200多种不同种类的癌症。

美国国家癌症研究所(NCI)隶属于美国国立卫生研究院,每年用于癌症研究的预算约为50亿美元。癌症研究所取得的最重大进展就是开发了一些测试,可以检测出某些癌症,比如2004年开发的预测结肠癌的简单血液测试,其他进展包括将癌症和某些特定病因联系在一起。比如1954年一项研究首次表明吸烟和肺癌有很大关联,1955年的一项研究则表明男性荷尔蒙睾丸素会促生前列腺癌,女性雌激素会促生乳腺癌。当然,更大的进展还是在癌症治疗方法上。比如,发现了树突状细胞,这是提取癌症疫苗的基础;还发现了肿瘤通过生成一个血管网,为自己带来生长所需的氧气的过程。

美国国家癌症研究所研制的"细胞矿工"(CellMiner)是一个基于网络形式、涵盖了上千种药物的基因组靶点信息工具,它为研究人员提供了大量的基因公式和化学复合物数据,这样的技术让癌症研究变得高效。该工具可帮助研究人员用于抗癌药物与其靶点的筛选,极大地提高了工作效率。通过药物和基因靶点的海量数据相比较,研究者可更容易地辨别出针对不同的癌细胞具有不同效果的药物。过去,处理这些数据集意味着要使用复杂的数据库,分析和汇聚数据异常艰难。从历史角度来看,想用数据来解答疑问和可以接触到这些数据的人并不重叠且有很大不同。而如"细胞矿工"一样的科技正是缩小这一差距的工具。研究者们用"细胞矿工"中的一个名为"对比"的程序来确认一种具备抗癌性的药物,事实证明它确实有助于治疗一些淋巴瘤。现在研究者使用"细胞矿工"来弄清生物标记,以了解治疗方法有望对哪些患者起作用。

CellMiner软件以60种癌细胞为基础,其NCI-60细胞系(见图5-7)是目前广泛用于抗癌药物测试的癌细胞样本群。用户可以通过它查询到NCI-60细胞系中已确认的22 379个基因,以及20 503个已分析的化合物数据(包括102种已获美国食品和药物监督局批准的药物)。

研究者认为,影响最大的因素之一是可以更容易地接触到数据。这对于癌症研究者或是对那些想充分利用大数据的人而言是至关重要的——除非收集到的大量数据可以容易地为人所用,否则能发挥的作用就很有限。大数据民主化,即开放数据至关重要。

图 5-7　装载 NCI-60 细胞系的细胞板

5.3　医疗信息数字化

医疗领域的循证试验已经有一百多年的历史了。早在 19 世纪 40 年代，奥地利内科医生伊格纳茨·塞麦尔维斯就在维也纳大学总医院完成了一项关于产科临床的详细统计研究。他首次注意到，如果住院医生从验尸房出来后马上为产妇接生，产妇死亡的概率更大。当他的同事兼好朋友杰克伯·克莱斯卡死于剖宫产时的热毒症时，塞麦尔维斯得出一个结论：孕妇分娩时的发烧具有传染性。他发现，如果诊所里的医生和护士在给每位病人看病前用含氯石灰水洗手消毒，那么死亡率就会从 12% 下降到 2%。

当时，这一最终产生病理细菌理论的惊人发现遇到了强烈的阻力，塞麦尔维斯也受到其他医生的嘲笑。他主张的一些观点缺乏科学依据，因为他没有充分解释为什么洗手会降低死亡率。医生们不相信病人的死亡是由他们引起的，他们还抱怨每天洗好几次手会浪费他们宝贵的时间。塞麦尔维斯最终被解雇，后来他精神严重失常并在精神病院去世，享年 47 岁。塞麦尔维斯的死是一个悲剧，成千上万产妇不必要的死亡更是一种悲剧，不过它们都已成为历史，现在的医生当然知道卫生的重要性。不过，医生是否应该因为统计研究而改变自己的行为方式，至今仍颇受质疑。

唐·博威克是一名儿科医生，也是保健医学协会的会长，他一直致力于减少医疗事故，鼓励进行一些大胆的对比试验，努力根据循证医学的结果提出简单的改革建议。1999 年发生的两件不同寻常的事情，使得博威克开始对医院系统进行广泛的改革。

第一件事是医学协会公布的一份权威报告，记录了美国医疗领域普遍存在的治疗失误。据该报告估计，每年医院里有 98 000 人死于可预防的治疗失误。医学协会的报告使博威克确信治疗失误的确是一大隐患。

第二件事发生在博威克自己身上。博威克的妻子安患有一种罕见的脊椎自体免疫功能紊乱症。在三个月的时间里，她从能够完成 28 km 的滑雪比赛到变得几乎无法行走。使博威克震惊的是，他妻子所在医院懒散的治疗态度。每次新换的医生都不断重复地询问同样的问题，甚至不断开出已经证明无效的药物。主治医生在决定使用化疗来延缓安的健康状况的"关键时刻"之后的足足 60 个小时，安才吃到最终开出的第一剂药。而且有 3 次，安被半夜留在医院地下室的担架床上，既惶恐不安又孤单寂寞。

从安住院治疗博威克就开始担心。他已经失去了耐性,他决定要做点什么了。2004年12月,他大胆地宣布了一项在未来一年半中挽救10万人生命的计划"10万生命运动"。这是对医疗体系的挑战,敦促采取6项医疗改革来避免不必要的死亡。他并不仅仅希望进行细枝末节的微小变革,也不要求提高外科手术的精度,他希望医院能够对一些最基本的程序进行改革。例如,很多人做过手术后处于空调环境中会引发肺部感染。随机试验表明,简单地提高病床床头以及经常清洗病人口腔,就可以大大降低感染的概率。博威克反复地观察临危病人的临床表现,并努力找出可能降低这些特定风险的干预方法的大规模统计数据。循证医学研究也建议进行检查和复查,以确保能够正确开药和用药,能够采用最新的心脏电击疗法,以及确保在病人刚出现不良症状时,就有快速反应小组马上赶到病榻前。因此,这些干预也都成为"10万生命运动"的一部分。

然而,博威克最令人吃惊的建议是针对最古老的传统。他注意到每年有数千位ICU(重症加强护理病房,见图5-8)病人在胸腔内放置中央动脉导管后感染而死。大约一半的重症看护病人有中央动脉导管,而ICU感染是致命的。于是,他想看看是否有统计数据能够支持降低感染概率的方法。

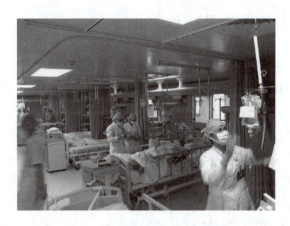

图5-8 ICU

他找到《急救医学》杂志上2004年发表的一篇文章,文章表明系统地洗手(再配合一套改良的卫生清洁程序,比如,用一种称为双氯苯双胍己烷的消毒液清洗病人的皮肤)能够减少中央动脉导管90%以上感染的风险。博威克预计,如果所有医院都实行这套卫生程序,就有可能每年挽救25 000个人的生命。

博威克认为,医学护理在很多方面可以学习航空业,现在的飞行员和乘务人员的自由度比以前少得多。联邦航空局要求必须在每次航班起飞之前逐字逐句宣读安全警告。"研究得越多,我就越坚信,医生的自由度越少,病人就会越安全。"博威克说。

博威克还制定了一套有力的推广策略。他不知疲倦地到处奔走,发表慷慨激昂的演说。他不断地用现实世界的例子来解释自己的观点,他深深痴迷于数字。与没有明确目标的项目不同,他的"10万生命运动"是全国首个明确在特定时间内挽救特定数目生命的项目。该运动的口号是:"没有数字就没有时间。"该运动与3 000多家医院签订协议,涵盖全美75%的医院床位。大约有1/3的医院同意实施全部6项改革,一半以上的医院同意实施至少3项改革。该运动实施之前,美国医院承认的平均死亡率大约是2.3%。该运动中平均每家医院有200个床位,一年大约有10 000个床位,这就意味着每年大约有 230 个病人死亡。从研究推断,博威克认为参与该运动的医院每 8 个床位就能挽救 1 个生命。或者说,200 个床位的医院每年能够挽救大约 25 个病人的生命。

参与该运动的医院需要提供在参与之前 18 个月的死亡率数据,并且每个月都要更新实验过程中的死亡人数。很难估计某家有 10 000 个床位的医院的病人死亡率下降是否单纯因为运气。但是,如果分析 3 000 家医院实验前后的数据,就可能得到更加准确的估计。

实验结果非常令人振奋。2006 年 6 月 14 日,博威克宣布该运动的结果超出了预定目标。在短短 18 个月里,这 6 项改革措施使死亡人数预计减少了 122 342 人。当然,我们不要相信这一确切数字,部分原因是即使没有该运动,这些医院也有可能改变他们的工作方式,从而挽救很多生命。

无论从哪个角度看,这项运动对于循证医学来说都是一次重大胜利。可以看到,"10 万生命运动"的核心就是大数据分析。博威克的 6 项干预并不是来自直觉,而是来自统计分析。博威克观察数字,发现导致病人死亡的真正原因,然后寻求统计上证明能够有效降低死亡风险的干预措施。

5.4 搜索:超级大数据的最佳伙伴

循证医学运动之前的医学实践受到了医学研究成果缓慢低效的传导机制的束缚。据美国医学协会的估计,"一项经过随机控制试验产生的新成果应用到医疗实践中,平均需要 17 年,而且这种应用还非常参差不齐。"医学科学的每次进步都伴随着巨大的麻烦。

如果医生不知道有什么样的统计结果,他就不可能根据统计结果进行决策。要使统计分析有影响力,就需要有一些能够将分析结果传达给决策制定者的传导机制。大数据分析的崛起往往伴随着并受益于传播技术的改进,这样,决策制定者就可以更加迅速地即时获取并分析数据。大数据分析速度越快,就越可能改变决策制定者的选择。

与其他使用大数据分析的情况相似,循证医学运动也在设法缩短传播重要研究结果的时间。循证医学最核心也最可能受抵制的要求是,提倡医生们研究和发现病人的问题。一直"跟踪研究"从业医生的学者们发现,新患者所提出的问题大约有 2/3 会对研究有益。这一比重在新住院的病人中更高。然而被"跟踪研究"的医生却很少有人愿意花时间去回答这些问题。

对于循证医学的批评往往集中在信息匮乏上。反对者声称在很多情况下根本不存在能够为日常治疗决策所遇到的大量问题提供指导的高质量的统计研究。抵制循证医学的更深层原因其实恰恰相反:对于每个从业医生来说,有太多循证信息了,以至于无法合理地吸收利用。仅以冠心病为例,每年有 3 600 多篇相关的统计论文发表。这样,想跟踪这一领域的学者必须每天(包括周末)读十几篇文章。如果读一篇文章需要 15 分钟,那么关于每种疾病的文章每天就要花掉两个半小时。显然,要求医生投入如此多的时间去仔细查阅海量的统计研究资料是行不通的。

循证医学的倡导者们从一开始就意识到信息搜索技术的重要性,它使得从业医生可以从数量巨大且时时变化的医学研究资料中提取出高质量的相关信息。网络的信息提取技术使医生更容易查到特定病人特定问题的相关结果。即使现在高质量的统计研究文献比以往都多,医生在大海里捞针的速度同时也提高了。现在有众多计算机辅助搜索引擎,可以使医生接触到相关的统计学研究。

对于研究结果的综述通常带有链接,这样,医生在点开链接后就可以查看全文以及引用过该研究的所有后续研究。即使不点开链接,仅仅从"证据质量水平"中,医生也可以根据最初的搜索结果了解到很多。例如为每项研究标注上由牛津大学循证医学中心研发的 15 等级分类法中的一个等级,以便读者能迅速了解该证据的质量。最高等级("1a")只授给那些经过多个随机试验验证后都得到相似结果的研究,而最低等级则给那些仅仅根据专家意见而形成的疗法。

这种简洁标注证据质量的方法很可能成为循证医学运动最有影响力的部分。现在,从业医生评估统计研究提出的政策建议时,可以更好地了解自己能在多大程度上信赖这种建议。最酷的是,大数据回归分析不仅可以做预测,而且还可以告诉你预测的精度,证据质量水平也是如此。循证医学不仅提出治疗建议,同时还会告诉医生支撑这些建议的数据质量如何。

证据的评级有力地回应了反对循证医学的人。评级使专家们在缺乏权威的统计证据时仍然能够回答紧迫的问题。证据评级标准虽然很简单,却是信息追溯方面的重大进步。医生们现在可以浏览大量网络搜索的结果,并把道听途说与经过多重检验的研究结果区别开来。

互联网的开放性甚至改变了医学文化。回归分析和随机试验的结果都公布出来,不仅仅是医生,任何有时间在网络上搜索几个关键词的人都可以看到。医生越来越感到学习的紧迫性,这是因为多学习可以使他们比病人懂得更多。正像买车的人在去 4S 店展厅前会先上网查看一样,许多病人也会登录 Medline 等网站去看看自己可能患上什么样的疾病。Medline 网站是美国国立医学图书馆建立的国际性权威综合生物医学信息书目文献数据库,它最初是供医生和研究人员使用的,而现在 1/3以上的浏览者是普通老百姓。互联网改变着信息传导给医生的机制,也改变着病人影响医生的机制。

5.5 数据决策的崛起

循证医学的成功就是数据决策的成功,它使决策的制定不仅基于数据或个人经验,而且基于系统的统计研究。正是大数据分析颠覆了传统的观念并发现受体阻滞剂对心脏病人有效,正是大数据分析证明了雌性激素疗法不会延缓女性衰老,也正是大数据分析促进了"10 万生命运动"的产生。

5.5.1 数据辅助诊断

迄今为止,医学的数据决策还主要限于治疗问题。几乎可以肯定的是,下一个高峰会出现在诊断环节。

我们称互联网为信息的数据库,它已经对诊断产生了巨大的影响。《新英格兰医学期刊》上发表了一篇文章,讲述纽约一家教学医院的教学情况。"一位患有过敏和免疫疾病的人带着一个得了痢疾的婴儿就诊,其患有罕见的皮疹('鳄鱼皮'),多种免疫系统异常,包括 T-cell(骨髓淋巴干细胞)功能低下,胃黏膜有组织红细胞以及末梢红细胞,是一种显然与 X 染色体有关的基因遗传方式(多个男性亲人幼年夭折)。"主治医师和其他住院医生经过长时间讨论后,仍然无法得出一致的正确诊断。最终,教授问这个病人是否做过诊断,她说她确实做过诊断,而且她的症状与一种罕见的名为 IPEX 的疾病完全吻合。当医生们问她怎么得到这个诊断结果时,她回答说:"我在网上输入我的显著症状,答案马上就跳出来了。"主治医师惊得目瞪口呆。"你从网上搜出了诊断结果?"互联网成为年轻医生学习知识的主要来源。

5.5.2 辅助诊断的决策支持系统

一个名叫"伊沙贝尔"的"诊断-决策支持"软件项目使医生可以在输入病人的症状后就得到一系列最可能的病因。它甚至还可以告诉医生病人的症状是否由于过度服用药物，所涉及的药物达4 000多种。"伊沙贝尔"数据库涉及11 000多种疾病的大量临床发现、实验室结果、病人的病史以及其本身的症状。"伊沙贝尔"项目的设计人员创立了一套针对所有疾病的分类法，然后通过搜索报刊文章的关键词找出统计上与每个疾病最相关的文章，如此形成一个数据库。这种统计搜索程序显著地提高了给每个疾病/症状匹配编码的效率，而且如果有新的且高相关性的文章出现时，可以不断更新数据库，它对"伊沙贝尔"项目的成功至关重要。

"伊沙贝尔"项目的产生来自一个股票经纪人被误诊的痛苦经历。1999年，詹森·莫德3岁的女儿伊沙贝尔被伦敦医院住院医生误诊为水痘并遣送回家。只过了一天，她的器官便开始衰竭，该医院的主治医生约瑟夫·布里托马上意识到她实际上感染了一种潜在致命性食肉病毒。尽管伊沙贝尔最终康复，但是她父亲却非常后怕，他辞去了金融领域的工作，和布里托一起成立了一家公司，开始开发"伊沙贝尔"软件以抗击误诊。

研究表明，误诊占所有医疗事故的1/3。尸体解剖报告也显示，相当一部分重大疾病是被误诊的。布里托说，"诊断失误大约是处方失误的2～3倍。"最低估计有几百万病人被诊断成错误的疾病在接受治疗。甚至更糟糕的是，2005年刊登在《美国医学协会杂志》上的一篇社论总结道，过去的几十年间，并未看到误诊率得到明显的改善。

"伊沙贝尔"项目的雄伟目标是改变诊断科学的停滞现状。莫德简单地解释道："计算机比我们记得更多更好。"世界上有11 000多种疾病，而人类的大脑不可能熟练地记住引发每种疾病的所有症状。实际上，"伊沙贝尔"的推广策略类似用搜索引擎进行诊断，它可以帮助我们从一个庞大的数据库里搜索并提取信息。

误诊最大的原因是武断。医生认为自己已经做出了正确的诊断——正如住院医生认为伊沙贝尔·莫德得了水痘——因此就不再思考其他的可能性。"伊沙贝尔"就是要提醒医生其他可能。它有一页会向医生提问，"你考虑过……了吗"，这可能会产生深远的影响。

2003年，一个来自乔治亚州乡下的4岁男孩被送入亚特兰大的一家儿童医院。这个男孩已经病了好几个月了，一直高烧不退。血液化验结果表明这个孩子患有白血病，医生决定进行强度较大的化疗，并打算第二天就开始实施。

约翰·博格萨格是这家医院的资深肿瘤专家，他观察到孩子皮肤上有褐色的斑点，这不怎么符合白血病的典型症状。当然，博格萨格仍需要进行大量研究来证实，而且很容易信赖血液化验的结果，因为化验结果清楚地表明是白血病。"一旦你开始用这些临床方法的一种，就很难再去测量。"博格萨格说。很巧合的是，博格萨格刚刚看过一篇关于"伊沙贝尔"的文章，并签约成为软件测试者之一，因此他没有忙着研究下一个病例，而是坐在计算机前输入了这个男孩的症状。靠近计算机系统中"你考虑过……了吗"的地方显示这是一种罕见的白血病，化疗不会起作用。博格萨格以前从没听说过这种病，但可以肯定的是，这种病常常会使皮肤出现褐色斑点。

研究人员发现，10%的情况下，"伊沙贝尔"能够帮助医生把他们本来没有考虑的主要诊断考虑进来。"伊沙贝尔"坚持不懈地进行试验。《新英格兰医学期刊》上"伊沙贝尔"的专版每周都有一个诊断难题。简单地剪切、粘贴病人的病史,输入到"伊沙贝尔"中,就可以得到 10～30 个诊断列表。这些列表中 75% 的情况下涵盖了经过《新英格兰医学期刊》(往往通过尸体解剖)证实为正确的诊断。如果再进一步手动把搜索结果输入到更精细的对话框中,"伊沙贝尔"的正确率就可以提高到 96%。"伊沙贝尔"不是万能的,不会挑选出某一种诊断结果,甚至不能判断哪种诊断最有可能正确,或者给诊断结果排序。不过,把可能的病因从 11 000 种降低到 30 种未经排序的疾病已经是重大进步了。

5.5.3 大数据分析使数据决策崛起

大数据分析将使诊断预测更加准确。目前软件所分析的基本上仍是期刊文章。"伊沙贝尔"的数据库有成千上万的相关症状,但是它只不过是把医学期刊上的文章堆积起来而已。然后一组配有网络搜索引擎辅助的医生,搜索与某个症状相关的已公布的症状,并把结果输入到诊断结果数据库中。

在传统医学诊疗下,如果你去看病或者住院治疗,看病的结果绝不会对集体治疗知识有帮助——除非在极个别的情况下,主治医生决定把你的病例写成文章投到期刊或者你的病例恰好是一项特定研究的一部分。从信息的角度来看,死亡患者当中大部分人都白白死掉了,其生死对后代起不到任何帮助作用。

医疗记录的迅速数字化意味着医生们可以利用包含在过去治疗经历中丰富的整体信息,这是前所未有的。未来几年内,"伊沙贝尔"这样的软件系统就能够针对你的特定症状、病史及化验结果给出患某种疾病的概率,而不仅仅是给出不加区分的一系列可能的诊断结果。

有了数字化医疗记录,医生们不再需要输入病人的症状并向计算机求助。"伊沙贝尔"可以根据治疗记录自动提取信息并做出预测。在传统的病历记录中,医生非系统地记下很多事后看来不太相关的信息,而计算机则系统地收集所有信息。从某种意义上来说,这使医生不再单纯地扮演记录数据的角色。医生得到的数据比让他自己做病历记录所能得到的信息要丰富得多。

对大量新数据的分析能够使医生有机会即时判断出流行性疾病。诊断时不应该仅仅根据专家筛选过的数据,还根据使用该医疗保健体系的数百万民众的看病经历,数据分析最终的确可以更好地决定如何诊断。

大数据分析使数据决策崛起。它让你在回归方程的统计预测和随机试验的指导下进行决策——这是循证医学真正想要的。大多数医生(正如我们已经看过和即将看到的其他决策者一样)仍然固守成见,认为诊断是一门经验和直觉最为重要的艺术。但对于大数据技术来说,诊断只不过是另一种预测而已。

【作 业】

1. 传统医学以个人经验、经验医学为主,即根据(   )的临床经验、临床资料和对疾病基础知识的理解来诊治病人。

   A. 实验性　　　　　B. 经验性　　　　　C. 非经验性　　　　　D. 非实验性

2. 循证医学意为"遵循证据的医学",其核心思想是医疗决策(即病人的处理,治疗指南和医疗政策的制定等)应( )。

   A. 重视医生个人的临床实践

   B. 在临床研究依据基础上做出,同时也重视结合个人的临床经验

   C. 在临床研究依据基础上做出

   D. 根据医院 X 光、CT 等医疗检测设备的检查

3. 医生应该特别重视统计数据的这种观点,直到今天( )。

   A. 仍颇受争议　　　B. 被广泛认同　　　C. 无人知晓　　　D. 病人不欢迎

4. 在医疗保健方面的应用,除了分析并指出非自然死亡的原因之外,( )数据同样也可以增加医疗保健的机会、提升生活质量、减少因身体素质差造成的时间和生产力损失。

   A. 小　　　　B. 大　　　　C. 非结构化　　　　D. 结构化

5. 安妮·沃西基2006年创办了DNA测试和数据分析公司( )。公司并非仅限于个人健康信息的收集和分析,而是将眼光放得更远,将大数据应用到了个人遗传学上。

   A. 23andMe　　　B. 23andDNA　　　C. 48andYou　　　D. GoogleAndDna

6. 值得一提的是,存储人类基因数据( )。

   A. 需要占据很大的空间　　　　　　　B. 并不需要多少空间

   C. 几乎不占空间　　　　　　　　　　D. 目前的计算技术无法承担

7. ( )使得健康信息的检测变得更简单易行。低成本的个人健康检测程序以及相关技术甚至"唤醒"了全民对个人健康的关注。

   A. 报纸上刊载的自我检测表格　　　　B. 手机上流传的健康保健段子

   C. 可穿戴的个人健康设备　　　　　　D. 现代化大医院的门诊检查

8. 电子健康档案、DNA 测试和新的成像技术在不断产生大量数据。收集和存储这些数据对于医疗工作者而言( )。

   A. 是容易实现的机遇　　　　　　　　B. 是难以接受的挑战

   C. 是一件额外的工作　　　　　　　　D. 既是挑战也是机遇

9. 儿科医生唐·博威克长期以来一直致力于减少医疗事故。博威克认为,医学护理在很多方面可以学习航空业,( )。

   A. 医生的自由度越大,病人就会越安全　　B. 医生的自由度越小,病人就会越安全

   C. 医生的自由度与病人无关　　　　　　　D. 乘务员和空姐享有很大的自由度

10. 传统医学实践受到了研究成果缓慢低效传导机制的束缚。要使统计分析有影响力,需要能够将分析结果传达给决策制定者。( )的崛起往往伴随着并受益于传播技术的改进。

    A. 算法分析　　　B. 盈利分析　　　C. 气候分析　　　D. 大数据分析

11. 循证医学的倡导者们从最开始就意识到( )技术的重要性,它使得从业医生可以从数量巨大且时时变化的医学研究资料中提取出高质量的相关信息。

    A. 论文翻译　　　B. 知识获取　　　C. 信息搜索　　　D. 病历撰写

12. 牛津大学循证医学中心研发的( )使医生能够迅速地了解病案证据的质量,使从业医生

评估统计研究提出的建议时,可以更好地了解自己能在多大程度上信赖这种建议。

A.论文收集追溯法　　　　　　　　B.病历证据评价法

C.信息追索验证法　　　　　　　　D.15等级分类法

13.循证医学的成功就是(　　)的成功,它使决策的制定不仅基于数据或个人经验,而且基于系统的统计研究。

A.色谱分析　　　B.数据决策　　　C.信息追索　　　D.数据积累

14.迄今为止,医学的数据决策还主要限于治疗问题。几乎可以肯定的是,下一个高峰会出现在(　　)环节上。

A.诊断　　　　　B.手术　　　　　C.化验　　　　　D.住院

15.一个名叫"伊沙贝尔"的"(　　)"软件项目使医生可以在输入病人的症状后得到一系列最可能的病因。大数据分析对于相关性的预测对"伊沙贝尔"项目的成功至关重要。

A.录入-编辑-分析　　　　　　　　B.诊断-决策支持

C.信息追索-输出　　　　　　　　D.配伍禁忌-预防

16.在传统诊疗情况下,如果看病或者住院治疗,患者看病的结果一般不会对集体治疗知识有帮助——从(　　)的角度来看,患者中大部分人都白白死掉了,其生死对后代起不到任何帮助。

A.信息　　　　　B.医药　　　　　C.个体　　　　　D.检验

17.(　　)意味着医生们不再需要输入病人的症状并向计算机求助,而可以利用包含在过去治疗经历中丰富的整体信息,这是前所未有的。

A.借助于医学生助手　　　　　　　B.更精确的化验手段

C.数字化医疗记录　　　　　　　　D.更先进的生化检测

18.对大量新数据的(　　)能够使医生有机会即时判断出流行性疾病。

A.数学运算　　　B.大数据分析　　C.及时收集　　　D.随机获取

19.如今,大多数医生仍然认为诊断是一门(　　)最为重要的艺术。但对于大数据技术来说,诊断只不过是另一种预测而已。

A.经验和直觉　　B.检测和实验　　C.化验与分析　　D.陈述与判断

20.循证医学真正想要的,是大数据分析使(　　),让人们在回归方程的统计预测和随机试验的指导下进行决策。

A.智慧应用普及　　B.医疗不再复杂　　C.诊断精确实现　　D.数据决策崛起

实训与思考　熟悉大数据在医疗健康领域的应用

1. 实训步骤

(1)在本课中列举了哪些大数据促进医疗与健康的典型案例,它们带给你哪些启发?

答:_____

_____

_____

_____

(2)思考并分析:大数据环境下的医疗信息数字化,与传统医学的医院管理信息系统(HMIS)有什么不同?

答:_____

_____

_____

(3)简述:在大数据时代,循证医学的成功就是数据决策的成功。

答:_____

_____

_____

(4)"谷歌预测流感"是众多大数据相关文献中的经典案例,认真阅读与分析此案例,并简单叙述你对这个案例的理解。

答:_____

_____

_____

_____

2. 实训总结

_____

_____

_____

3. 教师实训评价

_____

_____

第6课

大数据激发创造力

学习目标

(1)熟悉大数据激发创造力、改善设计的主要途径和方法。

(2)了解大数据操作回路以及大数据资产的概念。

(3)了解数字孪生及其应用场景。

学习难点

(1)数字孪生。

(2)大数据操作回路。

导读案例 准确预测地震

我们已经知道,地震是由构造板块(即偶尔会漂移的陆地板块)相互挤压造成的,这种板块挤压发生在地球深处,并且各个板块的相互运动极其复杂。因此,有用的地震数据来之不易,而要弄明白是什么地质运动导致了地震,基本上是不现实的。每年,世界各地约有7 000次里氏4.0或更高级别的地震发生,每年有成千上万的人因此丧命,而一次地震带来的物质损失就有千亿美元之多。

虽然地震有预兆,但是我们仍然无法通过它们可靠、有效地预测地震。相反,我们能做的就是尽可能地为地震做好准备,包括在设计、修建桥梁和其他建筑的时候就把地震考虑在内,并且准备好地震应急包等,一旦发生大地震,这些基础设施和群众都能有更充足的准备。

如今,科学家们只能预报某个地方、某个具体的时间段内发生某级地震的可能性。例如,未来30年某个地区有80%的可能性会发生里氏8.4级地震,但无法完全确定地说出何时何地会发生地震,或者发生几级地震。

科学家能预报地震,但是他们无法预测地震。归根结底,准确地预测地震,就要回答何时、何地、何种震级这三个关键问题,需要掌握促使地震发生的不同自然因素,以及揭示它们之间复杂的相互运动的更多、更好的数据。

预测不同于预报。不过,虽然准确预测地震还有很长的路要走,但科学家已经越来越多地为地震受害者争取到几秒的时间。例如,斯坦福大学的"地震捕捉者网络"就是一个会生成大量数据的廉价监测网络的典型例子,它由参与分布式地震检测网络的大约200个志愿者的计算机组成。有时候,这个监测网络能提前10秒提醒可能会受灾的人群。这10秒就意味着你可以选择是搭乘运行的电梯还是走楼梯,是走到开阔处去还是躲到桌子下面。

技术的进步使得捕捉和存储如此多数据的成本大大降低。能得到更多、更好的数据不只为计算机实现更精明的决策提供了更多的可能性,也使人类变得更聪明了。从本质上来说,准确预测地震既是大数据的机遇又是挑战。单纯拥有数据还远远不够。我们既要掌握足够多的相关数据,又要具备快速分析并处理这些数据的能力,只有这样,我们才能争取到足够多的行动时间。越是即将逼近的事情,越需要我们快速地实现准确预测。

阅读上文,思考、分析并简单记录:

(1) 记录下你曾经亲历或者听说过的地震事件。

答：_____

_____

_____

(2) 针对地球上频发的地震灾害,尽可能多地列举你所认为的地震大数据内容。

答：_____

_____

_____

(3) 认识大数据,对地震活动的方方面面(预报、预测与灾害减轻等)有什么意义?

答：_____

_____

_____

(4) 简单记述你所知道的上一周内发生的国际、国内或者身边的大事。

答：_____

_____

_____

设计师往往认为创造力与数据格格不入,甚至会阻碍创造力的发展。实际上,数据并不是为设计者提供一种全新的设计,但它可以帮助改善现有的设计,有助于实现局部效果的最大化。

6.1　大数据帮助改善设计

不管是游戏、汽车还是建筑物,这些不同领域的设计有一个共同的特点,就是设计过程中不断发生变化。如今,从设计到最终进行测试,这一过程会随着大数据的使用而逐渐缩短。从现有的设计中获取数据,并搞清楚问题所在,或弄懂如何大幅度改善的过程也在逐渐加快。低成本的数据采集和计算机资源,在加快设计、测试和重新设计这一过程中发挥了很大的作用。

6.1.1 与玩家共同设计游戏

大数据在高科技的游戏设计领域中发挥着至关重要的作用。通过分析,游戏设计者可以对新保留率和商业化机会进行评估,即使是在现有的游戏基础之上,也能为用户提供令人更加满意的游戏体验。通过对游戏费用等指标的分析,游戏设计师们能吸引游戏玩家,提高保留率、每日活跃用户和每月活跃用户数、每个游戏玩家支付的费用以及游戏玩家每次玩游戏花费的时间。Kontagent 公司为收集这类数据提供辅助工具,曾与成千上万的游戏工作室合作,以帮助他们测试和改进游戏。游戏公司通过定制的组件来发明游戏。他们采用的是内容管道方法,其中的游戏引擎可以导入游戏要素,这些要素包括图形、级别、目标和挑战,以供游戏玩家攻克。这种管道方法意味着,游戏公司会区分不同种类的工作,比如对软件工程师的工作和图形艺术家及级别设计师的工作进行区分。通过设置更多的关卡,游戏设计者更容易对现有的游戏进行拓展,而无须重新编写整个游戏。

相反,设计师和图形艺术家只需创建新级别的脚本、添加新挑战、创造新图形和元素。这就意味着,不仅设计者可以添加新级别,游戏玩家也可以这么做,或者至少可以设计新图形。

游戏设计者还会体验到,利用数据驱动来设计游戏,可以减少游戏创造过程中的相关风险。不仅是因为许多游戏很难通关成功,而且,通关成功的游戏往往在财务收入上也并不成功。好的游戏不仅关乎良好的图形和级别设计,还与游戏的趣味性和吸引力有关。在游戏发行之前,游戏设计师很难对这些因素进行正确的评估,所以游戏设计的推行、测试和调整至关重要。通过将游戏数据和游戏引擎进行区分,很容易对这些游戏元素做出调整。

6.1.2 以人为本的汽车设计理念

福特汽车的首席大数据分析师约翰·金德认为,汽车企业坐拥海量的数据信息(见图6-1),"消费者、大众及福特自身都能受益匪浅。"

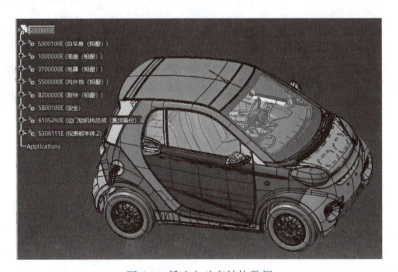

图6-1 低速电动车结构数据

2006年左右，随着金融危机的爆发以及新任首席执行官的就职，福特公司开始乐于接受基于数据得出的决策，而不再单纯凭借经验和直觉，公司在数据分析和模拟的基础上提出了更多新的方法。

福特公司的不同职能部门都会配备数据分析小组，如信贷部门的风险分析小组、市场营销分析小组、研发部门的汽车研究分析小组。数据和数据分析在公司运营中发挥了重大作用，不仅可以解决个别战术问题，而且对公司持续战略的制订来说也是一笔重要的资产。公司强调数据驱动文化的重要性，这种自上而下的度量重点对公司的数据使用和周转产生了巨大的影响。

福特还在硅谷建立了一个实验室，以帮助公司发展科技创新。公司获取的数据主要来自大约400万辆配备有车载传感设备的汽车。通过对这些数据进行分析，工程师能够了解人们驾驶汽车的情况、汽车驾驶环境及车辆的响应情况。所有这些数据都能帮助改善车辆的操作性、燃油的经济性和车辆的排气质量。利用这些数据，公司对汽车的设计进行改良，降低车内噪声，还能确定扬声器的最佳位置，以便接收语音指示。

设计师还能利用数据分析做出决策，如赛车改良决策和影响消费者购买汽车的决策。例如，某车队设计的赛车在比赛中连续失利。为了弄清失利的原因，工程师为该车队的赛车配备了传感器，这种传感器能收集到20多种不同变量的数据，如轮胎温度和转向等。不过工程师们对这些数据进行了两年的分析，仍然无法弄清楚赛车手在比赛中失利的原因。

而数据分析公司 Event Horizon 也收集了同样的数据，但其对数据的处理方式完全不同。该公司没有从原始数字入手，而是通过可视化模拟来重现赛车改装后在比赛中的情况。通过可视化模拟，他们很快就了解到，赛车手转动方向盘和赛车启动之间存在一段滞后时间。赛车手在这段时间内会做出很多微小的调整，所有这些微小的调整加起来就占据了不少时间。

由此可以看出，仅仅拥有真实的数据还远远不够。就大数据的设计和其他方面而言，能够以正确的方式观察数据至关重要。

6.1.3 寻找最佳音响效果

大数据还能帮助我们设计更好的音乐厅。在20世纪末，哈佛大学的讲师 W. C. 萨宾开创了建筑声学这一新领域。研究之初，萨宾将福格演讲厅(听众认为其声学效果不明显)和附近的桑德斯剧院(声学效果显著)进行了对比。在助手的协助下，萨宾将坐垫之类的物品从桑德斯剧院移到了福格演讲厅，以判断这类物品对音乐厅的声学效果会产生怎样的影响。萨宾和他的助手在夜间开始工作，经过仔细测量后，他们会在早晨到来之前将所有物品放回原位，从而不影响两个音乐厅的日间运作。

经过大量的研究，萨宾对混响时间(又称"回声效应")做出了这样一个定义：它是声音从其原始水平下降 60 dB 所需的秒数。萨宾发现，声学效果最好的音乐厅的混响时间为 2～2.25 s。混响时间太长的音乐厅会被认为过于"活跃"，而混响时间太短的音乐厅会被认为过于"平淡"。混响时间的长短主要取决于两个因素：房间的容积和总吸收面积或现有吸收面积。在福格演讲厅中，所听到的说话声大约能延长 5.5 s，萨宾减少了其回音效果并改善它的声学效果。后来，萨宾还参与了波士顿音乐厅(见图6-2)的设计。

图 6-2　波士顿音乐厅

继萨宾之后,该领域开始呈现出蓬勃的发展趋势。如今,借助模型,数据分析师不仅对现有音乐厅的声学问题进行评估,还能模拟新音乐厅的设计。同时,还能对具有可重新配置几何形状及材料的音乐厅进行调整,以满足音乐或演讲等不同的用途,这就是其创新所在。

颇有意思的是,许多建于 19 世纪后期的古典音乐厅的音响效果可谓完美,而那些近期建造的音乐厅却达不到这种效果。这主要是因为如今的音乐厅渴望容纳更多的席位,同时还引进了许多新型建材,以使建筑师设计出几乎任何形状和大小的音乐厅,而不再受限于木材的强度和硬度。现在,建筑师正在试图设计新的音乐厅,以期能与波士顿和维也纳音乐殿堂的音响效果匹敌。音质、音乐厅容量和音乐厅的形状可能会出现冲突。而通过利用大数据,建筑师可能会设计出跟以前类似的音响效果,同时还能使用现代化的建筑材料来满足当今的座席要求。

6.1.4　建筑,数据取代直觉

建筑师还在不断将数据驱动型设计推广至更广泛的领域。正如 LMN 建筑事务所的萨姆·米勒指出的,老建筑的设计周期是:设计、记录、构建和重复。只有经过多年的实践,才能完全领会这一过程,一个拥有 20 多年设计经验的建筑师或许只见证过十几个这样的设计周期。随着数据驱动型架构的实现,建筑师已经可以用一种迭代循环过程来取代上述过程,这个迭代循环过程即模型、模拟、分析、综合、优化和重复。就像发动机设计人员可以使用模型来模拟发动机的性能一样,建筑师如今也可以使用模型来模拟建筑物的结构(见图 6-3)。

据米勒讲,他的设计组只需短短几天的时间就可以模拟成百上千种设计,他们还可以找出哪些因素会对设计产生最大的影响。米勒说:"直觉在数据驱动型设计程序中发挥的作用在逐渐减少,而建筑物的性能会更加良好。"

建筑师并不能保证研究和设计会花费多少时间,但米勒说,数据驱动型方法使这种投资变得更加有意义,因为它保证了公司的竞争优势。通过将数据应用于节能和节水的实践中,大数据也有助于绿色建筑的设计。通过评估基准数据,建筑师如今可以判断出某个特定的建筑物与其他绿色建筑的区别所在。美国环保署(EPA)的在线工具"投资组合经理"就应用了这一方法。它的主要功能是互动能源管理,它可以让业主、管理者和投资者对所有建筑物耗费的能源和用水进行跟踪和评估。

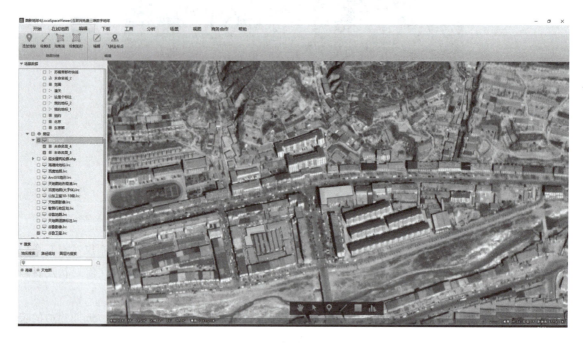

图 6-3　建筑轮廓数据

Safaira 公司还设计了一种基于 Web 的软件,利用专业物理知识,能够提供设计分析、知识管理和决策支持,用户可以对不同战略设计中的能源、水、碳和经济利益进行测量和优化。

6.2　大数据操作回路

几十年来,理解数据是数据分析师、统计学家们的事情。业务经理要想提取数据,不仅要等 IT 部门收集到主要数据,还要等分析师们将数据汇聚并分析理解之后才能处理和发布。大数据应用程序的前景不仅是收集数据的能力,还有利用数据的能力,而且对数据的利用不需要采用只有统计学家们才会使用的一系列工具。通过让数据变得更易获取,大数据应用程序将使组织机构一个产品线、一个产品线地变得更依赖于数据驱动。不过,即使我们有了数据和利用数据所需的相关工具,要做到数据化还是有相应的难度的。

数据驱动要求我们不仅要掌握数据、挑出数据,还必须基于相关数据来制订决策。既要有信心相信数据,也要有足够的信念,基于数据进行决策。

6.2.1　信号与噪声

从历史的角度看,获取和处理数据都很麻烦,因为通常数据并不集中在一个地方。公司内部数据分布在一系列不同的数据库、数据存储器和文件服务器之中,而外部数据则分布在市场报告、网络以及其他难以获取数据的地方。

大数据的挑战和优势就在于,它通常会将所有数据集中到一个地方,这就意味着有可能通过处理更多相关数据,得到更丰富的内涵——工程师们将这些数据称为信号,当然,这也意味着有更多的噪声——与结论不相关的数据和甚至会导致错误结论的数据。

如果计算机或人不能理解数据,那么仅仅将数据集中到一块也起不了什么作用。大数据应用程序有助于从噪声中提取信号,以加强我们对数据的信心,提升基于数据进行决策的信念。

6.2.2 大数据反馈回路

在你第一次摸到滚烫的火炉的时候,第一次把手伸进电源盒的时候,或者第一次超速行驶的时候,会经历一次反馈回路。不管你是否意识到,都会进行测算并分析其结果,这个结果会影响你未来的行为。我们将其称为"数据反馈回路",而这也是成功的大数据应用程序的核心所在,如图6-4所示。

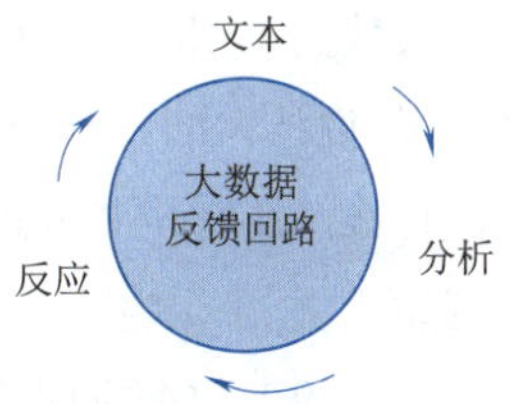

通过测算,会发现摸滚烫的火炉或者被电击会让你感到疼痛,超速行驶会给你招来昂贵的罚单或者车祸。不过,你要是侥幸逃过了这些,你可能会觉得超速行驶很爽。

不管结果如何,所有行为都会给你反馈。你会把这些反馈融入自己的个人数据图书馆中,然后根据这些数据,改变未来的行为方式。如果你有过被火炉烫到的不爽的经历,可能以后在摸火炉之前会先确认它是否烫手。当涉及大数据的时候,这种反馈回路至关重要。单纯动手收集和分析数据并不够,还必须有从数据中得出一系列结论的能力以及对这些结论的反馈,以确认这些结论的正误。你的模型融入的数据越相关,就越能得到更多关于你的假设的反馈,因而你的见解也就越有价值。

图 6-4 大数据反馈回路

过去运行这种反馈回路速度慢、时间长。比方说,我们收集销售数据,然后试图总结出能促进消费者购买的定价机制或产品特征。我们调整价格、改变产品特征并再次进行试验。问题就在于,当总结出分析结果,并调整了价格和产品的时候,情况又发生了变化。

大数据的好处在于,如今能够以更快的速度运行这种反馈回路。比方说,广告界的大数据应用程序需要通过提供多种多样的广告才能够得知哪个广告最奏效,这甚至能在细分基础上得以实现——他们能判断出哪个广告对哪种人群最奏效。人们没法做这种 A 或 B 的测算——展示不同的广告来知道哪个更好,或哪个见效更快。但是计算机能大量地进行这种测算,不仅在不同的广告中间进行选择,实际上还能自行修订广告——不同的字体、颜色、尺寸或图片,以确定哪些最有效。这种实时反馈回路是大数据最具力量的一面,即大量收集数据并迅速就许多不同方法进行测算和行动的能力。

6.2.3 最小数据规模

随着我们不断推进大数据,收集和存储数据不再是什么大问题了,相反,如何处理数据变成了一个棘手的问题。一个高效的反馈回路需要一个足够大型的测试装置——配有网站访问量、销售人员的号召力、广告的浏览量等。我们将这种测试装置称为"最小数据规模",它是指要运行大数据反馈回路并从中得出有意义的洞悉所需要的最小数据量,如图6-5所示。

最小数据规模意味着公司有足够的网站访问量、足够的广告浏览量，或者足够的销售前景信息，使得决策者能基于这些测试得出有效的结论并制订决策。当公司达到最小数据规模的要求时，就可以利用大数据应用程序告知销售人员下一步应该打电话给谁，或确定哪个广告有助于实现最高的折现率，或者给读者推荐正确的电影或书籍。

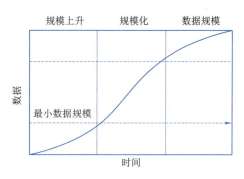

图 6-5　最小数据规模

6.2.4　大数据应用的优势

大数据应用程序的优势就在于它负责运行大数据的部分或全部反馈回路。一些大数据应用程序，比如说强大的分析和可视化应用，能把数据放在一个地方并让其可视，然后，人们能决定下一步该做什么。还有一些大数据应用程序可以自动测试新方法并决定下一步做什么，比如自动投放广告和网站优化。

现今的大数据应用程序在实现全球数据规模最大化的过程中所起的作用并不大。但它们可以最大限度地优化当地的数据规模，使之最大化。它们能投放合适的广告、优化网页、告知销售人员电话营销的对象，还能在销售人员打电话的过程中指点他，告诉他应该说些什么。

6.3　数字孪生

数字孪生又称数字镜像、数字化映射，是充分利用物理模型、传感器更新、运行历史等数据，集成多学科、多物理量、多尺度、多概率的仿真过程，在虚拟空间中完成映射，从而反映相对应的实体装备的全生命周期过程。数字孪生是一种超越现实的概念，可以被视为一个或多个重要的、彼此依赖的装备系统的数字映射系统(见图6-6)。

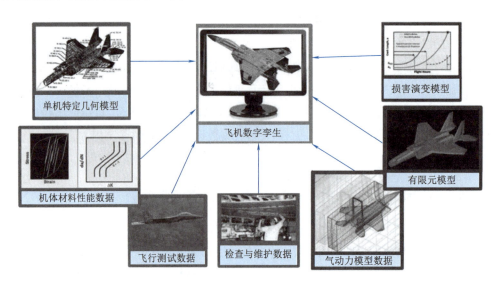

图 6-6　数字孪生

数字孪生是个普遍适应的理论技术体系,可以在众多领域应用,在产品设计、产品制造、医学分析、工程建设等领域应用较多。在国内应用最深入的是工程建设领域,关注度最高、研究最热的是智能制造领域。

6.3.1 数字孪生的原理

最早,数字孪生思想由密歇根大学的迈克尔·格里夫斯命名为"信息镜像模型",而后演变为术语"数字孪生"。数字孪生是在基于模型定义基础上深入发展起来的,企业在实施基于模型的系统工程的过程中产生了大量的物理的、数学的模型,这些模型为数字孪生的发展奠定了基础。2012 年 NASA 给出了数字孪生的概念描述:是指充分利用物理模型、传感器、运行历史等数据,集成多学科、多尺度的仿真过程,它作为虚拟空间中对实体产品的镜像,反映了相对应物理实体产品的全生命周期过程。为了便于数字孪生的理解,北京理工大学的庄存波等提出了数字孪生体的概念,认为数字孪生是采用信息技术对物理实体的组成、特征、功能和性能进行数字化定义和建模的过程。数字孪生体是指在计算机虚拟空间存在的与物理实体完全等价的信息模型,可以基于数字孪生体对物理实体进行仿真分析和优化。数字孪生是技术、过程、方法,数字孪生体是对象、模型和数据。

进入 21 世纪,美国和德国均提出了"赛博-物理系统"(cyber-physical system,CPS),作为先进制造业的核心支撑技术。CPS 的目标就是实现物理世界和信息世界的交互融合。通过大数据分析、人工智能等新一代信息技术在虚拟世界的仿真分析和预测,以最优的结果驱动物理世界的运行。数字孪生的本质就是在信息世界对物理世界的等价映射,因此数字孪生更好地诠释了 CPS,成为实现 CPS 的最佳技术。

6.3.2 数字孪生基本组成

2011 年,迈克尔·格里夫斯在《几乎完美:通过 PLM 驱动创新和精益产品》中给出了数字孪生的三个组成部分:物理空间的实体产品、虚拟空间的虚拟产品、物理空间和虚拟空间之间的数据和信息交互接口。

在 2016 西门子工业论坛上,西门子认为数字孪生的组成包括:产品数字化双胞胎、生产工艺流程数字化双胞胎、设备数字化双胞胎,数字孪生完整真实地再现了整个企业。北京理工大学的庄存波等也从产品的视角给出了数字孪生的主要组成,包括产品的设计数据、产品工艺数据、产品制造数据、产品服务数据以及产品退役和报废数据等,从产品的角度给出了数字孪生的组成,并且西门子以它的产品全生命周期管理系统为基础,在制造企业推广它的数字孪生相关产品。

同济大学的唐堂等人提出数字孪生的组成应该包括:产品设计、过程规划、生产布局、过程仿真、产量优化等。该数字孪生的组成不仅包括了产品的设计数据,也包括了产品的生产过程和仿真分析,更加全面,更加符合智能工厂的要求。

北京航空航天大学的陶飞等人从车间组成的角度先给出了车间数字孪生的定义,其组成主要包括物理车间、虚拟车间、车间服务系统、车间孪生数据等几部分。物理车间是真实存在的车间,主要从车间服务系统接收生产任务,并按照虚拟车间仿真优化后的执行策略,执行完成任务;虚拟车间是物理车间的计算机内的等价映射,主要负责对生产活动进行仿真分析和优化,并对物理车间的生产活动进行实时的监测、预测和调控;车间服务系统是车间各类软件系统的总称,主要负责车间数字孪生驱动物理车间的运行,和接受物理车间的生产反馈。

数字孪生最重要的启发意义在于,它实现了现实物理系统向赛博空间数字化模型的反馈。这是一次工业领域中,逆向思维的壮举。人们试图将物理世界发生的一切,塞回到数字空间中。只有带有回路反馈的全生命跟踪,才是真正的全生命周期概念。这样,就可以真正在全生命周期范围内,保证数字与物理世界的协调一致。各种基于数字化模型进行的各类仿真、分析、数据积累、挖掘,甚至人工智能的应用,都能确保它与现实物理系统的适用性。这就是数字孪生对智能制造的意义所在。

智能系统首先要感知、建模,然后才是分析推理。如果没有数字孪生对现实生产体系的准确模型化描述,所谓的智能制造系统就是无源之水,无法落实。

6.3.3 数字孪生的研究

美国国防部最早提出将数字孪生技术用于航空航天飞行器的健康维护与保障。首先在数字空间建立真实飞机的模型,并通过传感器实现与飞机真实状态完全同步,这样每次飞行后,根据结构现有情况和过往载荷,及时分析评估是否需要维修,能否承受下次的任务载荷等。

数字孪生,有时候也用来指代将一个工厂的厂房及产线,在没有建造之前,就完成数字化模型。从而在虚拟的赛博空间中对工厂进行仿真和模拟,并将真实参数传给实际的工厂建设。而工房和产线建成之后,在日常的运维中二者继续进行信息交互。值得注意的是:数字孪生不是构型管理的工具,不是制成品的3D尺寸模型,不是制成品的模型定义。

对于数字孪生的极端需求,同时也驱动着新材料开发,而所有可能影响到装备工作状态的异常,将被明确地进行考察、评估和监控。数字孪生正是从内嵌的综合健康管理系统集成了传感器数据、历史维护数据,以及通过挖掘而产生的相关派生数据。通过对以上数据的整合,数字孪生可以持续地预测装备或系统的健康状况、剩余使用寿命以及任务执行成功的概率,也可以预见关键安全事件的系统响应,通过与实体的系统响应进行对比,揭示装备研制中存在的未知问题。数字孪生可能通过激活自愈的机制或者建议更改任务参数来减轻损害或进行系统的降级,从而提高寿命和任务执行成功的概率。

实现数字孪生的许多关键技术都已经开发出来,比如多物理尺度和多物理量建模、结构化的健康管理、高性能计算等,但实现数字孪生需要集成和融合这些跨领域、跨专业的多项技术,从而对装备的健康状况进行有效评估,这与单个技术发展的愿景有着显著的区别。因此,可以设想数字孪生这样一个极具颠覆的概念,在未来可以预见的时间内很难取得足够的成熟度,建立中间过程的里程碑目标就显得尤为必要(见图6-7)。

第6课 大数据激发创造力

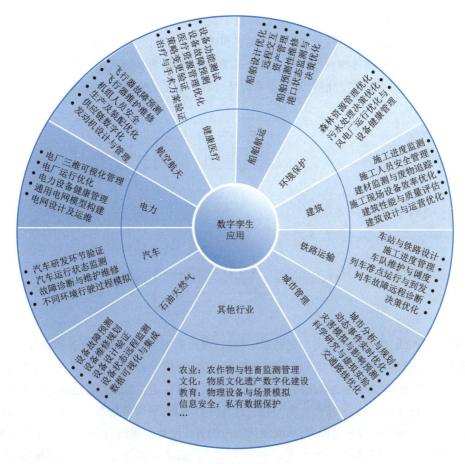

图 6-7 数字孪生的应用

6.3.4 数字孪生与数字生产线

图 6-8 所示为一个数字生产线的典型案例。数字孪生与数字生产线概念既相互关联,又有所区别。

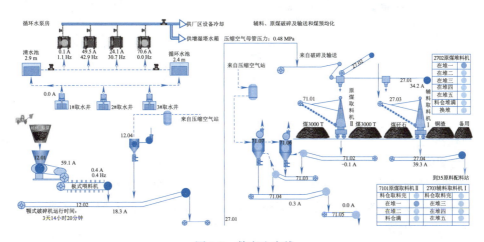

图 6-8 数字生产线

数字孪生是一个物理产品的数字化表达,以便于我们能够在这个数字化产品上看到实际物理产品可能发生的情况,与此相关的技术包括增强现实和虚拟现实。数字生产线在设计与生产的过程中仿真分析模型的参数,可以传递到产品定义的全三维几何模型,再传递到数字化生产线加工成真实的物理产品,再通过在线的数字化检测/测量系统反映到产品定义模型中,进而又反馈到仿真分析模型中,如图6-9所示。

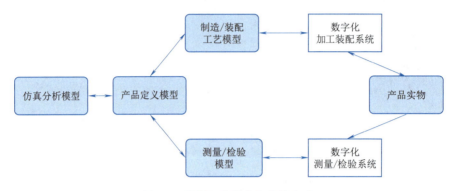

图6-9　数据经由数字生产线流动

依靠数字生产线,所有数据模型都能够双向沟通,因此真实物理产品的状态和参数将通过与智能生产系统集成的赛博物理系统CPS向数字化模型反馈,致使生命周期各个环节的数字化模型保持一致,从而实现动态、实时评估系统的当前及未来的功能和性能。而装备在运行的过程中,又通过将不断增加的传感器、机器的连接而收集的数据进行解释利用,可以将后期产品生产制造和运营维护的需求融入早期的产品设计过程中,形成设计改进的智能闭环。然而,并不是建立了这样的模型,就有了数字孪生,那只是问题的一个角度;必须在生产中把所有真实制造尺寸反馈回模型,再用健康预测管理实时搜集飞机实际受力情况,反馈回模型,才有可能成为数字孪生,如图6-10所示。

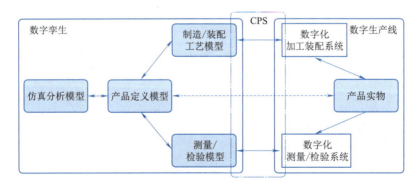

图6-10　数字孪生与数字生产线

数字孪生描述的是通过数字生产线连接的各具体环节的模型。可以说数字生产线是把各环节集成,再配合智能的制造系统、数字化测量检验系统以及赛博物理融合系统的结果。通过数字生产线集成了生命周期全过程的模型,这些模型与实际的智能制造系统和数字化测量检测系统进一步与嵌入式的赛博物理融合系统进行无缝的集成和同步,从而使我们能够在这个数字化产品上看到实际物理产品可能发生的情况。

简单地说,数字生产线贯穿了整个产品生命周期,尤其是从产品设计、生产、运维的无缝集成;而数字孪生更像是智能产品的概念,它强调的是从产品运维到产品设计的回馈。数字孪生是物理产品的数字化影子,通过与外界传感器的集成,反映对象从微观到宏观的所有特性,展示产品的生命周期的演进过程。当然,不只产品,生产产品的系统(生产设备、生产线)和使用维护中的系统也要按需建立数字孪生。

6.4 大数据资产的崛起

公司收集的大量数据称为"大数据资产",将数据转化为优势的公司将有能力降低成本、提升价格、区分优劣、吸引更多顾客并最终留住更多顾客。这主要包含两层意思:

第一,对初创公司来说,有大量机会能够使公司通过创建应用实现竞争优势,且这种方法一经创建能立即被使用。公司无须自行创建这些可能性,它们能通过应用程序获取可能性。

第二,将数据和依靠数据办事的能力作为核心资产的公司(不管是初创公司还是大型公司),相比并非如此的公司而言,有极大的竞争优势。

6.4.1 将原创数据变为增值数据

无论是与其他公司结成联盟,还是利用数据聚合商,如果自己的公司拥有原创数据,接下来就可以通过与其他公司的数据进行整合,来催生出新的附加价值,从而升华成为增值数据。这样能够产生相乘的放大效果,这也是大数据运用的真正价值之一。

选择什么公司的数据与自己公司的原创数据整合,这需要想象力。在自己公司内部认为已经没什么用的数据,对于其他公司来说,很可能就是求之不得的宝贝。例如,耐克提供了一款面向 iPhone 的慢跑应用 Nike + GPS(见图 6-11)。它可以通过使用卫星导航系统在地图上记录跑步的路线,将这些数据匿名化并进行统计,就可以找出跑步者最喜欢的路线。在体育用品店看来,这样的数据在讨论门店选址计划上是非常有效的。此外,在考虑具备淋浴、储物柜功能的收费休息区以及自动售货机的设置地点、售货品种时,这样的数据也是非常有用的。

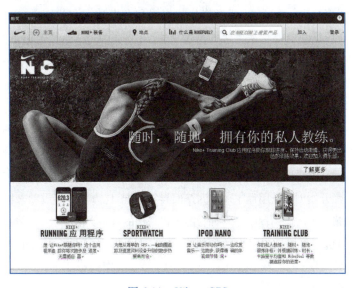

图 6-11 Nike + GPS

对于拥有原创数据的企业和数据聚合商来说，不应该将目光局限在自己的行业中，而应该以更加开阔的视野来制定数据运用战略。

6.4.2 大数据催生崭新的应用程序

我们已经见证了一系列新应用程序的诞生，而这些仅仅只是冰山一角。现在，很多应用程序都聚集在业务问题上，但是将来会出现更多的打破整个大环境和产业现状的应用程序。以治安系统为例，警察通过分析历史犯罪记录，预测犯罪即将发生的地点。然后，派警员到有可能发生犯罪的地方。事实证明，这有利于降低犯罪率。也就是说，只要在一天中适当的时间或者一周中适当的一天（这取决于历史数据分析），将警员安插在适当的地方，就能减少犯罪。通过分析处理犯罪活动这种类型的大数据，以使其能在这种特定用途上发挥效用。

大数据催生了一系列新应用程序，这也意味着大数据不只为大公司所用，大数据将影响各种规模的公司，同时还会影响到我们的个人生活——从我们如何生活、如何相爱到如何学习。大数据再也不是有着大量数据分析师和数据工程师的大企业的专利。

分析大数据的基础架构已经具备（至少对企业来说），其中大部分都能在"云"中找到，实施起来并不困难。有大量的公共数据可以利用，这样一来，企业家和投资者所面临的挑战就是找到有意义的数据组合，包括公开的和私人的数据，然后将其在具体的应用中结合起来——这些应用将为社会带来真正的好处。

6.4.3 在大数据"空白"中提取最大价值

大数据为创业和投资开辟了一些新的领域。你不需要是统计学家、工程师或者数据分析师就可以轻松获取数据，然后凭借分析和洞察力开发可行的产品，这是一个充满机遇的重要领域。就像抖音让小视频分享变得更容易一样，新产品不仅能使分析变得更简单，还能将分析结果与人分享，并从这种协作中学到一些东西。

将众多内部数据聚合到一个地方，或者将公共数据和个人数据源相结合，也能开辟出产品开发和投资的新机遇。新数据组合能带来更优的信用评级、更好的城市规划，公司将有能力比竞争对手更快速、敏捷地发现市场变化并做出反应。大数据也将会有新的信息和数据服务业务。虽然如今网上有大量数据——从学校的成绩指标、天气信息到人口普查，数据应有尽有，但是很多这些数据的原始数据依然很难获取。

收集数据、将数据标准化，并且要以一种能轻易获取数据的方式呈现数据可不容易。信息服务的范围已经到了不得不细分的时刻，因为处理这些数据太难了。新数据服务也会因为我们生成的新数据而涌现。因为智能手机配备有北斗卫星导航、动力感应和内置联网功能，它们就成为生成低成本具体位置数据的完美选择。研发者也已经开始创建应用程序来检测路面异常情况，比方说基于震动来检测路面坑洞。这需要大数据应用程序的最基本的应用程序——如智能手机采用的这一类低成本传感器来收集新数据。

要从这样的空白机遇里提炼出最大的价值，不仅需要金融市场理解大数据业务，还需要其订阅大数据业务。在大数据、云计算、移动应用以及社会因素等因素的影响下，不难想象，未来的数字技术一定更精彩。

第6课　大数据激发创造力

【作　业】

1. 不管是游戏、汽车还是建筑物,不同领域的设计有一个共同的特点,就是其设计过程在不断变化。从设计研发到最终进行测试,这一循环过程会随着大数据的使用而(　　)。
   A. 不断延长　　　B. 变化莫测　　　C. 完全消失　　　D. 逐渐缩短

2. 苹果公司的产品设计一向为世人所称道,具有简单、优雅、易于使用等特征,其创造卓越的设计理由是(　　)。
   ①认为良好的设计就像一件礼品,不仅专注于产品的设计,还注重产品的包装
   ②设计师会对潜在的设计进行模拟,甚至还会对像素进行模拟,以打消人们的疑虑
   ③充分发挥设计师个人作用,几乎不进行群体性研究(如召开头脑风暴会议)
   ④往往会为一种潜在的新功能研发出十种设计方案,从中选出三种,然后再从中选出最终的设计(即10∶3∶1设计方法)
   A. ①②④　　　B. ①③④　　　C. ①②③　　　D. ②③④

3. 利用数据驱动来设计游戏,可以减少游戏创造过程中的相关风险。大数据在高科技的游戏设计领域中(　　)。
   A. 发挥着至关重要的作用　　　B. 没有明显作用
   C. 有点作用,但不重要　　　D. 会起到反作用

4. 汽车制造及其他相关领域的实践表明:(　　)。
   A. 拥有真实数据是大数据设计和其他方面的根本保证
   B. 仅仅拥有真实的数据还不够,就大数据设计而言,以正确的方式观察数据是至关重要的
   C. 是否拥有真实的数据并不重要,就大数据的设计和其他方面而言,能够以正确的方式观察数据才是至关重要的
   D. 应该采取足够措施,在少而精的数据基础上,以正确的方式观察数据

5. 经过大量研究,借助模型,数据分析师不仅对现有音乐厅的声学问题进行评估,还能模拟新音乐厅的设计。同时,还能对具有可重新配置几何形状及材料的音乐厅进行调整,以满足音乐或演讲等不同的用途,这说明:(　　)。
   A. 大数据能帮助我们设计更好的音乐厅
   B. 大数据对设计音乐厅关系不大
   C. 建筑声学是W.C.萨宾顿悟之后的天才创造
   D. 设计更好的音乐厅需要精确的算法模型

6. 随着数据驱动型架构的实现,建筑师已经可以采用一种迭代循环过程,即(　　),只需短短几天时间就可以模拟成百上千种设计,找出哪些因素会对设计产生最大的影响。
   A. 模型、模拟、分析、优化和重复　　　B. 模型、模拟、分析、综合、优化和重复
   C. 模型、模拟、分析和重复　　　D. 模型、模拟、综合、优化和重复

7. 数据驱动要求我们不仅要掌握数据,挑出数据,还必须基于相关数据来(　　)。
   A. 分析结果　　　　B. 制订决策　　　　C. 回归分析　　　　D. 建立联系

8. 大数据通常会将所有数据集中到一个地方,这样有可能通过处理更多数据得到更丰富内涵,当然也意味着有更多的噪声。大数据应用程序(　　)从噪声中提取信号。
   A. 不可以　　　　　B. 可以　　　　　　C. 无助于　　　　　D. 有助于

9. 在数据处理过程中,你的模型融入的数据越相关,越能得到更多关于你的假设的反馈,因而你的见解也就(　　)。
   A. 越有价值　　　　B. 越有问题　　　　C. 愈加烦琐　　　　D. 越没效果

10. 随着不断推进,收集和存储数据不再是大问题,相反,如何处理数据变成了一个棘手的问题。最小数据规模意味着公司有(　　),使得决策者能基于这些测试得出有效的结论并制订决策。
    A. 足够的广告浏览量或者足够的销售前景信息
    B. 足够的网站访问量或者足够的销售前景信息
    C. 足够的网站访问量、足够的广告浏览量或者足够的销售前景信息
    D. 足够的网站访问量或者足够的广告浏览量

11. 迈克尔·格里夫斯在2011年给出了数字孪生的三个组成部分:(　　)。
    ①物理空间的实体产品
    ②虚拟空间的虚拟产品
    ③物理空间和现实世界之间的数据和信息交互接口
    ④物理空间和虚拟空间之间的数据和信息交互接口
    A. ②③④　　　　　B. ①②③　　　　　C. ①②④　　　　　D. ①③④

12. 国内的研究者陶飞等人从车间组成的角度先给出了车间数字孪生的定义,其组成主要包括物理车间、虚拟车间、车间服务系统、车间(　　)等几部分。
    A. 接口环境　　　　B. 孪生数据　　　　C. 孪生算法　　　　D. 算力设备

13. 对于数字孪生的极端需求,同时也驱动着(　　)开发,而所有可能影响到装备工作状态的异常,将被明确地进行考察、评估和监控。
    A. 新材料　　　　　B. 新进程　　　　　C. 新设备　　　　　D. 新方法

14. 数字孪生是一个物理产品的数字化表达,以便于我们能够在这个数字化产品上看到实际物理产品可能发生的情况,与此相关的技术包括(　　)。
    ①增强现实　　　　②虚拟现实　　　　③元宇宙　　　　　④混合现实
    A. ③④　　　　　　B. ①④　　　　　　C. ②③　　　　　　D. ①②

15. (　　)贯穿了整个产品生命周期,尤其是从产品设计、生产、运维的无缝集成。
    A. 信息流程　　　　B. 数字孪生　　　　C. 数字生产线　　　D. 数字仿真

16. (　　)通过与外界传感器的集成,反映对象从微观到宏观的所有特性,展示产品的生命周期的演进过程。
    A. 信息流程　　　　B. 数字孪生　　　　C. 数字生产线　　　D. 数字仿真

17. 公司收集的大量数据称为"（　　）"，将数据转化为优势的公司将有能力降低成本、提升价格、区分优劣、吸引更多顾客并最终留住更多顾客。

　　A. 物流财富　　　　B. 大数据资产　　　　C. 小数据资产　　　　D. 物流资产

18. 将数据和依靠数据办事的能力作为核心资产的公司（不管是初创公司还是大型公司），相比并非如此的公司而言，有极大的（　　）。

　　A. 竞争优势　　　　B. 业务难度　　　　C. 就业压力　　　　D. 安全隐患

19. 虽然如今网上有大量数据——从学校的成绩指标、天气信息到人口普查，数据应有尽有，但是很多这些数据的原始数据依然（　　）。

　　A. 充分开放　　　　B. 很难获取　　　　C. 已不存在　　　　D. 不够安全

20. （　　）会因为我们生成的新数据而涌现。例如智能手机配备有北斗卫星导航、动力感应和内置联网功能，它们就成为生成低成本具体位置数据的完美选择。

　　A. 新运行机制　　　　　　　　　　B. 新模式程序

　　C. 新样本形式　　　　　　　　　　D. 新数据服务

实训与思考　熟悉大数据如何激发创造力

1. 实训步骤

(1) 在大数据时代，数据是如何激发设计创造力的？

答：_____

_____

_____

(2) 大数据为创业和投资开辟了一些新的领域，思考与分析，列举出这样的成功案例。

答：_____

_____

_____

(3) 什么是"数据反馈回路"，大数据时代的数据反馈回路有什么特点？

答：_____

_____

_____

(4) 通过网络搜索与文献阅读，思考与分析"数字孪生及其应用场景？"并举例说明。

答：_____

_____

_____

2. 实训总结

_____

_____

_____

3. 教师实训评价

_____

_____

第 7 课 大数据规划考虑

学习目标
(1) 了解信息与通信(ICT)技术。
(2) 熟悉物联网、工业互联网作为大数据重要来源的知识。
(3) 熟悉数据获取与数据来源知识,了解大数据管理的要求。

学习难点
(1) 物联网和工业互联网。
(2) 数据获取和数据来源。

导读案例　谷歌的搜索算法

"谷歌炸弹"是一种搜索优化方式,也就是我们常说的 SEO(search engine optimization,搜索引擎优化),即通过利用搜索引擎的算法规律,将网站、字段、图片与特定的关键词联系起来,让预设的内容得到更加靠前的搜索排名。

这不是谷歌第一次遇上公众人物被网友投放"谷歌炸弹",但谷歌并不会去干涉搜索结果。早在 2004 年一个搜索结果引来争议时,谷歌也没有将那些受争议的图片移除,而是在这些内容旁边解释了谷歌搜索算法的规则。

一个网站在谷歌搜索结果中的排行,由算法基于所输入的查询语句,通过对上千种相关因素运算而出。由于影响搜索结果的因素繁多,有时候,一些很微妙的语言,会导致我们所设法预测的搜索结果出现。不过多年来,谷歌也在不断更新搜索算法,而不是修修补补。

阅读上文,思考、分析并简单记录:
(1) 简述什么是"谷歌炸弹"。
答:_____
_____
_____
_____

(2)你知道还有哪些类似的"谷歌炸弹"现象吗?

答:_____

_____

_____

(3)你认为"谷歌炸弹"现象未来会得到控制还是得到发展?为什么?

答:_____

_____

_____

(4)简单描述你所知道的上一周内发生的国际、国内或者身边的大事。

答:_____

_____

_____

大数据项目在本质上是战略性的,并且应该由业务来驱动。采用大数据可能具有变革性,但更常见的是具有创新性。变革性活动是一种旨在提高效率和有效性的低风险行为,而对于创新性活动而言,由于它会让产品、服务和组织的结构从根本上发生变化,项目的组织者需要在心态上加以适应。大数据应用具有促使这种心态变化产生的作用。创新性活动需要谨慎的心态:过多的控制往往会扼杀创新的主动性,使结果不那么令人满意;过少又会让一个意图明确的项目变成一个无法产出令人满意结果的科学实验。

7.1 信息与通信技术

信息技术与通信技术的不断快速发展,极大地促进了大数据在商业领域的应用,为大数据解决方案提供了三项必不可少的材料:外部数据集、可扩展性处理能力和大容量存储(见图7-1)。

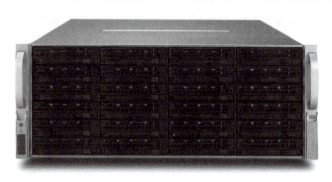

图7-1 通用存储服务器

鉴于大数据本身的性质及其分析能力,在项目开始的时候就有许多问题需要规划和考虑。例如,任何新技术的采用都需要在某种程度上符合现有的标准。从数据集的获取到使用,跟踪其出处往往会成为组织的一个新要求。数据处理的过程中谁的数据被操作,谁的身份信息被泄露,这些隐私信息的管理必须提前进行规划。大数据甚至提供了额外的机会将信息从内部环境迁移到远程的云端环境中。事实上,所有考虑都需要组织鉴别并建立一套严格的管理流程和决策框架,从而保证责任方能够真正理解大数据的性质、含义和管理需求。

为了找到新的洞察力,以实施更为高效的行动,使得管理过程能够具有前瞻性地把控业务,使得管理高层能够更好地制定和实现战略方案,企业在不断收集、获取、存储、管理和处理不断增加的海量信息。最终,企业寻找新的方法以获取竞争优势,因此对能够抓取有意义信息的技术需求在不断上升。计算方法、统计技术以及数据仓库能够合作,也能够分别运用各自独有的核心技术以完成大数据分析。这些领域的成熟实践催生并促进了大数据解决方案、环境和平台所需求的核心功能。

7.1.1 开源技术与商用硬件

商用硬件的流行,使得大数据解决方案可以在不用大量资本投资的情况下在业务中获得应用。能够存储和处理各式大量信息的技术已经变得越来越经济。另外,大数据解决方案经常在商用硬件上利用开源软件,以进一步削减成本。商用硬件与开源软件的结合使得技术已经不再带来竞争优势,相反,它仅仅只是业务实施的平台。从商业的角度来看,能够利用开源技术与商用硬件来产生分析结果,并用它进一步优化业务的执行流程,才是通往竞争优势的大门。

7.1.2 社交媒体

社交媒体的出现使得客户能够通过公开、公共的媒介,近乎实时地提交自己的反馈。这种转变使得企业在考虑战略规划中的服务和产品供给时,加入了客户反馈的因素。因此,公司将与日俱增的、由客户交互产生的大量数据存储在客户关系管理系统(CRM)内,这些数据来自社交媒体网站的客户评论、抱怨和嘉奖。这些信息成就了大数据分析算法,使得它能够表达用户的想法,以此来提供更好的服务,增加销售量,促成目标营销,甚至是创造新的产品和服务。企业已经意识到品牌形象塑造不再由内部营销活动所全权支配,相反,产品品牌和企业名誉是由企业和其客户共同创造的。基于这个原因,企业对来自社交媒体和其他外部信息源的公共信息集越来越感兴趣。

7.1.3 超连通社区与设备

因特网的广泛覆盖以及蜂窝与 Wi-Fi 网络的迅速普及,使得越来越多的人及其设备能够在虚拟社区中持续在线。伴随着能够连通网络的传感器的普及,物联网的基础架构使得一大批智能联网设备成型,这也导致了可用数据流的大量增长。其中一些流是公共的,而另外一些则直接通往分析公司。

例如,与采矿业中使用的重型设备有关的基于性能的管理合约能够激发预防和预测性维护的最佳性能,其目的是减少计划之外的故障检修的需要,且避免由之耗费的停工时间。而这需要对设备产生的传感器读数进行具体分析,来对那些可以通过提前安排维护服务而解决的问题进行早期检测。

7.2 万物互联网

信息与通信科技、市场动态、业务架构以及业务流程管理这些行业的进步汇聚起来,为如今被称为万物互联网(IoE,简称"物联网")的产生带来了机遇(见图7-2)。

图7-2 物联网示意

物联网将由智能联网设备提供的服务结合起来并转化为有意义的、拥有着提供独特和充满差别的价值主张能力的业务流程。物联网是创新的平台,孕育了新产品、新服务和商业的新利润源。而大数据正是物联网的核心部分。运行在开源技术与商用硬件上的超连通社区与设备,产生了能在可延伸的云计算环境中进行分析的数字化数据。这些分析的结果能够产生有前瞻性的见解,例如当前流程会产生多少价值,以及这个流程是否应该提前寻觅机会来进一步地完善自己。

专注于物联网的公司能够提升大数据方法,来建立或优化工作流程并将之作为外包业务流程提供给第三方。一个组织的业务流程正是为其顾客和其他股东产生价值成果的源头。结合了对流数据和顾客环境的分析,这种将业务流程的执行与顾客的目标相关联的能力将是未来世界企业能脱颖而出的关键。

在传统农业设备越来越普及的环境下,一个从物联网中受益的例子就是精细农业(见图7-3)。当所有设备连接在一起成为一个系统时(如北斗导航控制牵引车,土壤湿润与施肥传感器,按需灌溉、施肥和施药,以及变量播种等设备全部集合起来),便能在成本最小化的同时最大化土地产出。精细农业提供了挑战工业单一耕作农场的另一种耕种方法。在物联网的帮助下,一些小型农场能够通过提高作物种类和对环境敏感的实践来与大农场相抗衡。除了拥有智能联网的农业设备外,大数据分析设备和现场传感器数据可以驱动决策支持系统,以引导农民充分利用他们的机器达到土地最佳产量。

图 7-3　精细农业

7.3　工业互联网

"工业互联网"的概念(见图 7-4),最早由美国通用电气公司在 2012 年提出,其初衷是为了制定一系列通用标准,以打破技术之间的壁垒,激活传统工业过程,促进物理世界和数字世界的融合,实现各设备厂商的信息集成和共享。随后,美国成立了工业互联网联盟(IIC),由"制造业龙头"通用电气联合思科、IBM、英特尔和 AT&T 四家"IT 巨头"共同参与。

图 7-4　工业互联网概念图

工业互联网,从字面上可直观理解为,将工业系统与信息网络高度融合而形成的互联互通网络,它是传统 OT、CT 和 IT 的高度融合:其中 IT 和 CT 行业常被人称为 ICT。

(1)通信技术(CT)。通信行业巨头移动、电信、联通和广电,通信制造服务业巨头华为、诺基亚、爱立信、中兴等。

(2)信息技术(IT)。IT 领域的巨头主要有百度、阿里、腾讯、思科、微软、谷歌等。

(3)运营/操作技术(OT)。只要是与生产和管理过程相关的均属此范畴。

作为一个复杂系统,工业互联网不仅涵盖与工业领域相关的所有实体、工具、数据、方法与流程,也涉及了软硬件数据协议、分布式技术、虚拟化技术、数据化技术、数据建模与分析、组件封装及可视化等多种关键技术与工具。当今工业领域和计算机学科的所有前沿技术,包括边缘计算、智能控制、数字孪生、智能感知、5G 传输、大数据处理与决策、人工智能等,都能在工业互联网中找到具体应用,如图 7-5 所示。

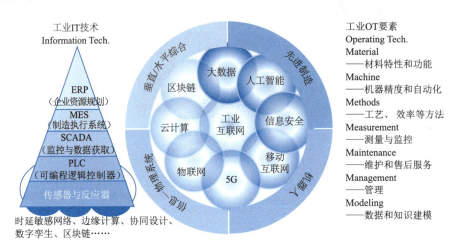

图 7-5　工业互联网与 OT、IT

通过将新技术融入产品全生命周期,整合产业链的所有相关资源(见图 7-6),以提高各生产要素的在线协同能力。工业互联网将设备、产品、生产线、车间、工厂、供应商和客户紧密地连接起来,能有效实现信息和资源的跨区域、跨行业共享,推动整个制造体系的智能化,驱动业务流程和生产服务模式的创新,为客户提供更优质的产品或服务。

图 7-6　数字供应链

7.3.1　工业互联网的架构

工业互联网的基本架构(见图 7-7)可细分为四层,即边缘层、基础设施层(IaaS)、平台层(PaaS)和应用层(SaaS)。

(1)边缘层:又称边缘计算层。作为连接工业互联网和底层物理设备的桥梁,它主要负责对接不同厂商、不同协议设备,开展从物理层到平台层的数据采集与传输、异构设备协议解析与转换,以及多元数据分析与处理,降低网络传输负载和云端计算压力。

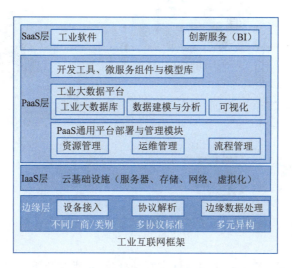

图 7-7　工业互联网架构

（2）IaaS 层:又称基础设施层。主要是一些与硬件服务器、数据存储、5G 网络及虚拟化技术相关的基础设施,可以为工业互联网平台的安全、稳定运行提供硬件支撑。

（3）PaaS 层:又称平台层,相当于一个开放、可扩展的工业操作系统。基于底层通用的资源、流程、数据管理模块,建立与开发工具、大数据和数据模型库相关的微服务组件,将不同行业、不同场景的工具、技术、知识、经验等资源,封装形成微服务架构,供各类开发者快速地定制、开发、测试和部署各类 App 应用。

（4）SaaS 层:即软件应用层。一方面基于工业 PaaS 层的工业操作系统,将传统的工业软件部署到工业互联网平台中,这个过程称为"云化";另一方面,吸引更多的第三方软件开发企业,入驻到工业互联网平台中,提供一系列与工业互联网服务相关的 App,有效促进工业互联网在实际工业系统中落地。

通过工业互联网,工业软件企业将传统的软件能力转化为平台 PaaS 及 SaaS 服务,以更低的成本和灵活的交付优势吸引更多客户。

随着分布式技术的成熟和集成高性能处理芯片性能的不断提升,很多云端功能如大数据建模、分析与决策等,正在向边缘层延伸,使其具备高性能实时采集、分析与决策能力,以降低网络传输的负载,提高云端与边缘侧数据交互的实时性。

7.3.2　工业互联网应用场景

工业互联网平台的关键工作场景可大致概括如下:

步骤 1:将多源异构设备通过工业网关、PLC 等接入工业互联网的边缘计算层。

步骤 2:利用传感器、图像等多传感方式对数据进行智能感知和采集(见图 7-8)。

步骤 3:通过工业网卡、数据总线等将数据传输到边缘层数据库。

步骤 4:利用既定的规则对不同协议的设备数据进行解析和统一转换,保持数据的一致性。

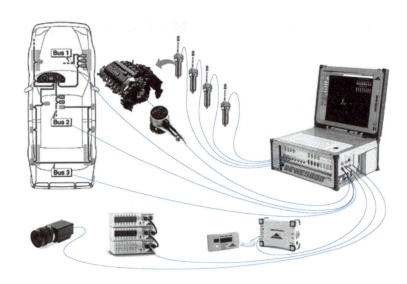

图 7-8 数据采集

步骤 5：利用机器学习等算法对多源数据进行预处理、聚类和分析，剔除冗余数据，完成数据的规整和分类。

步骤 6：利用 5G 网络将数据从边缘层传输到工业互联网的云端平台数据库中。

步骤 7：云端大数据系统通过大数据建模与分析技术，基于基础场景、通用场景和专用场景，建立实体、数据及过程之间的映射模型，构建可视化知识图谱，形成知识库并进行知识推理。

步骤 8：基于 PaaS 层通用的平台部署与管理模块，在工业大数据模型的支撑下，建立一套软件开发与部署、微服务组件库和模型库，为 SaaS 层的产品部署和服务创新提供基础。

步骤 9：根据具体的使用场景，开发 MES、ERP、SCADA、SCM 等综合决策应用程序，并部署到工业互联网平台的 SaaS 层。

步骤 10：通过在平板、PDA 等终端设备中安装应用软件，实现基于产品全生命周期的生产流程优化、排产调度、智能控制及故障诊断。

7.3.3 工业互联网的前景

由于其跨领域、跨行业、多技术集成等特点，工业互联网是一种新型的基础设施（简称"新基建"），它的优势依赖于"规模效应"，短期内需要大量的资金和设施投入，进行平台的搭建、行业资源的引流和整合，单单依靠企业和个人是很难实现的。国家层面根据区域的行业优势，通过相关政策进行必要的投资和引导是现阶段的必经过程。在此过程中，工业互联网相关规范和标准的制定，可以为需求企业接入工业互联网提供依据，有效实现企业需求的落地，为工业互联网的蓬勃发展奠定基础。

根据不同的市场主体，工业互联网的应用前景体现在以下几个方面：

（1）制造业。如海尔、三一重工等制造业龙头企业，依托自己在资源、设备和工业经验方面的优势，建立了面向制造业解决方案的工业互联网平台，以整合行业资源，深化供应链上下游企业的合作。

（2）工业服务业。企业结合自己在数据建模和分析方面的能力，为客户提供个性化的业务咨询服务。

(3) ICT 业。如华为、腾讯、阿里等企业,它们拥有自己的互联网云平台,可以与工业生产企业合作,针对不同的工业场景,打造更多的定制化产品解决方案。

(4) 软件开发业。基于工业互联网的微服务架构,进行软件的开发、测试和部署,有效降低应用程序开发的门槛和成本。

(5) 客户需求。通过工业互联网平台迅速对接客户需求,找到合适的合作伙伴,实现客户需求的精准落地。

工业互联网的发展需要时间,企业客观看待工业互联网,结合自身的实际情况,有针对性地开展数字化改造升级,借助区域产业的集聚优势,逐步适应工业互联网的发展。随着工业互联网平台的进一步推广,将会有更多不同行业、不同领域的市场主体,参与到工业互联网的建设和发展中,催生出一系列新产品、新服务、新模式和新技术的创新。

7.3.4 工业大数据与互联网大数据

工业大数据是指在工业领域中,围绕典型智能制造模式,从客户需求到销售、订单、计划、研发、设计、工艺、制造、采购、供应、库存、发货和交付、售后、运维、报废或回收再制造等整个产品全生命各个环节所产生的各类数据及相关技术和应用的总称,其以产品数据为核心,极大延展了传统工业数据范围,同时还包括工业大数据相关技术和应用。

1. 工业大数据来源

工业大数据不完全等同于企业信息化软件中流动的数据,它的主要来源有三类:

第一类是企业经营相关的业务数据,这类数据来自企业信息化范畴,包括企业资源计划(ERP)、产品生命周期管理(PLM)、供应链管理(SCM)、客户关系管理(CRM)和环境管理系统(EMS)等,此类数据是工业企业传统的数据资产。

第二类是机器设备互联数据,主要是指工业生产过程中,装备、物料及产品加工过程的工况状态、环境参数等运营情况数据,通过制造执行系统(面向车间生产的管理系统,MES)实时传递,在智能装备大量应用的情况下,此类数据量增长最快。

第三类是企业外部数据,包括工业企业产品售出之后的使用、运营情况的数据,同时还包括了大量客户、供应商、互联网等数据状态。

2. 工业大数据特征

通常,互联网大数据更多的是一种关联的挖掘,是一种发散分析。而工业大数据有非常强的目的性,两者在数据的特征和面临的问题方面也有不同。工业大数据的分析技术核心要解决的问题主要是:

(1) 隐匿性。即需要洞悉背后的意义。工业环境中的大数据注重特征背后的物理意义以及特征之间关联性的机理逻辑,而互联网大数据倾向于依赖统计学工具挖掘属性之间的相关性。

(2) 碎片化。即避免断续,注重时效性。工业大数据注重数据的全面性,即面向应用要求具有尽可能全面的使用样本,以覆盖工业过程中的各类变化条件、保障从数据中能够提取以反映对象真实状态的信息全面性。因此,工业大数据一方面需要在后台分析方法上克服数据碎片化带来的困难,利用特征提取等手段将这些数据转化为有用的信息;另一方面,更需要从数据获取的前端设计中以价值需求为导向制定数据标准,在数据与信息流通平台中构建统一的数据环境。

(3) 低质性。即需要提高数据质量、满足低容错性。数据碎片化缺陷来源的另一方面也显示出对于数据质量的担忧,即数据的数量并无法保障数据的质量,这就可能导致数据的低可用率,因为低质量的数据可能直接影响到分析过程而导致结果无法利用。

换句话说,工业大数据对预测和分析结果的容错率远低于互联网大数据。在工业环境中,如果仅仅通过统计的显著性给出分析结果,哪怕仅仅一次失误都可能造成严重的后果。

3. 工业大数据的应用场景

工业互联网与大数据应用是指将世界上各种机器、设备组、设施和系统网络,与传感器、控制和软件应用程序连接形成一个大型网络。像核磁共振成像仪、飞机发动机、电动车,甚至发电厂,这些都可以连接到工业互联网中。通过网络互联与大数据分析相结合进行合理决策,从而更有效地发挥各机器的潜能,提高生产力。工业互联网最显著的特点是能最大程度地提高生产效率,节省成本,推动设备技术的升级,提高效益。

工业数据的大量积累并不等于直接的商业收益,中间隔着一道非常关键的通道,针对工业大数据的有效利用,离不开工业大数据的分析技术。

(1) 研发设计。主要用于提高研发人员的研发创新能力、研发效率和质量,支持协同设计,具体体现在:基于模型和仿真的研发设计、基于产品生命周期的设计、融合消费者反馈的设计。

(2) 复杂生产过程优化中的应用。工业物联网生产线、生产质量控制、生产计划与排程。

(3) 在产品需求预测中的应用。

(4) 在工业供应链优化中的应用。

研究与应用工业大数据,产品大数据是核心,物联大数据是实现手段,集成贯通是基础(业务模式、商业和价值驱动、关键抽取和应用)。

(1) 产品大数据:这是工业大数据的根源与核心,但工业制造业领域涵盖十分广泛,行业种类繁多,产品种类数量庞大且仍在不断增长,如何规范产品大数据的定义与分类方法,建立规范的、属性明确的、可查询可追溯可定位的产品大数据,将是顺利应用工业大数据的前提。

(2) 物联接入设备:物联大数据是实现工业大数据畅通流动的必要手段,但在工业实际应用中,工业软件、高端物联设备不具备国产自主可控性,物联接入的高端设备的读写不开放,形成设备信息孤岛,数据流通不畅,突破这种束缚是实现工业大数据的关键。

(3) 信息集成贯通:集成贯通的难点在于商业驱动、打通关键点和环节,掌控产品源和设备,持续优化。

7.4 数据获取与数据来源

大数据框架并不是完整的一套解决方案,为了让数据分析的结果创造价值,企业需要数据管理和相应的大数据管理框架。对于负责实施、定制、填充和使用大数据框架的人来说,完善的工作流程和优秀的职业技能是非常必要的。此外,针对大数据解决方案数据的质量需要进行评估。

7.4.1 让数据创造价值

无论是多好的大数据解决方案,使用过时、无效或是不确定的数据都会导致低质量的输入,从而导致低质量的输出结果。大数据环境的持续周期也需要提前进行计划,使用者需要定义一个路线图来确保任何使用环境的扩展都提前准备好以保持与企业需求的同步。

由于可以使用开源平台和商用硬件,大数据的获取本身是十分经济的。但是,也可能会有大量的预算被用于获取额外的数据。商业性质会使这些额外数据变得非常有价值,采用数据的数量越大、种类越多,从这种模式中挖掘出隐藏信息的可能性越大。

额外的数据包括政府数据资源和商用市场数据资源。政府提供的资源(如地理数据)可能是免费的。但是,大多数商业相关的数据需要购买,同时,为了确保能够第一时间获取到数据集的更新,我们还需要持续地付款订购。

数据的来源会涉及数据从何而来以及数据如何被加工等信息。来源信息能够帮助使用者确认数据的可靠性与质量,还能用来进行审计操作。在对大量数据进行获取、联合以及实行多重处理的同时,要保存这些数据的来源信息是一项复杂的任务。在分析生命周期的不同环节,数据会因为被传输、加工和存储而处于不同的状态。这些状态与传输中的数据、使用中的数据和存储的数据的概念一致。重要的是,无论何时,只要大数据改变了自身的状态,都必须触发对数据来源信息的获取,数据来源信息将作为元数据记录下来。

在进入分析环境时,数据的来源信息会被获取的系谱记录信息初始化。最终,获取来源信息是为了能够使用源数据知识来推理出生成的分析结果,并且推理出哪些步骤或算法被用来处理那些导致结果的数据。来源信息对于认识数据分析结果的价值来说至关重要。很多科学研究项目,如果其结果经不起推敲且不能复现,那么这些结果就会失去其可信度。当来源信息如图7-9中所示从生成分析结果的过程中获取,那么,这些结果就会更可信,从而更放心地使用。

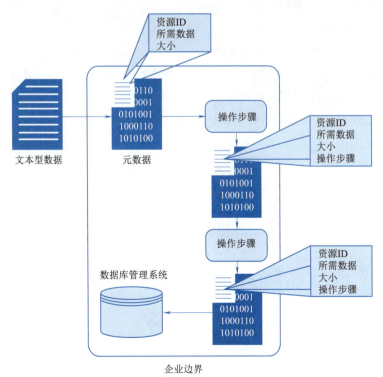

图7-9 数据需要使用数据集属性和其操作流程的细节来注释

7.4.2 不同性能的挑战

仪表板或者其他需要流数据和警告的应用,经常要求实时或者接近实时的数据传输。很多开源大数据解决方案与工具是批处理形式的。但是,也有一些新的具有实时处理能力的开源工具用于支持流数据分析。在事务性数据到达时,或是与先前的概要数据进行结合时,人们往往会采用这些方法来获取接近实时的结果。

由于一些大数据解决方案需要处理大量的数据,性能经常成为问题。例如,在大数据集上执行复杂的查询算法会导致较长的查询时间。另一个性能挑战则与网络带宽有关。随着数据量的不断增加,单位数据的传输时间可能超过数据的处理时间。

7.5 不同的管理需求

大数据解决方案访问数据和生成数据,所有这些都会变成有价值的商业资产。为了保证数据和解决方案的环境以一种可控制的方式受到较好的管理、标准化和演化,一个数据管理框架是非常必要的。

大数据管理框架的内容包含:

(1)数据加标签与使用元数据生成标签的标准。
(2)规范可能获得的外部数据类型。
(3)关于管理数据隐私和数据匿名化的策略。
(4)数据源和分析结果归档的策略。
(5)实现数据清洗与过滤指导方针的策略。

为了控制大数据解决方案中数据的流入和流出,需要考虑如何建立反馈循环使处理过的数据能够进行重复细化(见图7-10)。例如,迭代的方法能够使商务人员定期为IT人员提供反馈,每个反馈周期通过修改数据准备工作或数据分析步骤为系统求精提供机会。

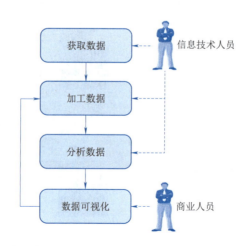

图7-10 每一轮循环都能对操作步骤、算法和数据模型进行微调,以改善结果的准确性,为商业活动提供更高的价值

此外，云提供远程环境，可以为大规模存储和处理提供 IT 基础设施。无论一个组织是否已经启用云计算，大数据环境需要采用部分或全部基于云的托管。例如，一个在云端运行客户关系模型（CRM）系统的企业为了对其客户关系模型数据进行分析，决定加入一套大数据解决方案，这些数据能够在企业范围内被共享到其主要的大数据环境中。

将云环境用于支持大数据解决方案的常见理由包括：

(1) 内部硬件资源不足。

(2) 系统采购的前期资本投资不可用。

(3) 该项目将与业务的其余部分隔离，以保证现有业务流程不受影响。

(4) 大数据计划作为概念验证。

(5) 需要处理的数据集已经在云端。

(6) 大数据解决方案内部可用计算和存储资源的限制。

【作 业】

1. 大数据项目在本质上是( )的，并且应该由业务来驱动。采用大数据可能具有变革性，但更常见的是具有创新性。

   A. 突击性　　　　B. 系统性　　　　C. 战略性　　　　D. 战术性

2. 随着信息技术与通信技术的不断快速发展，极大地促进了大数据在商业领域的应用，为大数据解决方案提供了三项必不可少的材料：( )。

   ①外部数据集　　　　　　　　②精确小数据

   ③大容量存储　　　　　　　　④可扩展性处理能力

   A. ②③④　　　　B. ①③④　　　　C. ①③④　　　　D. ①②③

3. 鉴于大数据本身的性质及其分析能力，在项目开始的时候就有许多问题需要( )。例如，从数据集的获取到使用，跟踪其出处往往会成为组织的一个新要求。

   A. 收集和打印　　B. 分类和聚集　　C. 输入和输出　　D. 规划和考虑

4. 如今，企业对于能够抓取有意义信息的技术的需求在不断上升，( )已经能够携手合作，也能分别运用各自独有的核心技术以完成大数据分析。

   A. 计算方法、统计技术以及数据仓库　　B. 软件工程、软件测试以及软件维护

   C. C 语言、Java 语言以及 Python 语言　　D. CRM、SCM 以及 MIS

5. 当用户通过自身的数字产品与一项业务相连接时，便会产生能够收集辅助信息的机会，这对业务来说十分重要，因为挖掘这个信息能够实现( )。

   A. 充分发挥模拟数据对企业进步的作用

   B. 让模拟信息驱动企业自动化发展

   C. 定制化的营销、自动推荐以及优化产品特征的发展

   D. 连接模拟互联网络，推动信息互联

6. 大数据解决方案经常在商用硬件上利用( ),以进一步削减成本,并进一步优化业务的执行流程,打开通往竞争优势的大门。

　　A. 办公软件　　　　B. 开源软件　　　　C. 系统软件　　　　D. 驱动软件

7. 企业将与日俱增的、由客户交互产生的大量数据存储在他们的( )系统内。这些信息成就了大数据分析算法,使得它能够表达用户的想法,以此来提供更好的服务。

　　A. SCM　　　　　　B. Linux　　　　　　C. MIS　　　　　　D. CRM

8. 伴随着能够连通网络的传感器的普及,物联网的基础架构使得一大批智能联网设备成型,( )。

　　A. 导致了信息系统运行费用的大量增长　　B. 导致了信息系统运行速度的大量下降

　　C. 导致了可用数据流的大量增长　　　　　D. 导致了可用数据流的大幅减少

9. 信息与通信科技、市场动态、业务架构以及业务流程管理这些行业的进步汇聚起来,为( )的产生和发展带来了机遇。

　　A. 网际网　　　　　B. 内联网　　　　　C. 外联网　　　　　D. 物联网

10. 物联网是创新的平台,孕育了新产品、新服务和商业的新利润源。而大数据正是物联网的( )部分。

　　A. 辅助　　　　　　B. 核心　　　　　　C. 外联　　　　　　D. 扩展

11. 运行在( )与商用硬件上的超连通社区与设备,产生了能在可延伸的云计算环境中进行分析的数字化数据。

　　A. 开源技术　　　　B. 专门技术　　　　C. 结构化环境　　　D. 传统技术

12. 在传统农业设备越来越普及的环境下,一个从物联网中受益的例子就是( )。当所有设备连接在一起成为一个系统时,便能在成本最小化的同时最大化土地产出。

　　A. 机械工业　　　　B. 食品行业　　　　C. 传统耕种　　　　D. 精细农业

13. "( )"的概念最早在2012年提出,其初衷是为了制定一系列通用标准,以打破技术壁垒,激活传统工业,促进物理和数字世界融合,实现设备厂商的信息集成和共享。

　　A. 卫星互联网　　　B. 移动互联网　　　C. 工业互联网　　　D. 移动互联网

14. 工业互联网,从字面上可直观理解为,将工业系统与信息网络高度融合而形成的互联互通网络,它是传统( )的高度融合。

　　①信息技术　　　　②通信技术　　　　③交互技术　　　　④运营/操作技术

　　A. ①②③　　　　　B. ①②④　　　　　C. ①③④　　　　　D. ②③④

15. 作为一个( ),工业互联网不仅涵盖与工业领域相关的所有实体、工具、数据、方法与流程,也涉及了多种关键技术与工具。

　　A. 独立系统　　　　B. 精益系统　　　　C. 简单系统　　　　D. 复杂系统

16. 工业互联网的基本架构可细分为四层,即边缘层和( )。

　　①IaaS　　　　　　②DaaS　　　　　　③PaaS　　　　　　④SaaS

　　A. ①③④　　　　　B. ①②④　　　　　C. ②③④　　　　　D. ①②③

17. 作为连接工业互联网和底层物理设备的桥梁，( )主要负责对接不同厂商、不同协议设备，开展从物理层到平台层的数据采集与传输、异构设备协议解析与转换，以及多元数据分析与处理，降低网络传输负载和云端计算压力。

   A. 平台层　　　　B. 软件应用层　　　　C. 边缘层　　　　D. 基础设施层

18. 随着( )技术的成熟和集成高性能处理芯片性能的不断提升，很多云端功能如大数据建模、分析与决策等，正在向边缘层延伸，使其具备高性能实时采集、分析与决策能力。

   A. 虚拟化　　　　B. 平台化　　　　C. 集中式　　　　D. 分布式

19. 由于工业互联网具有跨领域、跨行业、多技术集成等特点，其是一种新型基础设施，其优势是依赖于"( )"，需要大量投入，搭建平台、资源引流和整合等。

   A. 集约效应　　　　B. 规模效应　　　　C. 分布整合　　　　D. 松散联盟

20. 除了企业内部的数据资源之外，企业大数据分析所需要的额外数据包括( )。

   A. 集团公司所属子公司的办公信息资源

   B. 企业历年累积的历史信息资源

   C. 政府数据资源和商用市场数据资源

   D. 企业产品在全球范围内的销售与维护信息

实训与思考　熟悉大数据的规划与考虑

1. 实训步骤

(1) 简述 ICT 技术的定义，它对于大数据时代有什么特别的意义？

答：_____

_____

_____

_____

(2) 简述物联网的定义，它对大数据有什么贡献？

答：_____

_____

_____

_____

(3) 简述工业互联网的定义，它和社交互联网有什么区别？

答：_____

_____

_____

_____

(4) 简述"大数据管理框架的主要内容"。

答：_____

_____

2. 实训总结

3. 教师实训评价

第 8 课

大数据商务智能

学习目标
(1) 熟悉 OLTP 与 OLAP、数据仓库与数据集市等概念与知识。
(2) 熟悉大数据商务智能的定义、概念及相关知识。
(3) 了解大数据营销的主要方法。

学习难点
(1) 抽取、转换和加载技术。
(2) 数据仓库与数据集市。

导读案例　微信支付广告，一个支付之外的故事

"都城快餐"曾坚决地拒绝移动互联网，不过最终，这家在广州有近百家门店的本土快餐品牌也接入了微信支付。这家离广州 TIT 创意园微信总部 5 分钟路程的快餐店，自建了外卖配送团队，此前一直只能电话订餐和现金支付，微信支付扫码购成为这里新的支付方式（见图 8-1），免去了顾客漫长的排队结账时间。

图 8-1　移动支付

更新潮的无人零售商店 EasyGo 又将在附近开一家店，无须下载 App，小程序和微信支付就可以搞定购物付款——以微信总部为圆心，500 米为半径的范围内，微信支付就显现出参差多态的样貌，以各种形态进行渗透。不过，月活用户已经超过 10 亿的微信，眼界早就离开了那半径 500 米，通过各种方式，扩展到全国乃至全球。

微信支付：从便捷支付到智慧生活

在每年有百万级中国出境游客经过的东京成田机场，可以看到遍布的微信支付广告，早两年这里的各类商铺也已经接入了微信支付，更早的时候，会中文的导购是这里商铺的标配。在境内很少打广告的微信支付，也开始把广告打到东京。

微信支付的广告告诉我们，如今的它都能做什么：扫码购、社交支付、自助点餐、小微收款、生活缴费、无感支付、自助购和小程序乘车码。微信支付的这八大能力，展开的是"智慧生活"概念，覆盖了数十个行业，集中在餐饮、零售、娱乐和旅游出行四个领域。显然，人们熟知的发发红包，买买早餐远远不是微信支付完全体。

在移动支付渗透每个人的日常生活后，中国传统行业也想抓住消费者的变化，找到数字化转型出路，在企业主看来，方便又普及的移动支付成为一个数字化切入口，随之而来的是财务、人力资源、商业模式和整个公司更高效率的数字化管理。而微信支付给餐饮、零售、娱乐、医疗、交通、旅行、民生等领域提供完整的解决方案，除了扫码支付能力，数据流量导入、用户会员和礼品系统，企业需要的大部分数字转型方案都包括在内。

以停车场作为例子，虽然微信支付自己不经营智慧停车场，但深圳宝安国际机场P2停车场就应用了微信扫码支付和无感支付。他们安装摄像头，使用图像识别技术来标记车辆号牌，所以车主不停车，只需在出口减速通过就能支付停车费用，甚至连手机都不用拿出来。

对于每个人来说就是一次节省了40秒的停车、支付现金的时间，而如果放大到整个城市的维度来看，就是给整个城市节省2万个小时。在零售、医疗、商业上的逻辑也类似。可以预见，如果微信支付这些数字化解决方案的广泛落地，使人们的生活和社会运作效率大大提升。

腾讯有一个目标：成为各行各业的"数字化助手"；三个角色：做连接器、工具箱和生态共建者；五个领域：民生政务、生活消费、生产服务、生命健康和生态环保；七种数字工具：公众号、小程序、移动支付、社交广告、大智云（大数据、人工智能和云计算）和安全能力。显然，作为"数字化助手"之一的微信支付，它不仅试图改变我们生活的体验，探索各类新商业形态，还将规划更大蓝图。

数字中国的蓝图，从移动互联网开始

多年来，中国的商业和科技创新不仅改变了人们的生活方式，还改变了世界对中国创造的看法：30分钟速达的超快速物流服务，成为中国人吃饭、购物的新日常；送花、送按摩师、送化妆师……琳琅满目的"一键上门"服务让国内城市生活前所未有的丰富；覆盖数十上百个城市，用手机就能开启的共享单车，引发了全球低碳交通变革；以微信支付、支付宝为代表的移动支付，不仅让中国金融系统运转效率大大提高，还让国外的科技公司纷纷开始模仿。

上述这些中国式创新都有一些共同特点：建立在移动互联网经济基础上，全面数字化和智能化，围绕用户实现自然、高效、整合性创新，超越传统服务的模式和水平。正是这些创新，让我们的生活方式实现了变道超车。

在《纽约时报》一个介绍微信的视频中这样形容微信：这是你的WhatsApp、脸书、Skype和优步，你的亚马逊、Instagram、Vimeo和Tender，里面的各种服务数不胜数。他们更惊讶于通过微信支付的服务，一个餐厅居然可以做到没有一个服务员和收银员。这些真切的日常便捷体验，以及带给商业场景的高效创新，不经意间，已成为数字中国和智慧生活的绝佳注脚。

阅读上文,思考、分析并简单记录:

(1) 简述你对移动支付应用现状的观察和分析。

答:_____

_____

_____

(2) 与其他移动支付形式相比,微信支付有什么个性特点?

答:_____

_____

_____

_____

(3) 你有没有想过,高德导航的背后,藏着一个智慧交通大数据分析?那么,在微信支付的背后呢?简单阐述你的看法。

答:_____

_____

_____

_____

(4) 简述你所知道的上一周内发生的国际、国内或者身边的大事。

答:_____

_____

_____

_____

在一个通过分层系统来执行业务的企业里,战略层限制着战术层,而战术层领导着操作层。各层级之间能够达到和谐一致,是通过各种度量和绩效指标来实现的,这些度量与绩效指标指导操作层如何处理业务。这些度量聚合起来,再赋予一些额外的意义,便成为关键绩效指标(KPI),而这正是战术层的管理者们赖以评价公司绩效或者业务执行的关键。关键绩效指标会与其他用来评估关键成功因素的度量相关联起来,最终这一系列丰富的度量指标便对应着由数据转化为信息,由信息转化为知识,再由知识转化为智慧的这一过程。

8.1 传统商务智能

根据分析结果的不同,大致可以将分析归为四类,即描述性分析、诊断性分析、预测性分析和规范性分析(见图8-2)。不同的分析类型需要不同的技术和分析算法,这意味着在传递多种类型分析结果时,可能会有大量不同的数据、存储、处理要求,生成的高质量分析结果将加大分析环境的复杂性和开销。每一种分析方法都对业务分析具有很大的帮助,同时也应用在数据分析的各个方面。

传统商务智能主要使用描述性和诊断性分析来为历史性活动或现今活动提供数据。它不"智能"是因为只能为正确格式的问题提供答案。能够正确阐述问题需要理解商务事务和数据本身。商务智能通过即席报表或仪表板对不同的关键绩效指标作报告。

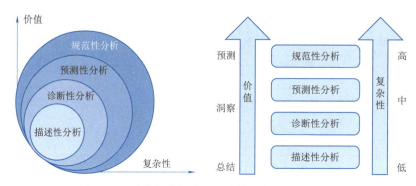

图 8-2　四种数据分析方法的价值和复杂性不断提升

8.1.1　即席报表

即席报表是一个涉及人工处理数据来产生定制汇报的过程,联机事务处理(OLAP)和联机分析处理(OLTP)数据源能够为商务智能所使用,来产生即席报表和仪表板。一次即席报表的重点在于它常常是基于商业中一个特定领域的,比如它的营销或者供应链管理。所生成的特定汇报具有丰富细节,在性质上通常呈现扁平化的风格。

8.1.2　仪表板

仪表板会提供关键领域的全局视野(见图 8-3)。展示在仪表板中的信息有着实时或接近实时的周期性间隔。商务智能工具使用 OLTP 和 OLAP 在仪表板上展示信息,仪表板中的数据展示在性质上是图表状的,常用条形图、饼图和仪表测量。

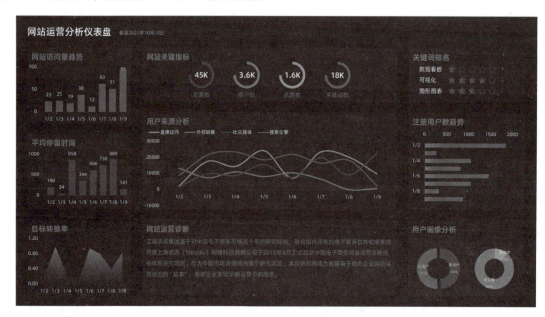

图 8-3　网站运营分析仪表板设计示例

数据仓库和数据集市含有来自整个企业实体的经过归一和验证过的信息。传统的商务智能在离开了数据集市的情况下并不能十分有效地工作,因为数据集市含有商务智能为了汇报用途所需的经过优化的和独立的数据。如果没有数据集市,每当需要运行一个查询,数据就需要通过一个 ETL 过程,从数据仓库中临时提取,这会增加执行查询和产生报表所用的时间和工作。

传统商务智能用数据仓库和数据集市来汇报和进行数据分析,因为它们能实现多重连接及聚合操作的复杂分析查询。

8.1.3 OLTP 与 OLAP

数据存在于一个组织的操作层信息系统之中,数据库结构利用各种查询操作产生信息。处在分析链上层的是分析处理系统,这些系统会增强多维结构的能力来回答更为复杂的查询和提供更为深刻的分析来指导业务操作。企业会以更大的规模获取数据并存储在数据库中,管理者通过这些数据库来对更广泛的公司绩效和关键绩效指标获得更深入的理解。

联机事务处理(on-line transaction processing,OLTP)系统是一个处理面向事务型数据的软件系统。"联机事务"这个术语意指实时完成某项活动。OLTP 系统存储的是经过规范化的操作数据,结构化数据是其常见的来源,并且也常常作为许多分析处理的输入。大数据分析结构能够用来增强存储在底层关系型数据库的 OLTP 数据。以一个 POS 机系统为例,OLTP 系统在公司业务的协助下进行业务流程的处理。OLTP 系统支持的查询由一些简单的插入、删除和更新操作组成,通常这些操作的反应时间都为亚秒级。常见的例子如订票系统、银行业务系统等。

联机分析处理(on-line analytical processing,OLAP)系统被用来处理数据分析查询。OLAP 系统是形成商务智能、数据挖掘和机器学习处理过程中不可或缺的部分。它们与大数据有关联,因为它们既能作为数据源,也能作为数据的接收装置。OLAP 系统可被用于诊断性分析、预测性分析和规范性分析。OLAP 系统依靠多维数据库完成耗时且复杂的查询,这个数据库为了执行高级分析而优化了结构。

OLAP 系统会存储一些聚集起来且去结构化的、支持快速汇报能力的历史数据。它们进一步运用一些以多维结构来存储历史数据的数据库,并且有基于多领域数据之间的关系来回答复杂查询的能力。

8.1.4 抽取、转换和加载技术

数据抽取、转换和加载(extraction-transformation-loading,ETL)技术是一个将数据从源系统中加载到目标系统中的过程。源系统可以是一个数据库、一个平面文件或者是一个应用。相似地,目标系统也可以是一个数据库或者其他存储系统。

ETL 表示了数据仓库输入数据的主要过程。一份大数据解决方案是围绕着 ETL 的特征集将各种不同类型的数据进行转换。图 8-4 展示了所需数据首先从源中进行获取或抽取,然后抽取物依据规则应用被修饰或转换,最终数据被插入到或者加载到目标系统中。

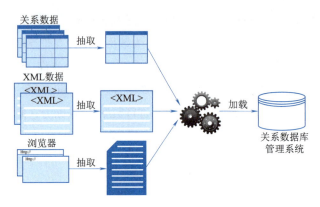

图 8-4 一个 ETL 过程能够从多项源中抽取数据,并将之转换,
最后加载到一个单目标系统中

8.1.5 数据仓库与数据集市

一个数据仓库是一个由历史数据与当前数据组成的中央的、企业级的仓库。数据仓库常常被商务智能用来运行各种各样的分析查询,并且它们经常会与一个联机分析处理系统交互来支持多维分析查询。批处理任务会周期性地将数据从类似于企业资源计划系统(ERP)、客户关系管理系统(CRM)和供应链管理系统(SCM)的业务系统中载入一个数据仓库。

从不同的业务系统而来的,与多数商业实体相关的数据会被周期性地提取、验证、转换,最终合并到一个单独的去规范化的数据库里。由于有着来自整个企业周期性的数据输入,一个给定的数据仓库中的数据量会持续性地增长。随着时间流逝,这会慢慢导致数据分析任务的反应时间越来越慢。为了解决这个缺点,数据仓库往往包含被称为分析型数据库的经过优化的数据库,来处理报告与数据分析的任务。一个分析型数据库能作为一个单独的管理系统存在,例如一个联机分析处理系统。

数据集市是存储在数据库中的一个数据子集,这个数据库往往属于一个分公司、一个部门或者特定的业务范围。数据库可以有多个数据集市。企业级数据被整合,然后商业实体被提取。特定领域的实体通过 ETL 过程插入到数据库。一个数据库的"真实"版本是依赖于干净数据的,这是准确的和无错的汇报的前提条件。

8.2 大数据商务智能

大数据商务智能通过对数据库中干净的、统一的、企业范围的数据进行操作,并将之与半结构化和非结构化的数据源结合起来,且基于传统商务智能来构建。它同时包含了预测性分析和规范性分析,来加快对于商务绩效的企业级理解。

8.2.1 传统商务分析

数据可视化是一项能够使用表、图、数据网格、信息图表和警报来将分析结果图形化展示的技术。图形化地表达数据能够使理解汇报、观察趋势和鉴别模式的过程更为简单。

传统的数据可视化在汇报和显示表中所展示的大部分都是静态的图与表,然而数据可视化工具可以与用户交互,并且能同时提供总结版与细节版的数据展示。设计它们的使命就是为了使人们在不需要借助电子表格的情况下,更好地理解分析结果。

传统的数据可视化工具从关系型数据库、联机分析处理系统、数据库和电子表格中查询数据,以展现描述性和诊断性分析结果。

在传统的商务智能分析通常着眼于单个业务流程的时候,大数据商务智能分析已经着眼于同时处理多重业务进程。这更加有助于从一个更宽阔的视角揭露企业内的模式与异常。它同样也会用以前未知的深入的洞察性视角和信息实现数据挖掘。

8.2.2　智能商务分析

大数据商务智能需要对存储在企业数据库中里的非结构化、半结构化和结构化数据进行分析,而这需要运用新特征和技术的下一代数据库,以存储来自不同源的统一数据格式的干净数据。当传统的数据库遇上这些新技术,便会产生一个混合数据库,能够作为数据的统一、集中的仓库,同时也能提供大数据商务智能工具所需要的数据,消除了需要连接多个数据源以检索或者访问数据的需要。

大数据解决方案所需的数据可视化功能要求能够无缝连接各种数据源,能进一步处理成千上万的数据记录,它的可视化工具通常使用的内存分析技术能够减少传统的、基于磁盘的数据可视化工具所造成的延迟。

大数据解决方案的高级数据可视化工具吸收了预测性和规范性数据分析和数据转换的特征,这些工具使得无须再使用类似于抽取、转换和加载技术的数据预处理方法。这些工具同样提供了直接连接各类数据源的能力,能够将保存在内存中为了快速访问数据的结构化和非结构化数据相结合。然后,查询和统计公式能够作为多种数据分析任务中的一种,用来以一种用户友好的格式(如仪表板)查看数据。

大数据可视化工具的常用特征有:

(1)聚合——提供基于众多上下文的全局性和总结性数据展示。

(2)向下钻取——通过从总结性展示中选取一个数据子集来提供细节性展示。

(3)过滤——通过滤去并不是很需要的数据来专注于一部分数据集。

(4)上卷——将数据按照多种类别进行分组来展现小计与总计。

(5)假设分析——通过动态改变某些相关因素来可视化多个结果。

8.3　大数据营销

行之有效的大数据交流需要同时具备愿景和执行两个方面。愿景就是讲故事,让人们从中看到希望,受到鼓舞。执行则是指提供数据支撑,具体实现的商业价值。大数据营销由三个关键部分组成:愿景、价值以及执行。号称"世界上最大的书店"的亚马逊,"终极驾驶汽车"的宝马以及"开发者的好朋友"的谷歌,它们各自都有清晰的愿景。

8.3.1 愿景、价值以及执行

愿景不光要明确，公司还必须有伴随着产品价值、作用以及具体购买人群的清晰表述。基于愿景和商业价值，公司能讲述个性化的品牌故事，吸引到它们大费周折才接触到的顾客、报道者、博文作者以及其他产业的成员。他们可以创造有效的博客、信息图表、在线研讨会、案例研究、特征对比以及其他营销材料，从而成功地支持营销活动——既可以帮助宣传，又可以支持销售团队销售产品。和其他形式的营销一样，内容也需要具备高度针对性。

即使这样，公司对自己的产品有了许多认识，但却未能在潜在顾客登录其网站时实现有效转换。通常，公司花费九牛二虎之力增加了网站的访问量，结果到了需要将潜在顾客转换为真正的顾客时，却一再出错。网站设计者可能将按钮放在非最佳位置上，可能为潜在顾客提供了太多可行性选择，或者建立的网站缺乏顾客所需的信息。当顾客想要下载或者购买公司的产品时，就很容易产生各种不便。

大数据本身有助于提升对话。营销人员拥有网站访客的分析数据、故障通知单系统的顾客数据以及实际产品的使用数据，这些数据可以帮助他们理解营销投入如何转换为顾客行为，并由此建立良性循环。

随着杂志、报纸以及书籍等线下渠道广告投入持续下降，在线拓展顾客的新方法正不断涌现。作为在线广告行业的巨无霸，谷歌的在线广告收入约占其总电子广告收入的41.3%。同时，如微信等社会化媒体不仅代表了新型营销渠道，也是新型数据源。现在，营销不仅仅是指在广告上投入资金，它意味着每个公司必须像一个媒体公司一样思考、行动，它不仅运作广告营销活动以及优化搜索引擎列表，也包含开发内容、分布内容以及衡量结果。大数据应用将源自所有渠道的数据汇集到一起，经过分析，做出下一步行动的预测——帮助营销人员制订更优的决策或者自动执行决策。

8.3.2 面对新的机遇与挑战

研究分析表明，通常营销人员花费在信息技术上的时间将比信息人员还多。营销组织现在更加倾向于自行制订技术决策，IT部门的参与越来越少。更多的营销人员转而使用基于云端的产品以满足他们的需求，这是因为他们可以多次尝试，如果产品不能发挥效用就直接抛弃。

过去，市场营销费用分三类：

(1) 跑市场的人员成本。

(2) 创建、运营以及衡量营销活动的成本。

(3) 开展这些活动和管理所需的基础设施。

在生产实物产品的公司中，营销人员花钱树立品牌效应，并鼓励消费者采购。消费者采购的场所则包括零售商店、汽车经销店、电影院以及其他实际场所，此外还有网上商城如亚马逊。在出售技术产品的公司中，营销人员往往试图推动潜在客户直接访问他们的网站。例如，一家技术创业公司可能会购买网站的关键词广告，希望人们会点击这些广告并访问他们的网站。在网站上，潜在客户可能会试用该公司的产品，或输入其联系信息以下载资料或观看视频，这些活动都有可能促成客户购买该公司的产品。

所有这些活动都会留下包含大量信息的电子记录,记录由此增长了10倍。营销人员从众多广告网络和媒体类型中进行选择,他们也可能从客户与公司互动的多种方式中收集到数据。这些互动包括网上聊天会话、电话联系、网站访问量、顾客实际使用的产品的功能,甚至是特定视频的最为流行的某个片段等。从前公司营销系统需要创建和管理营销活动、跟踪业务、向客户收取费用并提供服务支持的功能,公司通常采用安装企业软件解决方案的形式,但其花费昂贵且难以实施。IT组织则需要购买硬件、软件和咨询服务,以使全套系统运行,从而支持市场营销、计费和客户服务业务。通过"软件即服务"模型(SaaS),基于云计算的产品已经可以运行上述所有活动了。企业可以在网上获得最新和最优秀的市场营销、客户管理、计费和客户服务的解决方案。

如今,许多公司拥有的大量客户数据都存储在云中,包括企业网站、网站分析、网络广告花费、故障通知单等。很多与公司营销工作相关的内容(如新闻稿、新闻报道、网络研讨会、幻灯片放映以及其他形式的内容)也都在网上。公司在网上提供产品(如在线协作工具或网上支付系统),营销人员就可以通过用户统计和产业信息知道客户或潜在客户浏览过哪项内容。

现在营销人员的挑战和机遇在于将从所有活动中获得的数据汇集起来,使之产生价值。营销人员可以尝试将所有数据输入电子表格中,并做出分析,以确定哪些有效,哪些无用。但是,真正理解数据需要大量的分析。比如,某项新闻发布是否增加了网站访问量?某篇新闻文章是否带来了更多的销售线索?网站访问群体能否归为特定产业部分?什么内容对哪种访客有吸引力?网站上一个按钮移动位置又是否使公司的网站有了更高的顾客转化率?

营销人员的另一个问题是了解客户的价值,尤其是他们可以带来多少盈利。例如,一个客户只花费少量的钱却提出很多支持请求,可能就无利可图。然而,公司很难将故障通知单数据与产品使用数据联系起来,特定客户创造的财政收入信息与获得该客户的成本也不能直接挂钩。

8.3.3 创建高容量和高价值内容

大多数公司真正需要为营销而创建的内容有两种:高容量和高价值。比如,亚马逊有约2.48亿个页面存储在谷歌搜索索引中。这些页面被称为"长尾"。人们通常不会浏览某个单独的页面,但如果有人搜索某一特定的条目,相关页面就会出现在搜索列表中。消费者搜索产品时,就很有可能看到亚马逊的页面。人类不可能将这些页面通过手动一一创建出来。相反,亚马逊却能为数以百万计的产品清单自动生成网页。创建的页面对单个产品以及类别页面进行描述,其中类别页面是多种产品的分类:例如一个耳机的页面上一般列出了所有耳机的类型,附上单独的耳机和耳机的文本介绍。当然,每一页都可以进行测试和优化。

亚马逊的优势在于,它不仅拥有庞大的产品库存(包括其自身的库存和亚马逊合作商户所列的库存),而且也拥有用户生成内容(以商品评论形式存在)的丰富资源库。亚马逊将巨大的数据源、产品目录以及大量的用户生成内容结合起来。这使得亚马逊不仅成为销售商的领导者,也成为优质内容的一个主要来源。除了商品评论,亚马逊还有产品视频、照片(兼由亚马逊提供和用户自备)以及其他形式的内容。亚马逊从两个方面收获这项回报:一是它很可能在搜索引擎的结果中被发现;二是用户认为亚马逊有优质内容(不只是优质产品)就直接登录亚马逊进行产品搜索,从而使顾客更有可能在其网站上购买。

按照传统标准来说,亚马逊并非媒体公司,但它实际上已转变为媒体公司。商务社交网站领英也与其如出一辙。在很短的时间内,"今日领英"新闻整合服务已经发展成为一个强大的新营销渠道。它将商业社交网站转变为一个权威的内容来源,为网站的用户提供有价值的服务。

过去,当用户想和别人联系或开始搜索新工作时,就会频繁使用领英。"今日领英"新闻整合服务则通过来自网上的新闻和网站用户的更新,使网站更贴近日常生活。通过呈现与用户相关的内容(根据用户兴趣而定),领英比大多数传统媒体网站技高一筹。网站让用户回访的手段是发送每日电子邮件,其中包含了最新消息预览。领英已创建了一个大数据内容引擎,而这可以推动新的流量,确保现有用户回访并保持网站的高度吸引力。

8.3.4 自动化营销

大数据营销要合乎逻辑,不仅要将不同数据源整合到一起,为营销人员提供更佳的仪表板和解析,还要利用大数据使营销实现自动化。营销由两个不同部分组成:创意和投递。

营销的创意部分以设计和内容创造的形式出现。假如要运作一组潜在的广告,计算机系统应能分辨哪些屏幕元素最为有效。如果能提供正确的数据,计算机甚至能针对特定的个人信息、文本或图像广告的某些元素进行优化。从理论上来说,个人也可以执行这种操作,但对于数以千万计的人群来说,执行这种自定义根本就不可行,而这正是网络营销的专长,例如谷歌平均每天服务的广告发布量将近300亿。

一些解决方案应运而生,它们为客户行为自动建模以提供个性化广告。像TellApart公司(一项重新定位应用)这样的解决方案正在将客户数据的自动化分析与基于该数据展示相关广告的功能结合起来。TellApart公司能识别离开零售商网站的购物者,当他们访问其他网站时,就向他们投递个性化的广告。这种个性化的广告将购物者带回到零售商的网站,通常能促成一笔交易。通过分析购物者的行为,TellApart公司能够锁定高质量顾客的预期目标,同时排除根本不会购买的人群。

就营销而言,自动化系统主要涉及大规模广告投放和销售线索评分,即基于种种预定因素对潜在客户线索进行评分,比如线索源。这些活动很适合数据挖掘和自动化,因为它们的过程都定义明确,而具体决策有待制订(比如确定一条线索是否有价值)并且结果可以完全自动化(例如选择投放哪种广告)。

大量数据可用于帮助营销人员以及营销系统优化内容创造和投递方式。挑战在于如何使之发挥作用。社会化媒体科学家丹·萨瑞拉已研究了数百万条推文,点"赞"以及分享,并且他还对转发量最多的推文关联词,发博客的最佳时间以及照片、文本、视频和链接的相对重要性进行了定量分析。大数据迎合机器的下一步将是大数据应用程序,将萨瑞拉这样的研究与自动化内容营销活动管理结合起来。

我们还将看到智能系统继续发展,遍及营销的方方面面:不仅是为线索评分,还将决定运作哪些营销活动以及何时运作,并且向每位访客呈现个性化的理想网站。营销软件不仅包括帮助人们更好地进行决策的仪表板而已,借助大数据,营销软件将可以用于运作营销活动并优化营销结果。

8.3.5 内容创作与众包

驱动产品需求和保持良好前景都与内容创作相关:博客文章、信息图表、视频、播客、幻灯片、网络研讨会、案例研究、电子邮件、信息以及其他材料,都是保持内容引擎运行的能源。

内容营销是指把和营销产品一样多的努力投入到为产品创建的内容的营销中去。创建优质内容不再仅仅是为特定产品开发案例研究或产品说明书,也包括提供故事、教育以及娱乐。

度假租赁网站 Airbnb(见图 8-5)创建了 Airbnb TV,以展示其在世界各个城市的房地产,当然,在这个过程中也展示了 Airbnb 本身。你不能再局限于推销产品,还要重视内容营销,所以内容本身也必须引人注目。

图 8-5　Airbnb 服务

在内容创作方面,众包是一种相对简单的方法,它能够将任务进行分配,生成对营销来讲非常重要的非结构化数据——内容。许多公司早已使用众包来为搜索引擎优化(SEO)生成文章,这些文章可以帮助他们在搜索引擎中获得更高的排名。很多人将这样的内容众包与高容量、低价值的内容联系起来。但在今天,高容量、高价值的内容也可能使用众包。众包并不是取代内部内容开发,但它可以将之扩大。现在,各种各样的网站都提供众包服务。亚马逊土耳其机器人(AMT)经常被用于处理内容分类和内容过滤这样的任务,这对计算机而言很难,但对人类来说却很容易。亚马逊自身使用 AMT 来确定产品描述是否与图片相符。其他公司连接 AMT 支持的编程接口,以提供特定垂直服务,如音频和视频转录。

专门为网络营销而创造的相对较低价值内容与高价值内容之间的主要区别是后者的权威性。低价值内容往往为搜索引擎提供优质素材,以一篇文章的形式捕捉特定关键词的搜索。相反,高价值内容往往读取或显示更多的专业新闻、教育以及娱乐内容。博客文章、案例研究、思想领导力文章、技术评论、信息图表和视频访谈等都属于这一类。这种内容也正是人们想要分享的类型。此外,如果你的观众知道你拥有新鲜、有趣的内容,那么他们就更有理由频繁回访你的网站,也更有可能对你和你的产品进行持续关注。这种内容的关键是,它必须具有新闻价值、教育意义或娱乐性,或三者兼具。对于正努力提供这种内容的公司来说,好消息就是众包使之变得比以往任何时候都更容易了。

8.3.6　评价营销效果

内容创作的另一方面就是分析所有非结构化内容,从而了解它。计算机使用自然语言处理和机器学习算法来理解非结构化文本,如微信每天要处理数亿条内容。这种大数据分析被称为"情绪分析"或"意见挖掘"。通过评估人们在线发布的论坛帖子、推文以及其他形式的文本,计算机可以判断消费者关注品牌的正面影响还是负面影响。

营销的核心仍是创意。优秀的营销人员将使用大数据优化发送的每封电子邮件、撰写的每一篇博客文章以及制作的每一个视频。最终,营销的每一部分将借助算法变得更好,例如确定合适的营销主题或时间。

当然,优秀的营销不能替代优质的产品。大数据可以帮助你更有效地争取潜在客户,它可以帮助你更好地了解顾客以及他们的消费数额,它还可以帮你优化网站,这样,一旦引起潜在客户的注意,将他们转换为客户的可能性就更大。但是,在这样一个时代,评论以百万条计算,消息像野火一样四处蔓延,单单靠优秀的营销是不够的,提供优质的产品仍然是首要任务。

【作 业】

1. 在一个通过分层系统来执行业务的企业里,高层限制着中层,中层领导着下层,各层级之间能够达到和谐一致,是通过各种度量和绩效指标实现的。分层系统的高低层指的是(　　)。
   A. 战术层、战略层、操作层　　　　　　B. 操作层、战术层、战略层
   C. 战略层、战术层、操作层　　　　　　D. 操作层、战略层、战术层

2. 数据存在一个组织的(　　)信息系统之中,另外,数据库结构利用各种查询操作产生信息。数据会以更大的规模从整个企业中获取并存储在一个数据库中。
   A. 战略层　　　　B. 技术层　　　　C. 管理层　　　　D. 操作层

3. OLTP 系统是一个处理面向(　　)的软件系统。
   A. 事务型数据　　B. 分析查询　　　C. 管理信息　　　D. 自动控制信息

4. OLAP 系统被用来处理(　　),它是形成商务智能、数据挖掘和机器学习处理过程中不可或缺的部分。
   A. 事务型数据　　B. 分析查询　　　C. 管理信息　　　D. 自动控制信息

5. ETL 即(　　)技术,这是一个将数据从源系统中加载到目标系统中的过程。
   A. 数据增加、删除和查询　　　　　　　B. 数据上传、传送与加载
   C. 数据下载、复制与上传　　　　　　　D. 数据抽取、转换和加载

6. ETL 表示了数据库输入数据的主要过程:围绕着 ETL 的(　　),数据首先从源中获取,然后抽取物依据规则被转换,最终数据被加载到目标系统中。
   A. 事务流程　　　B. 系统结构　　　C. 特征集　　　　D. 程序语言

7. 一个数据库是一个由(　　)组成的中央的、企业级的存储位置,它常常被商务智能用来运行各种各样的分析查询。
   A. 小数据与大数据　　　　　　　　　　B. 上传数据与下载数据
   C. 历史数据与当前数据　　　　　　　　D. 传统数据与创新数据

8. 商务智能的分析查询批处理任务会周期性地将数据从类似于(　　)的业务系统中载入一个数据库。

①企业资源计划系统(ERP)　　　　　　②客户关系管理系统(CRM)

③供应链管理系统(SCM)　　　　　　④关系数据库管理系统(DBMS)

A.①②③　　　　B.②③④　　　　C.①②④　　　　D.①③④

9. 从不同的业务系统而来的与多数商业实体相关的数据会被周期性地(　　)，最终合并到一个单独的去规范化的数据库中。

①整合　　　　　②提取　　　　　③验证　　　　　④转换

A.①②④　　　　B.①③④　　　　C.①②③　　　　D.②③④

10. 传统商务智能主要使用(　　)分析来为历史性活动或现今活动提供数据。它不"智能"是因为只能为正确格式的问题提供答案。

A.规范性和预测性　　　　　　　　　B.描述性和诊断性

C.规范性和描述性　　　　　　　　　D.预测性和诊断性

11. (　　)是一个涉及人工处理数据来产生定制汇报的过程，其重点在于常常是基于商业中一个特定领域的，比如营销或者供应链管理。所生成的特定汇报具有丰富细节。

A.即席报表　　　B.仪表板　　　　C.特征集　　　　D.广告牌

12. 仪表板会提供关键商务领域的(　　)。展示在仪表板中的信息有着实时或近实时的周期性间隔。商务智能工具使用 OLTP 和 OLAP 在仪表板上展示信息。

A.全局视野　　　B.局部视野　　　C.整体视野　　　D.个别视野

13. 大数据商务智能通过对数据库数据进行操作，并将之与半结构化和非结构化数据源结合，基于传统商务智能来构建。它同时包含了(　　)分析，来加快对于商务绩效的企业级理解。

A.规范性和预测性　　　　　　　　　B.描述性和诊断性

C.规范性和描述性　　　　　　　　　D.预测性和规范性

14. (　　)是一项能够使用表、图、数据网格、信息图表和警报来将分析结果图形化展示的技术。图形化地表达数据能够使理解汇报、观察趋势和鉴别模式的过程更为简单。

A.多媒体　　　　B.数据可视化　　C.增强现实　　　D.数字媒体

15. 传统的数据可视化工具从关系型数据库、联机分析处理系统、数据库和电子表格中查询数据，以展现(　　)分析结果。

A.规范性和预测性　　　　　　　　　B.规范性和描述性

C.描述性和诊断性　　　　　　　　　D.预测性和规范性

16. 大数据商务智能需要对存储在企业数据库中的(　　)数据进行分析，这需要用到具有新特征和技术的下一代数据库，以存储来自不同源的统一数据格式的干净数据。

①非结构化　　　②半结构化　　　③全景化　　　　④结构化

A.①②④　　　　B.①③④　　　　C.①②③　　　　D.②③④

17. 大数据可视化工具有许多常用特征，包括(　　)。

①聚合　　　　　②向下钻取　　　③过滤　　　　　④图像处理

A.①③④　　　　B.①②④　　　　C.②③④　　　　D.①②③

18. 大数据营销由三个关键部分组成:(　　),以此来实现行之有效的大数据交流。
   ①采集　　　　　②价值　　　　　③执行　　　　　④愿景
   A.①②③　　　　B.②③④　　　　C.①②④　　　　D.①③④

19. 驱动产品需求和保持良好前景都与创作相关。(　　)是指把努力不仅用在为特定产品开发案例研究或产品说明书上,也包括提供新闻故事、教育材料以及娱乐。
   A.媒体广告　　　B.娱乐营销　　　C.内容营销　　　D.直接销售

20. 大数据可以帮助你更有效地争取潜在客户,更好地了解顾客以及他们的消费数额,甚至是帮你优化网站等。但是,单单靠优秀的营销是不够的,提供(　　)仍然是首要任务。
   A.优质产品　　　B.优秀员工　　　C.营业时长　　　D.界面设计

实训与思考　"五力模型"影响商务智能

迈克尔·波特创立的五力模型框架(见图8-6)长期以来一直是帮助商业人士考虑企业战略规划和IT影响时的有用工具。

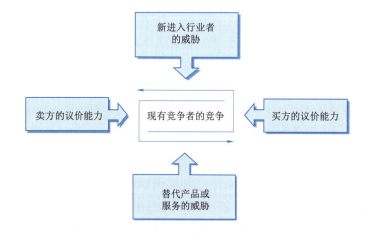

图8-6　迈克尔·波特的五力模型

五力模型帮助商业人士从以下五个方面理解一个行业的相对吸引力。

(1)买方的议价能力。

(2)卖方的议价能力。

(3)替代产品或服务的威胁。

(4)新进入行业者的威胁。

(5)现有竞争者的竞争。

可以用波特的五力模型来决定:进入一个特定行业,或者如果已经参与了此行业的竞争,则可以扩展业务。最重要的是,制定的战略应该得到可行技术的支持。

1. 实训案例1:波特五力模型和手机运营商

在一个由3人或4人组成的小组中,选择小组成员正在使用的一家手机运营商(如中国移动、中国联通、中国电信等)。现在,考虑并讨论:在波特五力模型框架下,这家手机运营商是如何:①减少买方能力;②增加卖方能力;③减少替代产品或服务的威胁;④减少新进入行业者的威胁。

最后,描述一下手机运营商的竞争环境。

2. 实训案例2:使用波特模型评估网络游戏行业

网络游戏又称"在线游戏",简称"网游",是必须依托因特网进行、可以多人同时参与的计算机游戏,通过人与人之间的互动达到交流、娱乐和休闲的目的。

在你熟悉或了解的网络游戏中,你认为排名前三位的分别是:

(1) _____

(2) _____

(3) _____

网游也是一个存在激烈对抗和高度竞争的行业。通过波特的五力模型,我们可以评估进入网游(开发或者代理新游戏)行业的相对吸引力。

明确回答以下问题并正确描述每个答案:

(1)买方能力是高还是低?

(2)卖方能力是高还是低?

(3)哪种替代品或服务被视作威胁?

(4)对新进入者的威胁程度如何?就是说,行业壁垒是高还是低?行业壁垒是什么?

(5)现有竞争者的竞争水平如何?列出该行业的五个首要竞争对手。

最后,你对网络游戏业的整体看法是怎样的?它是一个适合进入还是一个不适合进入的行业?你如何通过使用波特的五力模型进入该行业?

3. 实训总结

4. 教师实训评价

第9课

大数据可视化

学习目标

(1) 重新认识数据的内涵,熟悉数据可视化的概念。

(2) 熟悉数据与图形的关系,掌握视觉信息的科学知识。

(3) 视觉分析和大数据可视化方法。

学习难点

(1) 数据的可视化。

(2) 视觉分析。

导读案例　南丁格尔"极区图"

弗洛伦斯·南丁格尔(1820—1910,见图9-1)是世界上第一个真正意义上的女护士,被誉为现代护理业之母,每年5.12国际护士节就是为了纪念她,这一天是南丁格尔的生日。

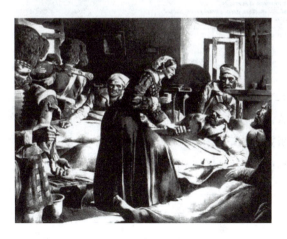

图9-1　南丁格尔

除了在医学和护理界的辉煌成就,实际上,南丁格尔还是一名优秀的统计学家——她是英国皇家统计学会的第一位女性会员,也是美国统计学会的会员。据说南丁格尔早期大部分声望都来自其对数据清楚且准确的表达。南丁格尔生活的时代当时各个医院的统计资料非常不精确,也不一致,她认为医学统计资料有助于改进医疗护理的方法和措施。于是,在她编著的各类书籍、报告等材料中使用了大量的统计图表,其中最为著名的就是极区图,又称南丁格尔玫瑰图。

南丁格尔发现,战斗中阵亡的士兵数量少于因为受伤却缺乏治疗的士兵。为了挽救更多的士兵,她画了《东部军队(战士)死亡原因示意图》(1858 年),如图 9-2 所示。这张图描述了 1854 年 4 月~1856 年 3 月期间士兵死亡情况,右图是 1854 年 4 月~1855 年 3 月,左图是 1855 年 4 月~1856 年 3 月,用蓝、红、黑三种颜色表示三种不同的情况,蓝色代表可预防和可缓解的疾病治疗不及时造成的死亡、红色代表战场阵亡、黑色代表其他死亡原因。图表各扇区角度相同,用半径及扇区面积表示死亡人数,可以清晰地看出每个月因各种原因死亡的人数。显然,1854~1855 年,因医疗条件而造成的死亡人数远远大于战死沙场的人数,这种情况直到 1856 年初才得到缓解。南丁格尔的这张图表以及其他图表"生动有力地说明了在战地开展医疗救护和促进伤兵医疗工作的必要性,打动了当局者,增加了战地医院,改善了军队医院的条件,为挽救士兵生命做出了巨大贡献"。

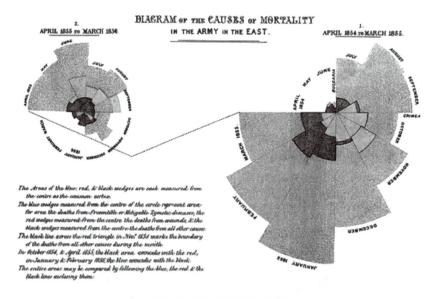

图 9-2 南丁格尔"极区图"

南丁格尔"极区图"是统计学家对利用图形来展示数据进行的早期探索,南丁格尔的贡献,充分说明了数据可视化的价值,特别是在公共领域的价值。

阅读上文、思考、分析并简单记录:

(1)你看到过且印象深刻的数据可视化的案例有哪些。

答:_____

_____

_____

(2)你之前知道南丁格尔吗?南丁格尔玫瑰图另外的名字叫什么?

答:_____

(3) 发展大数据可视化，那么传统的数据或信息表示方式是否还有意义？简述你的看法。

答：_____

_____

_____

(4) 简单记述你所知道的上一周发生的国际、国内或者身边的大事。

答：_____

_____

_____

_____

数据和它所代表的事物之间的关联既是把数据可视化的关键，也是全面分析数据的关键，同样还是深层次理解数据的关键。计算机可以把数字批量转换成不同的形状和颜色，但是必须建立起数据和现实世界的联系，以便使用图表的人能够从中得到有价值的信息。数据会因其可变性和不确定性而变得复杂，但放入一个合适的背景信息中，就会变得容易理解。

9.1 数据与可视化

数据是什么？大部分人会含糊地回答说，数据是一种类似电子表格的东西，或者一大堆数字。有点儿技术背景的人会提及数据库。然而，这些回答只说明了获取数据的格式和存储数据的方式，并未说明数据的本质是什么，以及特定的数据集代表着什么。

事实上，数据是现实世界的一个快照，会传递给我们大量的信息。一个数据点可以包含时间、地点、人物、事件、起因等因素。可是，从一个数据点中提取信息并不像一张照片那么简单。你可以猜到照片里发生的事情，但对数据就需要观察其产生的来龙去脉，并把数据集作为一个整体来理解。关注全貌，比只注意到局部时更容易做出准确的判断。

数据是对现实世界的简化和抽象表达。当你在对数据进行可视化处理时，其实是在将对现实世界的抽象表达可视化，或至少是将它的一些细微方面可视化。可视化是对数据的一种抽象表达，所以，最后你得到的是一个抽象的抽象。

9.1.1 数据的可变性

以美国国家公路交通安全管理局发布的公路交通事故数据为例，我们来了解数据的可变性。

从2001年到2010年，根据美国国家公路交通安全管理局发布的数据，全美共发生了363 839起致命的公路交通事故。这个总数代表着那部分逝去的生命，把所有注意力放在这个数字上（见图9-3），能让你深思，甚至反省自己的一生。

图 9-3　2001 年至 2010 年全美公路致命交通事故总数

如果在地图中画出 2001 年至 2010 年间全美国发生的每一起致命的交通事故,用一个点代表一起事故,就可以看到事故多集中发生在大城市和高速公路主干道上,而人烟稀少的地方和道路几乎没有事故发生过。这样,这幅图除了告诉我们对交通事故不能掉以轻心之外,还告诉了我们关于美国公路网络的情况。

图 9-4 显示了每年发生的交通事故数,所表达的内容与简单告诉你一个总数完全不同。虽然每年仍会发生成千上万起交通事故,但通过观察可以看到,2006 年到 2010 年间事故显著呈下降趋势。

从图 9-5 中可以看出,交通事故发生的季节性周期很明显。夏季是事故多发期,因为此时外出旅游的人较多。而在冬季,开车出门旅行的人相对较少,事故就会少很多。每年都是如此。同时,也可以看到 2006 年到 2010 年呈下降趋势。

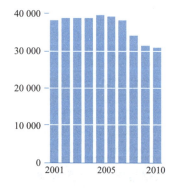

图 9-4　每年的致命交通事故数

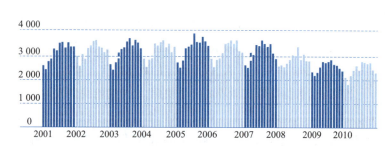

图 9-5　月度致命交通事故数

如果比较那些年的具体月份,还有一些变化。例如,在 2001 年,8 月的事故最多,9 月相对回落。从 2002 年到 2004 年每年都是这样。然而,从 2005 年到 2007 年,每年 7 月的事故最多。从 2008 年到 2010 年又变成了 8 月。另一方面,因为每年 2 月的天数最少,事故数也就最少,只有 2008 年例外。因此,这里存在着不同季节的变化和季节内的变化。

我们还可以更加详细地观察每日的交通事故数,例如看出高峰和低谷模式,可以看出周循环周期,就是周末比周中事故多,每周的高峰日在周五、周六和周日间波动。可以继续增加数据的粒度,即观察每小时的数据。

重要的是,查看这些数据比查看平均数、中位数和总数更有价值,那些统计值只是说明了一小部分信息。大多数时候,总数或中位数只是告诉了你分布的中间位置在哪里,而未能显示出人们做决定或阐述时应该关注的细节。

一个独立的离群值可能是需要修正或特别注意的。也许随着时间推移发生的变化预示有好事（或坏事）将要发生。周期性或规律性的事件可以帮助你为将来做好准备，但面对那么多的变化，它往往就失效了，这时应该退回到整体和分布的粒度进行观察。

9.1.2 数据的不确定性

数据具有不确定性。通常，大部分数据都是估算的，并不精确。分析师会研究一个样本，并据此基于自己的知识和见闻猜测整体的情况。尽管大多数时候确定猜测是正确的，但仍然存在着不确定性。例如，笔记本计算机的电池寿命估计会按小时增量跳动；地铁预告说下一班车将会在10分钟内到达，但实际上是11分钟；预计在周一送达的一份快件往往周三才到。

换个角度，想象一下你有一罐彩虹糖（见图9-6），但没法看清罐子里的情况，你想猜猜每种颜色的彩虹糖各有多少颗。如果你把一罐彩虹糖统统倒在桌子上，一颗颗数过去，就不用估算了，你已经得到了总数。但是你只能抓一把，然后基于手里的彩虹糖推测整罐的情况。这一把越大估计值就越接近整罐的情况，也就越容易猜测。相反，如果只能拿出一颗彩虹糖，那你几乎就无法推测罐子里的情况。

图9-6 彩虹糖

如果不考虑数据的真实含义，很容易产生误解。要始终考虑到不确定性和可变性，这就到了背景信息发挥作用的时候了。

9.1.3 数据的背景信息

仰望夜空，满天繁星看上去就像平面上的一个个点。你感觉不到视觉深度，会觉得星星都离你一样远，很容易就能把星空直接搬到纸面上，于是星座也就不难想象了（见图9-7）。然而，实际上不同的星星与你的距离可能相差许多光年。

如果切换到显示实际距离的模式，星星的位置转移，原先容易辨别的星座几乎认不出了。从新的视角出发，数据看起来就不同了，这就是背景信息的作用。背景信息可以完全改变你对某一个数据集的看法，它能帮助你确定数据代表着什么以及如何解释。在确切了解数据的含义之后，你的理解会帮你找出有趣的信息，从而带来有价值的可视化效果。

图9-7　北斗七星图

使用数据而不了解除数值本身之外的信息,就好比断章取义。这样做或许没有问题,但却可能完全误解说话人的意思。你必须首先了解何人、如何、何事、何时、何地以及何因,即元数据,或者说关于数据的数据,然后才能了解数据的本质是什么。

何人(who):"谁收集了数据"和"数据是关于谁的"同样重要。

如何(how):大致了解怎样获取你感兴趣的数据。你不需要知道每种数据集背后精确的统计模型,但要小心小样本,样本小,误差率就高,也要小心不合适的假设,比如包含不一致或不相关信息的指数或排名等。

何事(what):你还要知道自己的数据是关于什么的,你应该知道围绕在数字周围的信息是什么。

何时(when):数据大都以某种方式与时间关联。数据可能是一个时间序列,或者是特定时期的一组快照。不论是哪一种,你都必须清楚地知道数据是什么时候采集的。很多人将旧数据当成现在的对付一下,这是一种常见的错误。事在变,人在变,地点也在变,数据自然也会变。

何地(where):事情会随着时间变化,它们也会随着城市、地区和国家的不同而变化。同样的道理也适用于数字定位。来自微信之类网站的数据能够概括网站用户的行为,但未必适用于物理世界。

为何(why):你必须了解收集数据的原因,通常这是为了检查一下数据是否存在偏颇。有时人们收集甚至捏造数据只是为了应付某项议程。

首要任务是竭尽所能地了解自己的数据,这样,数据分析和可视化会因此而增色。要可视化数据,你必须理解数据是什么,它代表了现实世界中的什么,以及你应该在什么样的背景信息中解释它。

在不同的粒度上,数据会呈现出不同的形状和大小,并带有不确定性,这意味着总数、平均数和中位数只是数据点的一小部分。数据是曲折的、旋转的,也是波动的、个性化的,甚至是富有诗意的。

9.1.4　打造最好的可视化效果

人类可以根据数据做出更好的决策。事实上,我们拥有的数据越多,从数据中提取出具有实践意义的见解就显得越发重要。可视化和数据是相伴而生的,将这些数据可视化,可能是指导我们行动的最强大的机制之一。

可视化可以将事实融入数据,并引起情感反应,它可以将大量数据压缩成便于使用的知识。因此,可视化不仅是一种传递大量信息的有效途径,它还和大脑直接联系在一起,能触动情感,引起化学反应。可视化可能是传递数据信息最有效的方法之一。研究表明,不仅可视化本身很重要,何时、何地、以何种形式呈现对可视化来说也至关重要。

通过设置正确的场景,选择恰当的颜色甚至选择一天中合适的时间,可视化可以更有效地传达隐藏在大量数据中的真知灼见。科学证据证明了在传递信息时环境和传输的重要性。

9.2 数据与图形

假设你是第一次来到杭州,你很兴奋,激动得想参观杭州的西湖名胜古迹、博物馆,从一个地方赶到另一个地方。为此,你需要利用当地的交通系统——地铁,幸运的是,杭州地铁图(见图9-8)可以传达你所需要的数据信息。

地图上每条线路的所有站点都按照顺序用不同颜色标记出来的。你可以在上面看到线路交叉的站点,这样一来,要知道在哪里换乘,就很容易了。可以说突然之间,弄清楚如何搭乘地铁变成了轻而易举的事情。地铁图呈现给你的不仅是数据信息,更是清晰的认知。

你不仅知道该搭乘哪条线路,还大概知道了到达目的地需要花多长时间。无须多想,你就能知道到达目的地有8个站,每个站之间大概需要几分钟,因而你可以计算出从你所在的位置到"大运河博物馆"要花上多少分钟。除此之外,地铁图上的路线还用了不同的颜色来帮助你辨认。如此一来,不管是在地图上还是地铁外的墙壁上,只要你想查找地铁线路,都能通过颜色快速辨别。

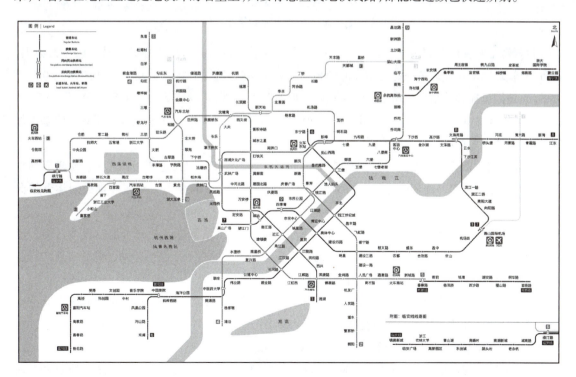

图9-8 杭州地铁运营线路图

将信息可视化能有效地抓住人们的注意力。有的信息如果通过单纯的数字和文字来传达,可能需要花费较长时间,甚至可能无法传达;但是通过颜色、布局、标记和其他元素的融合,图形却能够在几秒之内就把这些信息传达给人们。

9.2.1 数据与走势

人们在制订决策的时候了解事物的变化走势至关重要。不管是讨论销售数据还是健康数据,一个简单的数据点通常不足以告诉我们事情的整个变化走势。

我们在使用电子表格软件处理数据时会发现,要从填满数字的单元格中发现走势是困难的。这就是诸如微软电子表格软件这类程序内置图表生成功能的原因之一。一般来说,我们在看一个折线图、饼状图或条形图的时候,更容易发现事物的变化走势(图9-9)。

图9-9　美国2015年7月非农就业人口走势

投资者常常要试着评估一个公司的业绩,一种方法就是及时查看公司在某一特定时刻的数据。比方说,管理团队在评估某一特定季度的销售业绩和利润时,若没有将之前几个季度的情况考虑进去的话,他们可能会总结说公司运营状况良好。但实际上,投资者没有从数据中看出公司每个季度的业绩增幅都在减少。表面上看公司的销售业绩和利润似乎还不错,而事实上如果不想办法来增加销量,公司甚至很快就会走向破产。

管理者或投资者在了解公司业务发展趋势的时候,内部环境信息是重要指标之一。管理者和投资者同时也需要了解外部环境,因为外部环境能让他们了解自己的公司相对于其他公司运营情况如何。

在不了解公司外部运营环境时,如果某个季度销售业绩下滑,管理者就有可能错误地认为公司的运营情况不好。可事实上,销售业绩下滑的原因可能是由大的行业问题引起的,例如,房地产行业受房屋修建量减少的影响、航空业受出行减少的影响等。

外部环境是指同行业的其他公司在同一段时间内的运营情况。不了解外部环境,管理者就很难洞悉究竟是什么导致了公司的业务受损。即使管理者了解了内部环境和外部环境,但要想仅通过抽象的数字来看出端倪还是很困难的,而图形可以帮助他们解决这一问题。

"可视化是压缩知识的一种方式。"减少数据量是一种压缩方式,如采用速记、简写的方式来表示一个词或者一组词。但是,数据经过压缩之后,虽然更容易存储,却让人难以理解。而图片不仅可以容纳大量信息,还是一种便于理解的表现方式。在大数据里,这样的图片就称为"可视化"。地铁图、饼状图和条形图都是可视化的表现方式。

9.2.2 视觉信息的科学解释

在数据可视化领域,耶鲁大学爱德华·塔夫特教授被誉为"数据界的列奥纳多·达·芬奇"。他的一大贡献就是:聚焦于将每个数据都做成图示物——无一例外。塔夫特的信息图形不仅能传达信息,甚至被很多人看作是艺术品。塔夫特指出,可视化不仅能作为商业工具发挥作用,还能以一种视觉上引人入胜的方式传达数据信息。塔夫特在其著作《出色的证据》中提出的关于分析图形设计的基本原则是:

(1)体现出比较、对比、差异。
(2)体现出因果关系、机制、理由、体统结构。
(3)体现出多元数据,即体现出一个或两个变量。
(4)将文字、数字、图片、图形全面结合起来。
(5)充分描述证据。
(6)数据分析报告的成败在于报告内容的质量、相关性和整体性。

通常情况下,人们的视觉能吸纳多少信息呢?根据美国宾夕法尼亚大学医学院的研究人员估计,人类视网膜"视觉输入(信息)的速度可以和以太网的传输速度相媲美"。在研究中,研究者将一只取自豚鼠的完好视网膜和一台称为"多电极阵列"的设备连接起来,该设备可以测量神经节细胞中的电脉冲峰值。神经节细胞将信息从视网膜传达到大脑。基于这一研究,科学家们能够估算出所有神经节细胞传递信息的速度。其中一只豚鼠视网膜含有大概 100 000 个神经节细胞,然后,相应地,科学家们就能够计算出人类视网膜中的细胞每秒能传递多少数据。人类视网膜中大约包含 1 000 000 个神经节细胞,算上所有的细胞,人类视网膜能以大约每秒 10 兆的速度传达信息。

丹麦的著名科学作家陶·诺瑞钱德证明了人们通过视觉接收的信息比其他任何一种感官都多。如果人们通过视觉接收信息的速度和计算机网络相当,那么通过触觉接收信息的速度就只有它的 1/10。人们的嗅觉和听觉接收信息的速度更慢,大约是触觉接收速度的 1/10。同样,我们通过味蕾接收信息的速度也很慢。

换句话说,我们通过视觉接收信息的速度比其他感官接收信息的速度快了 10~100 倍。因此,可视化能传达庞大的信息量也就容易理解了。如果包含大量数据的信息被压缩成了充满知识的图片,那我们接收这些信息的速度会更快。但这并不是可视化数据表示法如此强大的唯一原因。另一个原因是我们喜欢分享,尤其喜欢分享图片。

人们喜欢照片(图片)的主要原因之一,是现在拍照很容易。数码照相机、智能手机和便宜的存储设备使人们可以拍摄多得数不清的数码照片。现在,几乎每部智能手机都有内置摄像头。这就意味着不但可以随意拍照,还可以轻松地上传或分享这些照片。

和照片一样,如今制作信息图也比以前容易得多。公司的营销人员发现,一个拥有有限信息资源的营销人员该做些什么来让搜索更加吸引人呢?答案是制作一张信息图。信息图可以吸纳广泛的数据资源,使这些数据相互吻合,甚至编写一段引人入胜的故事。

9.3 视觉分析

视觉分析是一种数据分析,指的是对数据进行图形表示来开启或增强视觉感知。相比于文本,人类可以迅速理解图像并得出结论,基于这个前提,视觉分析成为大数据领域的勘探工具。目标是用图形表示来开发对分析数据更深入的理解。特别是它有助于识别及强调隐藏的模式、关联和异常。视觉分析也和探索性分析有直接关系,因为它鼓励从不同的角度形成问题。

视觉分析的主要类型包括:热点图、时间序列图、网络图、空间数据制图等。

9.3.1 热点图

对表达模式,通过部分-整体关系的数据组成和数据的地理分布来说,热点图是有效的视觉分析技术,它能促进识别感兴趣的领域,发现数据集内的极(最大或最小)值。例如,为了确定冰激凌销量最好和最差的地方,使用热点图来绘制冰激凌销量数据。绿色用来标识表现最好的地区,而红色用来标识表现最差的地区。

热点图本身是一个可视化的、颜色编码的数据值表示。每个值是根据其本身的类型和坐落的范围而给定的一种颜色。例如,热点图将值 0～3 分配给黑色,4～6 分配给浅灰色,7～10 分配给深灰色。热点图可以是图表或地图形式的。图表代表一个值的矩阵,在其中每个网格都是按照值分配的不同颜色(见图9-10)所示。通过使用不同颜色嵌套的矩形,表示不同等级值。

图 9-10　某公司各部门的销量表格热点图

9.3.2 时间序列图

时间序列图可以分析在固定时间间隔记录的数据。这种分析充分利用了时间序列,这是一个按时间排序的、在固定时间间隔记录的值的集合。例如,一个每月月末记录的销售时间序列。

时间序列分析有助于发现数据随时间变化的模式。一旦确定,这个模式可以用于未来的预测。例如,为了确定季度销售模式,每月按时间顺序绘制冰激凌销售图,它会进一步帮助预测下个月的销售图。

通过识别数据集中的长期趋势、季节性周期模式和不规则短期变化,时间序列分析通常用于预测,它用时间作为比较变量,且数据的收集总是依赖于时间。时间序列图通常用折线图表示,x 轴表示时间,y 轴记录数据值。

9.3.3 网络图

在视觉分析中,一个网络图描绘互相连接的实体。一个实体可以是一个人、一个团体,或者其他商业领域的物品,如产品。实体之间可能是直接连接,也可能是间接连接。有些连接可能是单方面的,所以反向遍历是不可能的。

网络分析是一种侧重于分析网络内实体关系的技术。它包括将实体作为节点,用边连接节点。有专门的网络分析方法,如路径优化、社交网络分析、传播预测(如一种传染性疾病的传播)。

基于冰激凌销量的网络分析中路径优化应用就是这样一个简单例子:有些冰激凌店的经理经常抱怨卡车从中央仓库到遥远地区的商店的运输时间。天热的时候,从中央仓库运到偏远地区的冰激凌会化掉,无法销售。为了最小化运输时间,用网络分析来寻找中央仓库与遥远的商店之间最短路径。

图 9-11 显示的社交网络图也是社交网络分析的一个简单例子。

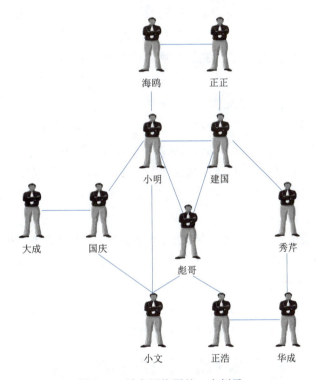

图 9-11 社交网络图的一个例子

由图 9-11 可知,小明有许多朋友,大成只有一个朋友。社交网络分析结果显示大成可能会和小明和小文做朋友,因为他们有共同的好友国庆。

9.3.4 空间数据制图

空间或地理空间数据通常用来识别单个实体的地理位置,然后将其绘图。空间数据分析专注于分析基于地点的数据,从而寻找实体间不同地理关系和模式。

空间数据通过地理信息系统(GIS)被操控,它利用经纬坐标将空间数据绘制在图上。GIS 提供工具使空间数据能够互动探索。例如,测量两点之间的距离或用确定的距离半径来画圆确定一个区域。随着基于地点的数据的不断增长的可用性,例如传感器和社交媒体数据,可以通过分析空间数据,然后洞察位置。

空间数据分析的应用包括操作和物流优化,环境科学和基础设施规划。空间数据分析的输入数据可以包含精确的地址(如经纬度),或者可以计算位置的信息(如邮政编码和 IP 地址)。

此外,空间数据分析可以用来确定落在一个实体的确定半径内的实体数量。例如,一个超市用空间分析进行有针对性的营销,其位置是从用户的社交媒体信息中提取的,根据用户是否接近店铺来试着提供个性化服务。

9.4 实时可视化

很多信息图提供的信息从本质上看是静态的。通常制作信息图需要花费很长的时间和精力:它需要数据,需要展示有趣的故事,还需要以图表将数据以一种吸引人的方式呈现出来。但是工作到这里还没结束。图表只有经过发布、加工、分享和查看之后才具有真正的价值。当然,到那时,数据已经成了几周或几个月前的旧数据了。那么,在展示可视化数据时要怎样在吸引人的同时又保证其时效性呢?

数据要具有实时性价值,必须满足以下三个条件:

(1)数据本身必须要有价值。

(2)必须有足够的存储空间和计算机处理能力来存储和分析数据。

(3)必须要有一种巧妙的方法及时将数据可视化,而不用花费几天或几周的时间。

想了解数百万人是如何看待实时性事件,并将他们的想法以可视化的形式展示出来看似遥不可及,但其实很容易达成。

在过去的几十年,美国总统选举过程中的投票民意测试,需要测试者打电话或亲自询问每个选民的意见。通过将少数选民的投票和统计抽样方法结合起来,民意测试者就能预测选举的结果,并总结出人们对重要政治事件的看法。但今天,大数据正改变着我们的调查方法。

但信息实时可视化并不只是在网上不停地展示实时信息而已。例如"谷歌眼镜"(见图 9-12),将来我们不仅可以在计算机和手机上看可视化呈现的数据,还能四处走动设想或理解物质世界。

 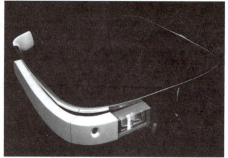

图 9-12　谷歌眼镜

9.5 数据可视化的运用

人类对图形的理解能力非常独到,往往能够从图形当中发现数据的一些规律,而这些规律用常规的方法是很难发现的。在大数据时代,数据量变得非常大,而且非常烦琐,要想发现数据中包含的信息或者知识,可视化是最有效的途径之一。

数据可视化要根据数据的特性(如时间信息和空间信息等)找到合适的可视化方式(如图表、图和地图等),将数据直观地展现出来,以帮助人们理解数据,同时找出包含在海量数据中的规律或者信息。数据可视化是大数据生命周期管理的最后一步,也是最重要一步。

数据可视化起源于图形学、计算机图形学、人工智能、科学可视化以及用户界面等领域的相互促进和发展,是当前计算机科学的一个重要研究方向,它是利用计算机对抽象信息进行直观表示,以利于快速检索信息和增强认知能力。

数据可视化系统并不是为了展示用户已知的数据之间的规律,而是为了帮助用户通过认知数据,有新的发现,发现这些数据所反映的实质。如图 9-13 所示,CLARITY 成像技术使科学家们不需要切片就能够看穿整个大脑。

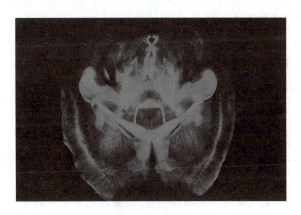

图 9-13　CLARITY 成像技术

斯坦福大学生物工程和精神病学负责人卡尔·戴瑟罗斯说:"以分子水平和全局范围观察整个大脑系统,曾经一直都是生物学领域一个无法实现的重大目标。"也就是说,用户在使用信息可视化系统之前往往是没有明确的目标。信息可视化系统在探索性任务(如包含大数据量信息)中有突出表现,它可以帮助用户从大量的数据空间中找到关注的信息来进行详细分析。因此,数据可视化主要应用于下面几种情况:

(1)当存在相似的底层结构,相似的数据可以进行归类时。
(2)当用户处理自己不熟悉的数据内容时。
(3)当用户对系统的认知有限时,并且喜欢用扩展性的认知方法时。
(4)当用户难以了解底层信息时。
(5)当数据更适合感知时。

【作 业】

1. 数据是现实世界的一个快照,会传递给我们大量的信息。一个数据点可以包含(　　)等因素,因此,一个数字不再只是沧海一粟。
   ①时间　　　　　　②地点　　　　　　③人物　　　　　　④权重
   A.①②④　　　　B.①③④　　　　C.②③④　　　　D.①②③

2. 数据是对现实世界的(　　)。可视化能帮助你从一个个独立的数据点中解脱出来,换一个不同的角度去探索它们。
   A. 简化和抽象表达　　　　　　　　B. 复杂化和抽象表达
   C. 简化和分解表达　　　　　　　　D. 复杂化和分解表达

3. (　　)既是把数据可视化的关键,也是全面分析数据的关键,同样还是深层次理解数据的关键。
   A. 数据之间的关联　　　　　　　　B. 数据和它所代表的事物之间的关联
   C. 事物之间的关联　　　　　　　　D. 事物和它所代表的数据之间的关联

4. 一个(　　)可能是需要修正或特别注意的。也许在你的体系中随着时间推移发生的变化预示有好事(或坏事)将要发生。
   A. 总计值　　　　B. 平均值　　　　C. 独立离群值　　　　D. 普遍连续值

5. 通常,大部分数据都是估算的。分析师会研究一个样本,并据此猜测整体情况。基于自己的知识和见闻来猜测,即使大多数时候猜测是正确的,但仍然存在着(　　)。
   A. 确定性　　　　B. 不确定性　　　　C. 唯一性　　　　D. 稳定性

6. (　　)可以完全改变你对某一个数据集的看法,它能帮助你确定数据代表着什么以及如何解释。在这之后,你的理解会帮你找出有趣的信息,从而带来有价值的可视化效果。
   A. 前景信息　　　　B. 合计信息　　　　C. 背景信息　　　　D. 独特信息

7. 使用数据而不了解除数值本身之外的任何信息,就好比拿断章取义的片段作为文章的主要论点引用一样。你必须首先了解(　　)、何时、何地以及何因,即元数据。
   ①何人　　　　　　②如何　　　　　　③何事　　　　　　④系统
   A.①②④　　　　B.①③④　　　　C.②③④　　　　D.①②③

8. (　　)不仅是一种传递大量信息的有效途径,它还和大脑直接联系在一起,并能触动情感,引起化学反应,它可能是传递数据信息最有效的方法之一。
   A. 可视化　　　　B. 个性化　　　　C. 现代化　　　　D. 集中化

9. 通过(　　)和其他元素的融合,图形能够在几秒之内就把这些信息传达给我们。将信息可视化能有效地抓住人们的注意力。
   ①时间　　　　　　②颜色　　　　　　③布局　　　　　　④标记
   A.①②④　　　　B.①③④　　　　C.②③④　　　　D.①②③

10. 人们发现,要从填满数字的单元格中发现走势是困难的。一般来说,我们在看一个(　　)的时候,更容易发现事物的变化走势。人们在制订决策的时候了解事物的变化走势至关重要。

第9课 大数据可视化

①折线图 　　②饼图 　　③条形图 　　④锯齿图

A.①②④ 　　B.①③④ 　　C.②③④ 　　D.①②③

11.(　　)不仅可以容纳大量信息,还是一种便于理解的表现方式。在大数据中,这样的东西就称为"可视化"。可视化是压缩知识的一种方式。

A.文字 　　B.数字 　　C.图片 　　D.表格

12.在数据可视化领域,耶鲁大学塔夫特的一大贡献就是:聚焦于将每一个数据都做成(　　)——无一例外,它不仅能传达信息,甚至被很多人看作艺术品。

A.函数 　　B.图示物 　　C.方程式 　　D.算法

13.根据美国宾夕法尼亚大学医学院的研究人员估计,通常情况下,人类视网膜"视觉输入(信息)的速度(　　)"。

A.可以和以太网的传输速度相媲美 　　B.远远落后于以太网的传输速度

C.远快于以太网的传输速度 　　D.很慢但很精确

14.丹麦科学作家陶·诺瑞钱德证明了人们通过(　　)接收的信息比其他任何一种感官都多。

A.嗅觉 　　B.触觉 　　C.听觉 　　D.视觉

15.数据要具有实时性价值,它必须满足的条件包括(　　)。

①数据本身必须要有价值

②必须有足够的存储空间和计算机处理能力来存储和分析数据

③数据必须纯粹由数字和字符组成

④必须要有一种巧妙的方法及时将数据可视化,而不用花费几天或几周的时间

A.②③④ 　　B.①②③ 　　C.①②④ 　　D.①③④

16.信息实时可视化并不只是在网上不停地展示实时信息而已。将来我们不仅可以在计算机和手机上看可视化呈现的数据,还能(　　),在移动中设想或理解这个物质世界。

A.手持PAD设备 　　B.身着可穿戴设备

C.带着U盘 　　D.使用移动光盘

17.数据可视化要根据数据的特性,找到合适的可视化元素,例如(　　),将数据直观地展现出来,以帮助人们理解数据,同时找出包含在海量数据中的规律或者信息。

①大字符集 　　②图表 　　③图 　　④地图

A.②③④ 　　B.①②③ 　　C.①②④ 　　D.①③④

18.数据可视化是当前计算机科学的一个重要研究方向,它起源于图形学、计算机图形学等领域的相互促进和发展,包括(　　)等。

①人工智能 　　②科学可视化 　　③二进制算法 　　④用户界面

A.②③④ 　　B.①②③ 　　C.①②④ 　　D.①③④

19.数据可视化系统并不是为了(　　)。

A.帮助用户认知数据

B.帮助用户通过认知数据,发现这些数据所反映的实质

C.帮助用户通过认知数据,有新的发现

D.展示用户已知数据之间的规律

20. 信息可视化系统可以帮助用户从大量的数据空间中找到关注的信息来进行详细分析。数据可视化的主要应用情况包括（　　）。

①当存在相似的底层结构，相似的数据可以进行归类时

②当用户处理自己非常熟悉的数据内容时

③当用户对系统的认知有限时，并且喜欢用扩展性的认知方法时

④当用户难以了解底层信息时

A. ①②④　　　　B. ①③④　　　　C. ①②③　　　　D. ②③④

实训与思考　绘制新的泰坦尼克事件镶嵌图

1. 阅读文献

泰坦尼克号是当时世界上最大的超级豪华巨轮，被称为"永不沉没的客轮"和"梦幻客轮"。它与姐妹船奥林匹克号和不列颠尼克号一道为英国白星航运公司的乘客们提供快速且舒适的跨大西洋旅行，是同级三艘超级游船中的第二艘。泰坦尼克号共耗资 7 500 万英镑，吨位 46 328 吨，长 882.9 英尺（1 英尺 = 0.304 8 m），宽 92.5 英尺，从龙骨到四个大烟囱的顶端有 175 英尺，高度相当于 11 层楼。

1912 年 4 月 10 日，泰坦尼克号从英国南安普敦出发，途经法国瑟堡-奥克特维尔以及爱尔兰的昆士敦，计划中的目的地为美国的纽约，开始了这艘"梦幻客轮"的处女航。4 月 14 日晚 11 点 40 分，泰坦尼克号在北大西洋撞上冰山，两小时四十分后，4 月 15 日凌晨 2 点 20 分沉没，由于缺少足够的救生艇，1 731 人葬身海底，造成了当时在和平时期最严重的一次航海事故，也是迄今为止最为人所知的一次海难（见图 9-14）。

图 9-14　泰坦尼克号沉没

在数据可视化中，多变量数据的描述一直是一个富有挑战的课题，刺激着新技术的不断产生，如坐标图、散点图矩阵、关联直方图、镶嵌图等。这里，我们通过泰坦尼克号的例子来解释镶嵌图的概念。泰坦尼克号乘员 2 201 人中有 1 731 名旅客及工作人员丧生。表 9-1 显示的原始数据包含四个属性：性别、存活、舱位以及年纪。

表 9-1　泰坦尼克号事件的原始数据

存活	年纪	性别	舱位			
			头等舱	二等舱	三等舱	工作人员
否	成人	男	118	154	387	670
是			57	14	75	192
否	儿童		0	0	35	0
是			5	11	13	0
否	成人	女	4	13	89	3
是			140	80	76	20
否	儿童		0	0	17	0
是			1	13	14	0

如果没有仔细分析,很难从这个表中读出有用信息。我们可以通过以下方法生成一个对应的镶嵌图:首先生成一个矩形,令它的面积表示船上的总人数[见图9-15(a)]。然后根据舱位将这个矩形分成四个稍小的矩形,它们的面积表示各舱位的人员数[图9-15(b)]。下一步再根据各舱位内的人员性别对这四个矩形进行细分[图9-15(c)],从中我们可以立即看出一些信息,如头等舱、二等舱和三等舱中的男女比例。最后,我们根据存活与否(存活表示为绿色,死亡表示为黑色)或成人/儿童对已有矩形进行再次细分,得到图9-15(d)。

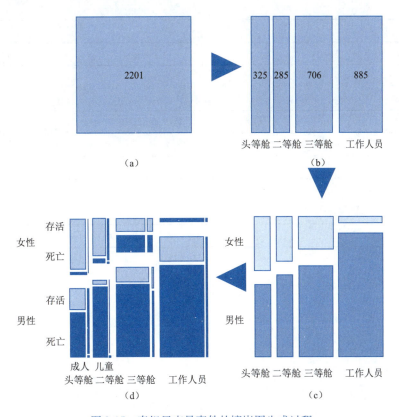

图 9-15　泰坦尼克号事件的镶嵌图生成过程

这个镶嵌图提供了对泰坦尼克号事件的最直观的描述,同时也显现了很多新的信息,如"乘坐三等舱的女性""头等舱女性的存活率""女童较之于男童的存活率"等。

2. 思考并完成实训任务

(1)阅读上文。通过网络搜索,了解并记录你感兴趣的更多关于泰坦尼克号事件的各个方面的信息,如人文和技术信息等。

答:＿＿＿＿＿＿＿＿＿＿＿＿＿＿＿＿＿＿＿＿＿＿＿＿＿＿＿＿＿＿＿＿＿＿＿＿＿＿＿
＿＿＿
＿＿＿

(2)通过绘制泰坦尼克事件镶嵌图,尝试了解大数据可视化的设计与表现技术。

参考上文,为表9-1所示的泰坦尼克号事件生成一个镶嵌图,注意使用不同步骤(如是否存活→性别→舱位等级→成年人/儿童)。

镶嵌图可以在纸上手绘,如果是使用软件工具(如 Visio)则需要打印。请将你绘制的镶嵌图粘贴在下方,并注意折叠。

----------(镶嵌图作品粘贴线)----------

列出你从泰坦尼克事件镶嵌图作品的描述中提取出的信息。

答:＿＿＿＿＿＿＿＿＿＿＿＿＿＿＿＿＿＿＿＿＿＿＿＿＿＿＿＿＿＿＿＿＿＿＿＿＿＿＿
＿＿＿
＿＿＿

3. 实训总结

＿＿＿
＿＿＿
＿＿＿
＿＿＿

4. 实训评价(教师)

＿＿＿
＿＿＿

第 10 课
大数据存储技术

学习目标

(1) 了解 Hadoop 分布式处理技术,了解大数据存储的基本概念。

(2) 熟悉大数据存储的技术路线。

(3) 熟悉数据库设计的 ACID、CAP 和 BASE 原理。

学习难点

(1) Hadoop 分布式技术。

(2) 大数据存储的技术路线。

导读案例 什么是低代码开发?

随着企业数字化和云计算的不断发展,越来越多的个性化 SaaS(软件即服务)应用,需要更快、更高效的开发。低代码开发是一种通过可视化进行应用程序开发的方法,使具有不同经验水平的开发人员可以通过图形化的用户界面,使用拖动组件和模型驱动的逻辑创建网页和移动应用程序。低代码开发平台将传统 IT 架构抽象化,使非技术开发人员不必编写代码,或者支持专业开发人员、业务部门和 IT 部门开发人员共同创建、迭代和发布应用程序,花费的时间则比传统方式更少。

低代码开发平台可以加速和简化从小型部门到大型复杂任务的应用程序开发,实现开发一次即可跨平台部署。低代码开发平台还加快并简化了应用程序、云端、本地数据库以及记录系统的集成。因此,低代码开发平台可以实现企业数字化对应用需求分析、界面设计、开发、交付和管理,使之具备快速、敏捷以及连续的特性。

企业生存的关键取决于产品与业务能力,低代码平台为了让企业更轻松地应对由业务部门发起的大量需求,基于不同的场景和企业人力资源配置,使 IT 人员和业务人员都能以更高效的方式开发软件。

使用低代码开发平台的主要应用场景如下:

(1) 有部分定制化开发需求。

(2) 有新想法但需求尚不完全明确。

(3) 现成的解决方案太复杂或者太昂贵。

（4）没有现成的应用软件，需要自己开发。

1. 低代码开发平台的能力构成

针对低代码开发平台的能力与场景化灵活性，可以概括为五个维度，即通用型、请求处理、流程、数据库和移动优先，如图10-1所示。

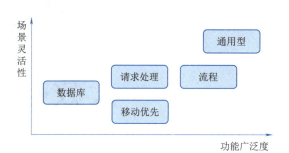

图 10-1　低代码开发能力的五个维度

为此，通用 AD&D（移动应用开发与交付）通常需要三个核心产品能力，以达成平台特性：

（1）aPaaS（应用程序"平台即服务 PaaS"），用来快速构建云端逻辑。

（2）MADP（移动应用开发平台），用来快速构建场景化应用。

（3）BPM（业务流程管理），用图形化、可视化拖动的模式描述业务需求，形成可视化业务逻辑设计。

这三点能力是低代码开发平台的重要标志，也代表着低代码开发平台应具备的主要特性。

2. 低代码开发平台的能力延伸

低代码开发平台的三大要素，aPaaS、MADP 和 BPM 各自都具备独特的能力。

其中：

aPaaS 可以在整个应用程序生命周期实现应用程序的快速开发和交付，简化应用程序的编译和部署并确保可用性、可靠性和可伸缩性，以及应用程序运行控制和监控。

MADP 能够更好地应对企业数字化业务与创新性需求，是低代码开发能力的重要补充。同时，国外诸多低代码开发平台也在逐渐加强对移动应用开发的支撑能力。

BPM 注重流程化开发，目的是通过系统性地改善企业内部的商业流程来提升组织效率，目前的 BPM 平台前端主要是基于表单实现快速开发，样式比较固定，后端通过分析 BPMN 流程图（业务流程建模标注）完成一步步的流程开发。

阅读上文，思考、分析并简单记录：

（1）简述什么是"低代码"开发。通过网络搜索，列举几个成功案例。

答：_____

_____

_____

（2）网络环境中已经有不少支持低代码开发的平台。慎重登录其中的某个平台，了解后做简单记录。

答：_____
_____
_____
_____

(3) 简述你认为人们为什么需要"低代码开发"。作为专业人员,你会运用低代码开发方法吗?

答：_____
_____
_____
_____

(4) 简述你所知道的上一周发生的国际、国内或者身边的大事。

答：_____
_____
_____
_____
_____

从外部来源获得的数据通常其格式或结构不能直接处理,为了克服其不兼容性并为数据存储和处理做准备,需要进行数据清理。从存储的角度来看,一个数据的副本首先存储为其获得的格式,并且清理之后,准备好的数据需要被再次存储。通常,以下情况发生时需要存储数据：

(1) 获得外部数据集,或者内部数据将用于大数据环境中。

(2) 数据被操纵以适合用于数据分析。

(3) 通过 ETL(提取-转换-加载)活动处理数据,或分析操作产生的输出结果。

由于需要存储大数据的数据集通常有多个副本,因此,使用创新的存储策略和技术,以实现具有成本效益和高度可扩展的存储解决方案。

10.1　分布式系统

分布式系统是建立在网络之上的软件系统,它具有高度的内聚性和透明性。网络和分布式系统之间的区别更多的在于高层软件(特别是操作系统),而不是硬件。

在一个分布式系统中,一组独立的计算机展现给用户的是一个统一的整体。系统拥有多种通用的物理和逻辑资源,可以动态分配任务,分散的物理和逻辑资源通过网络实现信息交换。系统中存在一个以全局方式管理资源的分布式操作系统。通常对用户来说,分布式系统只有一个模型或范型。在操作系统之上有一层软件中间件负责实现这个模型。万维网(WWW)就是一个著名的分布式系统。在万维网中,所有的一切看起来就好像是一个文档(Web 页面)一样。

而在计算机网络中,模型以及其中的软件都不存在这种统一性,用户看到的是实际的机器。如果这些机器中存在有不同的硬件或者不同的操作系统,那么,这些差异对于用户来说都是完全可见的。如果用户希望在一台远程机器上运行一个程序,那么,他必须登录到远程机器上,然后在那台机器上运行该程序。

大多数分布式系统是建立在计算机网络之上的,所以分布式系统与计算机网络在物理结构上是基本相同的。分布式操作系统的设计思想和网络操作系统不同,这决定了它们在结构、工作方式和功能上也不同。

网络操作系统要求网络用户在使用时首先必须了解网络资源,必须知道网络中各台计算机的功能与配置、软件资源、网络文件结构等情况。在网络中,如果用户要读一个共享文件时,用户必须知道这个文件放在哪一台计算机的哪一个目录下。

分布式操作系统是以全局方式管理系统资源的,它可以为用户任意调度网络资源,并且调度过程是"透明"的。当用户提交一个作业时,分布式操作系统能够根据需要在系统中选择最合适的处理器并提交该用户的作业,在处理器完成作业后,将结果传给用户。在这个过程中,用户并不会意识到有多个处理器的存在,这个系统就像是一个处理器一样。

在分布式数据存储系统中,内聚性是指每一个数据库分布节点高度自治,有本地的数据库管理系统。透明性是指每一个数据库分布节点对用户的应用来说都是透明的,看不出是本地还是远程。使用分布式数据库系统,用户感觉不到数据是分布的,即用户无须知道关系是否分割、有无副本、数据存于哪个站点以及事务在哪个站点上执行等。

10.2 Hadoop 分布式处理技术

Hadoop 是以开源形式发布的一种对大规模数据进行分布式处理的技术。特别是在处理非结构化数据时,Hadoop 在性能和成本方面都具有优势,而且通过横向扩展进行扩容也相对容易。Hadoop 是最受欢迎的对搜索关键字进行内容分类的工具,它也可以解决要求极大的可扩展性问题。

10.2.1 Hadoop 的发展

Hadoop 的基础是谷歌公司于 2004 年发表的一篇关于大规模数据分布式处理的论文,题为"MapReduce:大集群上的简单数据处理"。这里,MapReduce 指的是一种分布式处理的方法,而 Hadoop 则是将 MapReduce 通过开源方式予以实现的框架的名称。也就是说,对 MapReduce 的实现的形式并非只有 Hadoop 一种。反过来说,提到 Hadoop 则指的是一种基于 Apache 授权协议,以开源形式发布的软件程序。

Hadoop 原本由三大部分组成,即用于分布式存储大容量文件的 HDFS(Hadoop distributed file system)分布式文件系统,用于对大量数据进行高效分布式处理的 MapReduce 框架,以及超大型数据表 HBase。这些部分与谷歌的基础技术相对应,如图 10-2 所示。

图 10-2　谷歌与开源基础技术的对应关系

从数据处理的角度来看，MapReduce 是其中最重要的部分，它是一种工作在由多台通用型计算机组成的集群上的，对大规模数据进行分布式处理的框架。最早是由三个组件所组成的 Hadoop 软件架构，现在衍生出了多个子项目，其范围也随之逐步扩大。

10.2.2　Hadoop 的优势

Hadoop 是一个能够让用户轻松架构和使用的分布式计算平台。用户可以轻松地在 Hadoop 上开发和运行处理海量数据的应用程序。Hadoop 的一大优势是，过去由于成本、处理时间的限制而不得不放弃的对大量非结构化数据的处理，现在成为可能。也就是说，由于 Hadoop 集群的规模可以很容易地扩展到 PB 甚至是 EB 级别，因此，企业中的数据分析师和市场营销人员过去只能依赖抽样数据进行分析，而现在则可以将分析对象扩展到全部数据范围。而且，由于处理速度比过去有了飞跃性的提升，现在可以进行若干次重复的分析，也可以用不同的查询进行测试，从而有可能获得过去无法获得的更有价值的信息。

Hadoop 的主要优点如下：

（1）高可靠性。Hadoop 按位存储和处理数据的能力值得人们信赖。

（2）高扩展性。Hadoop 是在可用的计算机集簇间分配数据并完成计算任务的，这些集簇可以方便地扩展到数以千计的节点中。

（3）高效性。Hadoop 能够在节点之间动态地移动数据，并保证各个节点的动态平衡，因此处理速度非常快。

（4）高容错性。Hadoop 能够自动保存数据的多个副本，能够自动将失败的任务重新分配。

Hadoop 带有用 Java 语言编写的框架，可以运行在 Linux 平台上。Hadoop 上的应用程序也可以使用其他语言编写，如 C++。

10.2.3　Hadoop 的发行版本

Hadoop 还处于持续开发过程中，因此，对于一般企业来说，要运用 Hadoop 这样的开源软件还存在比较高的门槛。企业对于软件的要求，不仅在于其高性能，还包括可靠性、稳定性、安全性等因素。于是，为了解决这个问题，Hadoop 也有发行版本，这是一种为改善开源社区所开发的软件的易用性而提供的一种软件包服务（见图 10-3），软件包中通常包括安装工具，以及捆绑事先验证过的一些周边软件。

2008 年最先开始提供 Hadoop 商用发行版的是 Cloudera 公司，借助于先发优势，如今它已经成为 Hadoop 商用发行版的头牌厂商。

Hadoop 的商用发行版主要有 DataStax 公司的 Brisk，它采用 Cassandra 代替 HDFS 和 HBase 作为存储模块；美国 MapR Technologies 公司的 MapR，它对 HDFS 进行改良，实现了比开源版本 Hadoop 更高的性能和可靠性；还有从雅虎公司中独立出来的 Hortonworks 公司等。

2011 年 10 月，微软宣布与 Hortonworks 联手进行 Windows Server 版和 Windows Azure 版 Hadoop 的开发，表明微软将集中力量投入 Hadoop 的开发工作中。由于微软默认了 Hadoop 作为大规模数据处理框架实质性标准的地位，因此引发了很大的反响。而在如此大幅度的方针转变中，微软选择 Hortonworks 作为其合作伙伴。

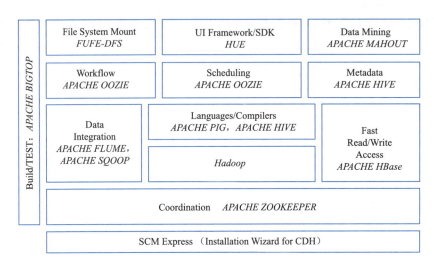

图 10-3　Cloudera 公司的 Hadoop 发行版

10.3　大数据存储基础

传统的数据存储和处理平台需要将数据从 CRM、ERP 等信息系统中,通过 ELT(抽取-加载-转换)工具提取出来,转换为容易使用的形式,再导入像数据库中。这样的工作通常会按照计划周期性地进行。

当管理的数据超过一定规模时,要完成一系列工作,除了数据库之外,一般还需要使用商业智能(BI)工具。但是,用这些现有的平台很难处理具备 3V 特征的大数据,即便能够处理,在性能方面也很难期望能有良好的表现。现有的数据处理平台在设计时并没有考虑到由社交媒体、传感器网络等时时刻刻都在产生的非结构化数据以及对其进行的实时分析。由此可见,为了应对大数据时代,需要从根本上重新考虑用于数据存储和处理的平台。

10.3.1　Hadoop 与 NoSQL

作为支撑大数据的基础技术,能和 Hadoop 一样受到越来越多关注的,就是 NoSQL 数据库了。在大数据处理的基础平台中,需要由 Hadoop 和 NoSQL 数据库担任核心角色。通过运用基于 Hadoop 的数据库 Hive 和数据挖掘库 Mahout 等工具,在 Hadoop 环境中完成数据分析工作。有些数据库厂商还提出这样一种方案,用 Hadoop 将数据处理成现有数据库能够进行存储的形式(即用作前处理),在装载数据后再使用传统的商业智能工具进行分析。

Hadoop 和 NoSQL 数据库,是在关系型数据库和 SQL 等数据处理技术很难有效处理非结构化数据这一背景下,由谷歌、亚马逊、脸书(已更名为 Meta)等企业因自身迫切的需求而开发的。

10.3.2　NoSQL 的主要特征

传统的关系型数据库管理系统(RDBMS)是通过标准的结构化查询语言 SQL 对数据库进行操作的,而 NoSQL 数据库并不使用 SQL 语句。因此,有人误将其认为是对使用 SQL 的现有 RDBMS 的否定,实际上并非如此。NoSQL 数据库是对 RDBMS 所不擅长的部分进行的补充。NoSQL 得名于 SQL,其中的 No,可以理解为"并非单纯的"SQL 数据库。

NoSQL 数据库具备的特征是:数据结构简单、不需要数据库结构定义(或者可以灵活变更)、不对数据一致性进行严格保证、通过横向扩展可实现很高的扩展性等。简而言之,就是一种以牺牲一定的数据一致性为代价,追求灵活性、扩展性的数据库。

RDBMS 非常适用于企业的一般业务,但不能处理非结构化数据、难以进行横向扩展、扩展性存在极限等。例如,在实际进行分析之前,很难确定在如此多样的非结构化数据中,到底哪些才是有用的,因此,事先对数据库结构进行定义是不现实的。而且,RDBMS 的设计对数据的完整性非常重视,在一个事务处理过程中,如果发生任何故障,都可以很容易地进行回滚。然而,在大规模分布式环境下,数据更新的同步处理所造成的进程间通信延迟则成为一个瓶颈。

随着主要的 RDBMS 系统 Oracle 推出其 NoSQL 数据库产品作为现有数据库产品的补充,"现有 RDBMS 并不是大数据基础的最佳选择"这一观点也在一定程度上得到印证(见图 10-4)。

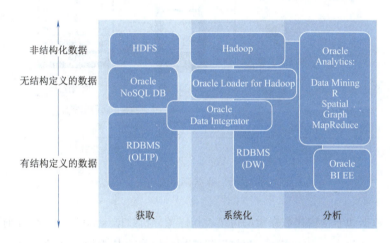

图 10-4　支持大数据的 Oracle 软件系列

10.3.3　NoSQL 替代方案 NewSQL

NewSQL 是指这样一类数据库系统,它们既保留了 SQL 查询的方便性,又能提供高性能和高可扩展性,还能保留传统事务操作的 ACID 特性。这类系统能达到 NoSQL 系统的吞吐率,又不需要在应用层进行事务一致性处理。此外,它们还保持了高层次结构化查询语言 SQL 的优势。因此,NewSQL 被认为是针对 NewOLTP 系统的 NoSQL 或者是 OldSQL 系统的一种替代方案,是一类新型的关系型数据库管理系统。NewSQL 既可以提供传统的 SQL 系统的事务保证,又能提供 NoSQL 系统的可扩展性。

NewSQL 系统涉及很多新颖的架构设计,例如,可以将整个数据库都在主内存中运行,从而消除数据库传统的缓存管理;可以在一个服务器上只运行一个线程,从而去掉某些轻量的加锁阻塞;还可以使用额外的服务器进行复制和失败恢复,从而取代昂贵的事务恢复操作。

NewSQL 可以提供和 NoSQL 系统一样的扩展性和性能,还能保证传统的单节点数据库一样的 ACID 事务保证。用 NewSQL 系统处理的应用项目一般都具有大量的事务,即短事务、点查询、用不同输入参数执行相同的查询等。

10.4 存储的技术路线

大数据存储是将数量巨大、难于收集、处理、分析的数据集持久化到计算机中。这里的"大"界定了企业中 IT 基础设施的规模。业内对大数据应用寄予了无限的期望——商业信息积累得越多价值也越大——只不过我们需要一个方法把这些价值挖掘出来。

随着大数据应用的爆发式增长,已经衍生出自己的独特架构,也直接推动了存储、网络以及计算技术的发展。大数据分析应用需求正在影响着数据存储基础设施的发展(见图 10-5)。

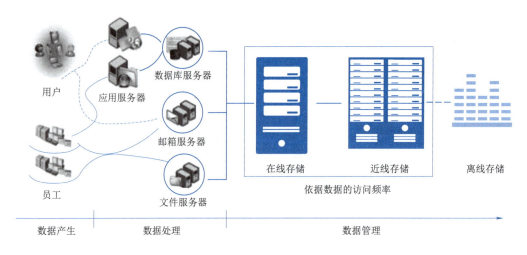

图 10-5 数据存储的应用

随着结构化数据和非结构化数据量的持续增长以及分析数据来源的多样化,此前的存储系统的设计已经无法满足大数据应用的需要。存储厂商已经开始修改基于块和文件的存储系统架构设计以适应这些新的要求。

10.4.1 存储方式

大数据存储和传统的数据存储不同,主要特点之一就是实时性或者近实时性。类似的,一个金融类的应用,能为业务员从数量巨大种类繁多的数据中快速挖掘出相关信息,帮助他们领先于竞争对手做出交易决定。

1. 块存储

块存储与硬盘一样和主机打交道,直接挂载到主机,一般用于主机的直接存储空间和数据库应用的存储。它分如下两种形式:

(1) DAS(开放系统的直连式存储):一台服务器一个存储,多机无法直接共享,需要借助操作系统的功能,如共享文件夹。

(2) SAN(存储区域网络):高成本的存储方式,涉及纤和各类高端设备,可靠性和性能都很高,除了投资大和运维成本高,基本都是好处。

基于云存储的块存储具备 SAN 的优势,而且成本低,不用自己运维,提供弹性扩容,随意搭配不同等级的存储等功能,存储介质可选普通硬盘和 SSD。

2. 文件存储

文件存储即网络存储(NAS),用于多主机共享数据。文件存储与较底层的块存储不同,上升到了应用层,设备通过 TCP/IP 协议进行访问。由于通过网络且采用上层协议,因此开销大,延时比块存储高。一般用于多个云服务器共享数据,如服务器日志管理、文件共享。

3. 对象存储

主要是跟自己开发的应用程序打交道,如网盘。对象存储具备块存储的高速以及文件存储的共享等特性,较为智能,有自己的 CPU、内存、网络和磁盘,比块存储和文件存储更上层,云服务商一般提供用户文件上传下载读取的 Rest API,方便应用集成此类服务。

10.4.2 MPP 架构的数据库集群

采用 MPP(massive parallel processing,大规模并行处理)架构的新型数据库集群,重点面向行业大数据,采用不共享任何内容的架构,通过列存储、粗粒度索引等多项大数据处理技术,再结合 MPP 架构高效的分布式计算模式,完成对分析类应用的支撑,运行环境多为低成本的 PC 服务器,具有高性能和高扩展性的特点,在企业分析类应用领域获得极其广泛的应用。

这类 MPP 产品可以有效支撑 PB 级别的结构化数据分析,是传统数据库技术无法胜任的。对于企业新一代的数据库和结构化数据分析,目前最佳选择是 MPP 数据库。

10.4.3 基于 Hadoop 的技术扩展

基于 Hadoop 的技术扩展和封装的大数据技术,应对传统关系型数据库较难处理的数据和场景,例如针对非结构化数据的存储和计算等,充分利用 Hadoop 开源的优势,伴随相关技术的不断进步,其应用场景也将逐步扩大,目前最为典型的应用场景就是通过 Hadoop 扩展和封装来实现对互联网大数据存储、分析的支撑。Hadoop 平台更擅长于非结构、半结构化数据处理、复杂 ETL(抽取-转换-加载)流程、复杂的数据挖掘和计算模型。

10.4.4 云数据库

云数据库(CloudDB)是基于云计算技术发展的一种共享基础架构的方法,是部署和虚拟化在云计算环境中的数据库。云数据库并非一种全新的数据库技术,而只是以服务的方式提供数据库功能。同一个公司也可能提供采用不同数据模型的多种云数据库服务。

云数据库解决了数据集中与共享的问题,留下的是前端设计、应用逻辑和各种应用层开发资源问题。使用云数据库的用户不能控制运行原始数据库的机器,也不必了解它身在何处。

下面对云数据库与自建传统数据库进行简单的性能对比:

(1)服务可用性。云数据库是 99.95% 可用的,一方面提供双主热备架构,实现 20 秒左右故障恢复,另一方面可以开启读/写分离实现负载均衡,读/写分离使用便捷;而自购服务器搭建的传统数据库服务需自行保障,自行搭建主从复制,自建 RAID,单独实现负载均衡设备等。

（2）数据可靠性。例如有的云数据库保证99.9999%可靠。

（3）系统安全性。云数据库可防DDoS攻击（指处于不同位置的多个攻击者同时向一个或数个目标发动攻击）、流量清洗，能及时有效地修复各种数据库安全漏洞，而在自购服务器搭建的传统数据库，则需自行部署，价格高昂，同时也需自行修复数据库安全漏洞。

（4）数据库备份。可支持物理备份和逻辑备份，备份恢复及秒级回档等，而自购服务器搭建的传统数据库需自行实现，同时需要寻找备份存放空间以及定期验证备份是否可恢复。

（5）软硬件投入。云数据库按需付费，无软硬件投入；而自购服务器搭建的传统数据库服务器成本相对较高，一般需支付许可证费用。

（6）系统托管。云数据库无须托管，而自购服务器搭建的传统数据库服务器托管费用高昂。

（7）维护成本。云数据库无须运维，而自购服务器搭建的传统数据库需专职DBA维护，花费大量人力成本。

（8）部署扩容。云数据库即时开通、快速部署、弹性扩容、按需开通，而自购服务器搭建的传统数据库需硬件采购、机房托管、部署机器等工作，周期较长。

（9）资源利用率。云数据库按实际结算，100%利用率，而自购服务器搭建的传统数据库需考虑峰值，资源利用率很低。

通过上述比较可以看出，云数据库产品是高性能、高安全、高可靠、便宜易用的数据库服务系统，并且可以有效地减轻用户的运维压力，为用户带来安全可靠的全新体验。

10.4.5　数据湖存储技术

数据湖的概念是2011年由CITO研究网站的CTO和作家丹·伍兹提出的，比喻为：如果把数据比作大自然的水，那么江川河流的水未经加工，源源不断地汇聚到数据湖中。数据湖的一个定义是：**一个大型的基于对象的存储库，以原始格式保存数据，直到它需要被使用时**。

数据湖概念最初是数据库的补充，是为了解决数据库漫长的开发周期，高昂的开发、维护成本，细节数据丢失等问题出现的。数据湖概念出现的时候，很多数据库正逐渐迁移到以Hadoop为基础的技术栈上，除了结构化数据，半结构化、非结构数据也逐渐被存储到数据库中，并提供此类服务。这样的数据库已经具有了数据湖的部分功能（见图10-6）。Hadoop不一定是数据湖的组成部分，但它却是目前最理想的选择。

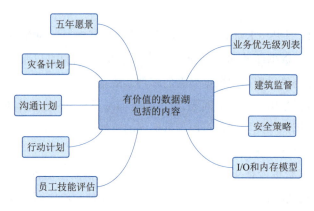

图10-6　有价值的数据湖

表面上看，数据都是承载在基于可向外扩展的 HDFS 廉价存储硬件之上的。但数据量越大，越需要各种不同种类的存储。最终，所有的企业数据都可以被认为是大数据，但并不是所有的企业数据都适合存放在廉价的 HDFS 集群之上的。

数据湖的一部分价值是把不同种类的数据汇聚到一起，另一部分价值是不需要预定义的模型就能进行数据分析。现在的大数据架构是可扩展的，并且可以为用户提供越来越多的实时分析。今天，大数据分析和大数据湖正在向更多类型的实时智能服务发展，这些实时的智能服务可以支持实时的决策制定。

数据湖架构面向多数据源的信息存储，包括物联网在内。大数据分析或归档可通过访问数据湖处理或交付数据子集给请求用户。数据湖的数据持久性和安全是需要优先考虑的因素。很多选择都能交付一个合理的成本，但并非所有都能满足数据湖的长期存储需求。挑战就在于数据湖中很多数据永远不会删除。这种数据的价值在于它要拿来分析以及和年复一年的数据进行比对，这将抵消其容量成本。数据湖由多个数据池构成，其通用结构中的元数据包括数据块、数据记录、键、索引。数据池元过程是：源、选择标准、频度、转换标准。

在数据湖架构中，信息安全作为另一项挑战往往被人忽视，但这种类型的存储安全更加重要。从定义上看，数据湖架构是将所有鸡蛋放在一个篮子中。而如果其中一个存储库的安全被破坏，那么未知方将可能访问所有数据。很多数据都以易于读取的格式存储，像是 Jpeg、PDF 文件——如果你的数据湖架构不够安全，那么会很容易造成信息损失。

10.5 数据库设计原理

在数据库领域中，ACID（atomicity、consistency、isolation、durability）是指数据库管理系统在写入或更新资料的过程中，为保证事务的正确可靠所必须具备的四个特性。著名的 CAP（consistency、availability、partition tolerance）理论则是指一致性、可用性以及分区容忍性这三者不能同时满足。BASE（basically available、soft state、eventual consistency）则是一个根据 CAP 定理的数据库设计原理，它采用了使用分布式技术的数据库系统。

10.5.1 ACID 设计原则

ACID 是一个数据库设计原则与事务管理的形式，这个缩写词代表了原子性、一致性、隔离性和持久性。ACID 是基于关系型数据库管理系统的事务管理的传统方法。ACID 利用悲观并发控制来确保通过记录锁的方式维护应用程序的一致性。

（1）原子性。确保所有操作总是完全成功或彻底失败，没有部分事务。步骤见图 10-7。

步骤 1：用户试图更新三条记录作为一个事务的一部分。

步骤 2：在两条记录成功更新之前发生了一个错误。

步骤 3：因此，数据库回滚任何部分事务的操作，并且能使系统回到之前的状态。

（2）一致性。数据库总是保持一致状态，这是通过确保数据只有符合数据库的约束模式才可以被写入数据库。因此，处于一致状态的数据库成功交易后仍将处于一致状态（见图 10-8）。

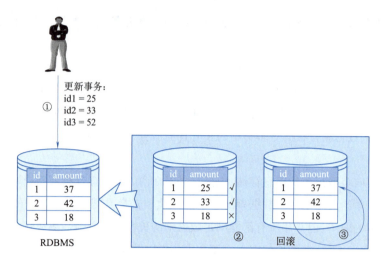

图 10-7　ACID 的原子性属性的一个显而易见的示例

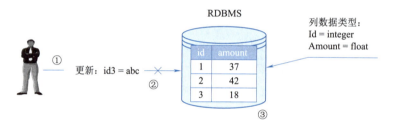

图 10-8　ACID 一致性的一个例子

步骤1：一个用户试图用 varchar 类型的值去更新表的 amount 列的浮点类型值。

步骤2：数据库应用自身的验证检查拒绝此更新，因为插入值违反了 amount 列的约束检查。

（3）隔离性。隔离机制确保事务的结果对其他操作而言是不可见的，直到本事务完成为止（见图10-9）。

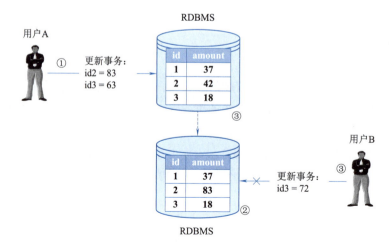

图 10-9　ACID 隔离性的一个例子

步骤1:用户尝试更新两条记录作为事务的一部分。

步骤2:数据库成功更新第一条记录。

步骤3:然而在更新第二条记录之前,用户 B 尝试更新同一条记录。数据库不会允许用户 B 进行更新,直到用户 A 更新完全成功或完全失败。这是因为拥有 id3 的记录是由数据库锁定的,直到事务完成为止。

(4)持久性。确保一个操作的结果是永久性的。换句话说,一旦事务已经被提交,则不能进行回滚。这跟任何系统故障都无关(见图 10-10)。

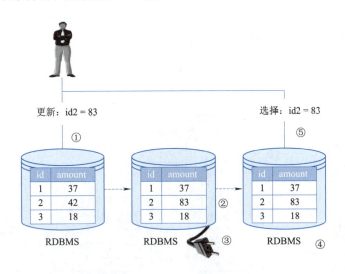

图 10-10　ACID 的持久性特点

步骤1:一个用户更新一条记录,作为事务的一部分。

步骤2:数据库成功更新这条记录。

步骤3:就在这次更新之后出现一个电源故障。虽然没有电源,然而数据库维护其状态。

步骤4:电力已恢复了。

步骤5:当用户请求这条记录时,数据库按这条记录的最后一次更新去提供服务。

图 10-11 显示了 ACID 原理的应用结果。

步骤1:用户尝试更新记录,作为事务的一部分。

步骤2:数据库验证更新的值并且成功地进行更新。

步骤3:当事务成功地完全完成后,当用户 B 和 C 请求相同的记录时,数据库为两个用户提供更新后的值。

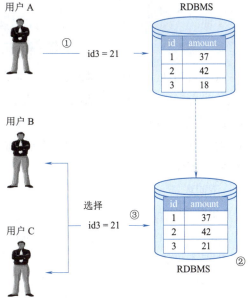

图 10-11　ACID 原则导致一致的数据库行为

10.5.2　CAP 定理

埃里克·布鲁尔于 2000 年提出分布式系统设计的 CAP 理论(布鲁尔定理)指出,一个分布式系统不可能同时保证一致性、可用性和分区容忍性这三个要素,这也被称为表达与分布式数据库系统相关的三重约束。当然,除了这三个维度,一个分布式存储系统往往会根据具体业务的不同,在特性设计上有不同取舍,如是否需要缓存模块、是否支持通用的文件系统接口等。

任何一个在集群上运行的分布式存储(数据库)系统只能根据其具体的业务特征和具体需求,最大程度优化其中的两个要素。

(1)一致性。从任何节点的读操作会导致相同的数据跨越多个节点(见图 10-12)。

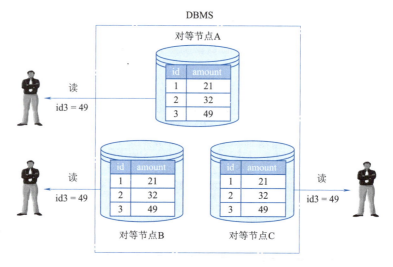

图 10-12　一致性:虽然有三个不同的节点存储记录,
所有三个用户得到相同的 amount 列的值

(2)可用性。任何一个读/写请求总是会以成功或是失败的形式得到响应(见图 10-13)。

(3)分区容忍。数据库系统可以容忍通信中断,通过将集群分成多个竖井,仍然可以对读/写请求提供服务。图 10-13 中,在发生通信故障时,来自两个用户的请求仍然会被提供服务(1,2)。然而,对于用户 B 来说,因为 id=3 的记录没有被复制到对等节点 C 中而造成更新失败。用户被正式通知(3)更新失败了。

下面场景展示了为什么 CAP 定理的三个属性只有两个可以同时支持。如图 10-14 所示,提供了一个维恩图解显示了一致性、可用性和分区容忍所重叠的区域。

如果一致性(C)和可用性(A)是必需的,可通过节点之间的沟通确保一致性(C)。因此,分区容忍(P)是不可能达到的。

如果一致性(C)和分区容忍(P)是需要的,节点不能保持可用性(A),因为为了实现一致性(C)节点将变得不可用。

如果可用性(A)和分区容忍(P)是必需的,因为考虑到节点之间的数据通信需要,那么一致性(C)是不可能达到的。因此,数据库仍然是可用的(A),但是结果数据库是不一致的。

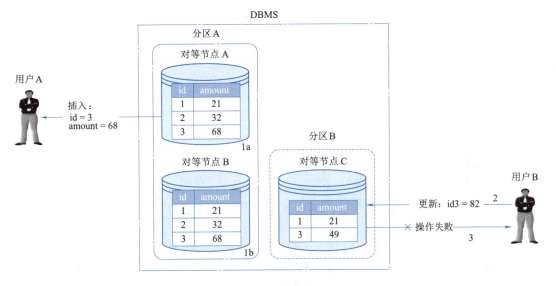

图 10-13　可用性和分区容忍

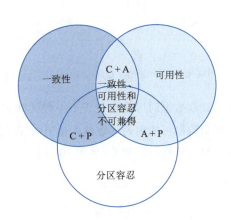

图 10-14　总结 CAP 定理的维恩图

在分布式数据库系统中,可伸缩性和容错能力可以通过额外的节点来提高,但这对一致性(C)构成挑战,添加的节点也会导致可用性(A)降低,因为节点之间增加的通信将造成延迟。

分布式数据库系统不能保证 100% 分区容忍(P)。虽然沟通中断是非常罕见的和暂时的,分区容忍(P)必须始终被分布式数据库支持;因此,CAP 通常是 C+P 或者 A+P 之间的一个选择。系统的需求将决定怎样选择。

10.5.3　BASE 设计原理

BASE 是一个依据 CAP 定理的数据库设计原理,它采用了使用分布式技术的数据库系统。BASE 代表:基本可用、软状态、最终一致性。当一个数据库支持 BASE 时,它支持可用性超过一致性。换句话说,从 CAP 原理的角度来看,数据库采用 A+P 模式。从本质上说,BASE 通过放宽被 ACID 特性规定的强一致性约束来使用乐观并发。

如果数据库是"基本可用"的,该数据库将始终响应客户的请求,无论是通过返回请求数据的方式,或是发送一个成功或失败的通知。在图 10-15 中,数据库是基本可用的,尽管因为网络故障的原因它被划分开。

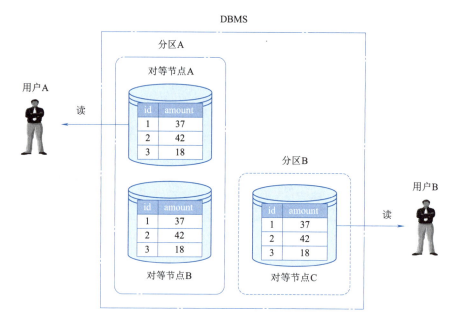

图 10-15　用户 A 和 B 收到数据,尽管数据库因为网络故障被分区

软状态意味着一个数据库当读取数据时可能会处于不一致的状态;因此,当相同的数据再次被请求时结果可能会改变。这是因为数据可能因为一致性而被更新,即使两次读操作之间没有用户写入数据到数据库。这个特性与最终一致性密切相关(见图 10-16)。

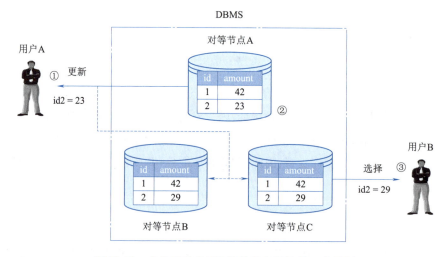

图 10-16　在此显示 BASE 的软状态属性的一个示例

步骤 1:用户 A 更新一条记录到对等节点 A。
步骤 2:在其他对等节点更新之前,用户 B 从对等节点 C 请求相同的记录。
步骤 3:数据库现在处于一个软状态,且返回给用户 B 的是陈旧的数据。

不同的客户读取时的状态是最终一致性的状态,紧跟着一个写操作写入到数据库之后,可能不会返回一致的结果。数据库只有当更新变化传播到所有的节点后才能达到一致性。当数据库在达到最终一致的状态的过程中,它将处于一个软状态(见图 10-17)。

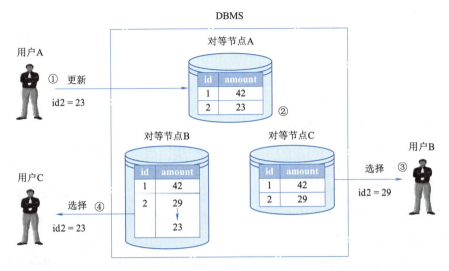

图 10-17　BASE 的最终一致性属性的一个示例

步骤 1:用户 A 更新一条记录。

步骤 2:记录只在对等节点 A 中被更新,在其他对等节点被更新前,用户 B 请求相同的记录。

步骤 3:数据库现在处于一个软状态。返回给用户 B 的是从对等节点 C 处获得的陈旧的数据。

步骤 4:数据库最终达到一致性,用户 C 得到的是正确的值。

BASE 更多地强调可用性而非一致性,这点与 ACID 不同。由于有记录锁,ACID 需要牺牲可用性来确保一致性。虽然这种针对一致性的软措施不能保证服务的一致性,但 BASE 的兼容数据库可以服务多个客户端而不会产生时间上的延迟。然而,BASE 的兼容数据库对事务性系统用处不大,因为事务性系统关注一致性的问题。

【作业】

1. 在大数据的演变中,(　　)起到了很大的作用。
   A. 开源软件　　　　　　　　　　B. 系统软件
   C. 应用软件　　　　　　　　　　D. 计算软件

2. 分布式系统是建立在网络之上的软件系统,它和网络之间的区别更多的在于(　　)。
   A. 硬件驱动　　B. 应用软件　　C. 算法结构　　D. 操作系统

3. 在一个分布式系统中,(　　)展现给用户的是一个统一的整体,就好像是一个系统似的,分散的物理和逻辑资源通过计算机网络实现信息交换。
   A. 一台强大的计算机　　　　　　B. 一组独立的应用软件
   C. 一组独立的计算机　　　　　　D. 一个强大的存储器

4. Hadoop 是以（　　）形式发布的一种对大规模数据进行分布式处理的技术。

   A. 分散处理　　　　　B. 开源　　　　　　C. 统一　　　　　　D. 集中控制

5. Hadoop 的技术基础是（　　）于 2004 年发表的一篇关于大规模数据分布式处理的题为"MapReduce：大集群上的简单数据处理"的论文。

   A. 斯坦福大学　　　　B. 麦肯锡研究院　　　C. 微软公司　　　　　D. 谷歌公司

6. （　　）是一种分布式处理的方法，而 Hadoop 将其通过开源方式予以实现，且对其实现的形式并非只有 Hadoop 一种。

   A. GreatMap　　　　B. MapOffice　　　　C. MapReduce　　　　D. LagerOffice

7. Hadoop 的核心由三大部分组成，即（　　）。

   ①办公核心 GreatOffice　　　　　　　②HDFS 分布式文件系统

   ③超大型数据表 HBase　　　　　　　④MapReduce 框架

   A. ①②④　　　　　　B. ①③④　　　　　C. ①②③　　　　　D. ②③④

8. 对于一般企业来说，要运用 Hadoop 这样的开源软件，还存在比较高的门槛。最先开始提供 Hadoop 商用发行版的是（　　）公司。

   A. Adobe　　　　　　B. Cloudera　　　　C. Oracle　　　　　D. Microsoft

9. 作为支撑大数据的基础技术，能和 Hadoop 一样受到越来越多关注的是（　　）数据库。

   A. DBase　　　　　　B. MySQL　　　　　C. Oracle　　　　　D. NoSQL

10. （　　）是基于云技术发展的一种共享基础架构的方法，是部署和虚拟化在云计算环境中的数据库。

   A. MPP　　　　　　　B. CloudDB　　　　C. MySQL　　　　　D. Oracle

11. 当组织意识到他们需要多个系统或数据源组合在一起来管理业务时，（　　）就开始了。

   A. 网络服务　　　　　B. 数据集成　　　　C. 系统组合　　　　D. 存储管理

12. （　　）概念最初是数据库的补充，是为了解决数据库漫长的开发周期、高昂的开发、维护成本、细节数据丢失等问题出现的，它大多是相对于传统基于 RDBMS 的数据仓库。

   A. 数据集　　　　　　B. 数据库　　　　　C. 数据集市　　　　D. 数据湖

13. NoSQL 数据库所提供的各类解决方案能够处理很多种数据管理问题，它通常运行在（　　）环境中。

   A. 超级机器　　　　　B. 集中式　　　　　C. 单系统　　　　　D. 分布式

14. 通常数据库系统必须要完成两项任务：存储数据及获取数据。为此，它应该做好（　　）三件事。

   ①持久地存储数据　　　　　　　　　　②持续优化数据

   ③维护数据一致性　　　　　　　　　　④确保数据可用性

   A. ①③④　　　　　　B. ①②④　　　　　C. ①②③　　　　　D. ②③④

15. 所谓（　　）是指将包含多个步骤的流程视为一项不可分割的操作，从而协调地完成该操作。

   A. 工程　　　　　　　B. 捆绑　　　　　　C. 事务　　　　　　D. 整合

16. (　　)是一个数据库设计原则与事务管理的形式,它基于关系型数据库管理系统的事务管理的传统方法,利用悲观并发控制来确保通过记录锁的方式维护应用程序的一致性。
    A. ACID　　　　　　B. CAP　　　　　　C. BASE　　　　　　D. ACID

17. 为在响应时间、一致性与持久性之间寻求平衡,NoSQL数据库通常采用(　　)来满足用户对一致性的需求。
    A. 非一致性　　　　　　　　　　B. 最终一致性
    C. 临时一致性　　　　　　　　　D. 完全一致性

18. CAP定理是由布鲁尔提出的,该定理指出分布式数据库不能同时具备(　　)。
    A. 系统性、完整性、实时性　　　　B. 完整性、一致性、坚固性
    C. 系统性、及时性和保护性　　　　D. 一致性、可用性及分区容忍性

19. BASE代表(　　),是一个根据CAP定理的数据库设计原理,它采用了使用分布式技术的数据库系统。
    ①保持平衡　　　②基本可用　　　③软状态　　　④最终一致性
    A. ②③④　　　　B. ①②③　　　　C. ①③④　　　　D. ①②④

20. 从CAP原理的角度来看,从本质上说,BASE通过放宽被(　　)特性规定的强一致性约束来使用乐观并发。
    A. ACID　　　　　　B. CAP　　　　　　C. BASE　　　　　　D. ACID

实训与思考　熟悉大数据存储的概念

1. 概念理解

(1)阅读课文,进一步熟悉大数据的数据处理基础。简述分布式系统。
答：_____
_____
_____
_____

(2)简述如下概念。
ACID设计原则：_____
_____
_____

CAP原理：_____
_____
_____

BASE原理：_____
_____
_____
_____

(3) 阅读课文,结合查阅相关文献资料,为"数据湖"给出一个简单定义。

答:_____

_____

_____

(4) CAP 定理中的 C 和 A 分别是什么意思?对于这两个方面来说,提升其中的某一个方面,可能会使另外一个方面难以维持。举例说明这种情况。

答:_____

_____

_____

2. 实训总结

_____

_____

_____

_____

3. 实训评价(教师)

_____

_____

_____

第 11 课

从 SQL 到 NoSQL

学习目标

（1）熟悉关系型数据库管理系统（RDBMS）及其应用。

（2）理解"大数据的存储需求彻底改变了以关系数据库为中心的观念。"

（3）理解磁盘和内存设备对大数据的作用，熟悉 NoSQL 数据库技术及其应用场景。

学习难点

（1）NoSQL 数据库的不同应用场景。

（2）内存存储的概念与应用。

导读案例　AI 并非全能，大模型开出错误治疗方案

爆火的 AI 似乎被夸大了功用，OpenAI 的聊天机器人 ChatGPT 虽然风靡全球，但一项新的研究表明，它在一些关键领域还远不能取代人类专家。美国哈佛医学院附属布里格姆妇女医院的研究人员发现，ChatGPT 生成的癌症治疗方案存在错误。

这项研究发表在《美国医学会肿瘤学杂志》上，研究人员向 ChatGPT 提问各种癌症病例的治疗方案，结果发现三分之一的回答中包含不正确信息。研究还指出，ChatGPT 会将正确和错误的信息混合在一起，因此很难识别这些信息正确与否。

研究者之一丹妮尔·比特曼称，他们"对错误信息与正确信息混合在一起的程度感到震惊，这使得即使是专家也很难发现错误。"她补充说，"大语言模型（LLM）经过训练可以提供听起来非常有说服力的回答，但它们并不是为了提供准确的医疗建议而设计的。错误率和回答的不稳定性是临床领域需要解决的关键安全问题。"

ChatGPT 于 2022 年 11 月推出后一夜成名，两个月后就达到了 1 亿活跃用户。尽管 ChatGPT 取得了成功，但生成式人工智能仍然容易出现"幻觉"，即自信地给出误导或完全错误的信息。

将人工智能融入医疗领域的努力已经在进行中，主要是为了简化管理任务。早些时候一项重大研究发现，使用人工智能筛查乳腺癌是安全的，并且可能将放射科医生的工作量减少近一半。哈佛大学的一位计算机科学家最近发现，最新版本的模型 GPT-4 甚至可以轻松通过美国医学执照考试，并暗示它比一些医生具有更好的临床判断力。

尽管如此,由于ChatGPT等生成型模型存在准确性问题,它们不太可能在近期取代医生。《美国医学会肿瘤学杂志》上的研究发现,ChatGPT的回答中有12.5%是"幻觉",并且在被问及晚期疾病的局部治疗或免疫疗法时,最有可能给出错误的信息。

OpenAI也承认ChatGPT可能不可靠,该公司的使用条款警告说,他们的模型并非旨在提供医疗信息,也不应该用于"为严重的医疗状况提供诊断或治疗服务"。

阅读上文,思考、分析并简单记录:

(1)你怎么看待这则消息所表述的问题,你会怎么对待这个问题?

答:＿＿＿＿＿＿＿＿＿＿＿＿＿＿＿＿＿＿＿＿＿＿＿＿＿＿＿＿＿＿＿＿＿＿＿＿＿
＿＿＿
＿＿＿

(2)借助机器学习,尤其是深度机器学习,你认为LLM有可能做得更好,从而取代医生出现在关键岗位吗?

答:＿＿＿＿＿＿＿＿＿＿＿＿＿＿＿＿＿＿＿＿＿＿＿＿＿＿＿＿＿＿＿＿＿＿＿＿＿
＿＿＿
＿＿＿

(3)你认为就目前而言,基于LLM的生成式AI怎么应用比较合适?

答:＿＿＿＿＿＿＿＿＿＿＿＿＿＿＿＿＿＿＿＿＿＿＿＿＿＿＿＿＿＿＿＿＿＿＿＿＿
＿＿＿
＿＿＿

(4)简述你所知道的上一周发生的国际、国内或者身边的大事。

答:＿＿＿＿＿＿＿＿＿＿＿＿＿＿＿＿＿＿＿＿＿＿＿＿＿＿＿＿＿＿＿＿＿＿＿＿＿
＿＿＿
＿＿＿

存储技术随着时间的推移持续发展,把存储从服务器内部逐渐移动到网络上。当今对融合式架构的推动把计算、存储、内存和网络放入到一个可以统一管理的环境中。大数据的存储需求彻底改变了自20世纪80年代末期以来企业信息通信技术所支持的以关系数据库为中心的观念。其根本原因在于,关系型技术不是一个可以支持大数据容量的可扩展方式。更何况企业通常通过处理半结构化和非结构化数据获取有用的价值,而这些数据与关系型方法并不兼容。

下面我们来深入探讨磁盘和内存设备对大数据的作用,其主题涵盖了用于存储半结构化或非结构化数据的NoSQL设备,介绍了不同种类的NoSQL数据库技术以及它们的用途。

11.1 内存存储方式

内存存储技术促进了对流数据的处理,并且能够容纳整个数据库。这些技术使传统的基于磁盘存储的面向批量处理转变到了基于内存存储的实时处理,提供了一种高性能、先进的数据存储方案。

11.1.1 内存存储设备

内存存储设备通常利用 RAM(随机存取存储器)作为存储介质来提供快速数据访问(见图 11-1)。RAM 不断增长的容量以及不断降低的价格,伴随着固态硬盘不断增加的读写速度,为开发内存数据存储提供了可能性。

图 11-1　内存存储板卡

在内存中存储数据可以减少由磁盘 I/O 带来的延迟,也可以减少数据在主存与硬盘设备间传送的时间。数据读/写延迟的总体降低会使得数据处理更加快速。通过水平扩展含有内存存储设备的集群会极大地增加存储能力,并且提供高可用性和数据冗余。内存存储设备传输数据的速度是磁盘存储设备的 80 倍,这表明从内存存储设备中读数据比从磁盘中读数据大概要快 80 倍,水平扩展也可以通过增加更多的节点或者内存得以实现。

基于集群的内存能够存储大量的数据,包括大数据的数据集,与磁盘存储设备相比较,这些数据的获取速度将会快很多。这显著地降低了大数据分析的总体运行时间,也使得实时大数据分析成为可能。

内存存储设备使内存数据分析成为可能,例如对存储在内存中的数据执行某些查询而产生统计数据。内存分析可以通过快速的查询和算法,使得运行分析和运营商业智能成为可能。

与磁盘存储设备相比,价格因素影响到了内存存储设备的可用性。

内存存储设备适用于:

- 数据快速到达,并且需要实时分析或者事件流处理。
- 需要连续地或者持续不断地分析,例如运行分析和运营商业智能。
- 需要执行交互式查询处理和实时数据可视化,包括假设分析和数据钻取操作。
- 不同的数据处理任务需要处理相同的数据集。
- 进行探索性的数据分析,因为当算法改变时,同样的数据集不需要从磁盘上重新读取。

- 数据的处理包括对相同数据集的迭代获取,例如执行基于图的算法。
- 需要开发低延迟并有 ACID 事务支持的大数据解决方案。

内存存储设备不适用于:
- 数据处理操作含有批处理。
- 为了实现深度的数据分析,需要在内存中长时间地保存非常大量的数据。
- 执行 BI 战略或战略分析,涉及访问数据量非常大,并涉及批量数据处理。
- 数据集非常大,无法装进内存。
- 从传统数据分析到大数据分析的转换,因为加入内存存储设备可能需要额外的技术并涉及复杂的安装。
- 企业预算有限,因为安装内存存储设备可能需要升级节点,需要节点替换或者增加 RAM。

内存存储设备可以被实现为内存数据网格或内存数据库,这两种技术都使用内存作为数据存储介质,它们的差异体现在数据在内存中的存储方式上。

11.1.2 内存数据网格

内存数据网格(in-memory data grids,IMDG)在内存中以键-值对的形式在多个节点存储数据,在这些节点中键和值可以是任意的商业对象或序列化形式存在的应用数据。通过存储半结构化或非结构化数据而支持无模式数据存储,数据通过 API 被访问。

IMDG 中的节点保持自身的同步,并且集体提供高可用性、容错性和一致性。与 NoSQL 的最终一致性方法相比较,IMDG 提供立即一致性。

因为 IMDG 将非关系型数据存储为对象,因而能提供快速的数据获取。所以,IMDG 不需要对象-关系映射,客户端可以直接操作应用领域的特定对象。

IMDG 通过实现数据划分和数据复制进行水平拓展,并且通过复制数据到至少一个外部节点而提供进一步的可靠性支持。当计算机故障发生时,作为恢复的一部分,IMDG 自动从备份中重建丢失的数据。

IMDG 经常被用于实时分析,因为它们通过发布-订阅的消息模型支持复杂事件处理。这通过一种被称为连续查询或活跃查询的功能实现,其中针对感兴趣事件的过滤器被注册在 IMDG 中。IMDG 随后持续性地评估过滤器,当这个过滤器满足插入、更新、删除操作的结果时,就会通知订阅的用户。通知会随着增加、移除、更新等事件异步地发送,并带有键-值对的信息,如旧值和新值。

从功能的角度上看,IMDG 和分布式缓存类似,因为它们对频繁访问的数据都提供基于内存的数据访问方式。但是,不像分布式缓存,IMDG 对复制和高可用性提供内置的支持。

实时处理引擎可以利用 IMDG,高速的数据一旦到达就可以存放在 IMDG 中,并且在被送往磁盘存储设备保存之前可以在 IMDG 中处理,或者将数据从磁盘存储设备复制到 IMDG 中。这使得数据处理速度更快,并且进一步使得数据能够在多个任务间实现重复利用,或者相同数据的迭代算法的实现。

IMDG 也支持内存 MapReduce 以帮助减少磁盘 MapReduce 带来的延迟,尤其是当相同的工作需要被执行多次时。IMDG 可被部署到基于云的环境中,它可以根据存储需求的增加或减少,自动地横向扩展或收缩以提供灵活的存储媒介。

IMDG 可以被引入现有的大数据解决方案中,只需要在磁盘存储设备和数据处理应用直接加入即可。但是 IMDG 的引入通常需要修改应用程序的代码以实现 IMDG 的 API。

在大数据环境下,IMDG 通常与磁盘存储设备一起部署使用,磁盘存储设备用作后端存储。这通过同步读、同步写、异步写、异步刷新等方式实现,这些方法可以按照需求结合使用以满足读/写性能、一致性和简洁性的要求。

IMDG 存储设备已经有一些产品实例,它适用于:
- 数据需要易于访问的对象形式,且延迟最小。
- 存储的数据是非关系型的,例如半结构化和非结构化数据。
- 对现有的使用磁盘存储设备的大数据解决方案增加实时支持。
- 现有的存储设备不能被替换但是数据访问层可以被修改。
- 扩展性比关系型存储更重要,尽管 IMDG 比内存数据库更容易扩展,但它不支持关系型存储。

11.1.3 内存数据库

内存数据库是内存存储设备,它采用数据库技术,并充分利用 RAM 的性能优势,以克服困扰磁盘存储设备的运行延迟问题。内存数据库在存储结构化数据时,本质上可以是关系型的,也可以利用 NoSQL 技术来存储半结构化或非结构化数据。

不像 IMDG 那样通常提供基于 API 的数据访问,关系型内存数据库利用人们更加熟悉的 SQL 语句,这可以帮助那些缺少高级编程能力的数据分析人员或数据科学家。

基于 NoSQL 的内存数据库通常提供基于 API 的数据访问,这像 put、get、delete 操作一样简单。根据具体实现的不同,有些内存数据库通过横向扩展的方式,有些通过纵向扩展的方式进行扩展。

并不是所有内存数据库实现都直接支持耐用性,而是充分利用不同的策略以应对计算机故障或内存损坏。这些策略包括:
- 使用非易失性 RAM 以持久地存储数据。
- 数据库事务日志周期性地存储在非易失性的介质中,如硬盘。
- 快照文件,在某个特定的时间记录数据库的状态并存入硬盘。
- 利用分片和复制以增加对可用性和可靠性的支持,以作为对耐用性的替代。
- 与磁盘存储设备如 NoSQL 数据库和 RDBMS 共同使用,以获得持久存储。

内存数据库被主要用于实时分析上,并且可以被进一步地用于开发需要全部 ACID 事务支持(关系型)的低延迟的应用。与 IMDG 相比,内存数据库提供了相对容易的设置内存数据存储的选择,因为它并不总是需要磁盘后端存储设备。

关系型内存数据库通常不如 IMDG 那样容易扩展,因为它需要提供分布式查询支持和跨集群的事务支持。一些内存数据库的实现可能从纵向扩展中获益,因为纵向扩展可以帮助解决在横向扩展环境中执行查询或事务带来的延迟。

内存数据库存储设备有一些实现的实例,它适用于:
- 需要在内存中存储带有 ACID 支持的关系型数据。
- 需要对正在使用磁盘存储的大数据解决方案增加实时支持。
- 现有的磁盘存储装置可以被一个内存等效技术来代替。

- 需要最小化地改变数据访问层的应用代码,例如当应用包含基于 SQL 的数据访问层时。
- 关系型存储比可扩展性更重要时。

11.2　RDBMS

RDBMS(Relational Database Management System,关系型数据库管理系统)是将数据组织为相关的行和列的关系数据库,而管理关系数据库的计算机软件就是 RDBMS,它通过数据、关系和对数据的约束三者组成的数据模型来存放和管理数据。常用的数据库软件有 Oracle、SQL Server 等。

RDBMS 适合处理涉及少量的有随机读/写特性的数据的工作。RDBMS 是兼容 ACID 的,所以为了保持这样的性质,它们通常仅限于单个节点,也不支持开箱即用的数据冗余和容错性。

为了应对大量数据快速到达,关系型数据通常需要扩展。RDBMS 采用了垂直扩展,而不是水平扩展,这是一种更加昂贵的并带有破坏性的扩展方式。因此,对于数据随时间而积累的长期存储来说,RDBMS 不是一个很好的选择。

关系数据库需要手动分片,大多数都采用应用逻辑,这意味着需要知道为了得到所需的数据去查询哪一个分片。当需要从多个分片中获取数据时,数据处理将进一步复杂化。

下面的步骤如图 11-2 所示。

步骤1:用户写入一条记录(id=2)。

步骤2:应用逻辑决定记录将被写入的分片。

步骤3:记录被送往应用逻辑确定的分片。

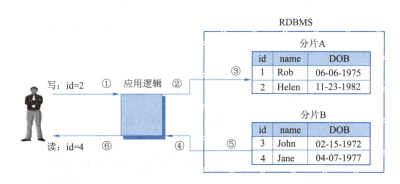

图 11-2　一个关系型数据库被应用逻辑手动分片

步骤4:用户读取一条记录(id=4),应用逻辑确定包含所需数据的分片。

步骤5:读取数据并返回给应用。

步骤6:应用返回数据给用户。

下面的步骤如图 11-3 所示。

步骤1:用户请求获取多个数据(id=1,3),应用逻辑确定将被读取的分片。

步骤2:应用逻辑确定分片 A 和 B 将被读取。

步骤3:数据被读取并由应用做连接操作。

步骤4:数据被返回给用户。

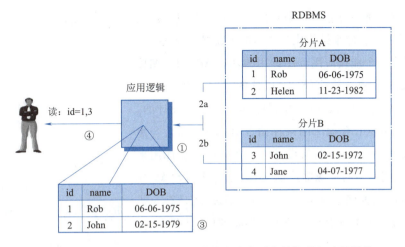

图 11-3　利用应用逻辑对从不同碎片中检索到的数据进行连接操作

关系数据库通常需要数据保持一定的模式,所以它不直接支持存储非关系型模式的半结构化和非结构化的数据。另外,在数据被插入或被更新时会检查数据是否满足模式的约束以保障模式的一致性,这也会引起开销造成延迟。这种延迟使得关系数据库不适用于存储需要高可用性、快速数据写入能力的数据库存储设备的高速数据。由于它的缺点,在大数据环境下,传统的 RDBMS 通常并不适合作为主要的存储设备。

11.3　NoSQL 数据库

大数据促进形成了统一的观念,即存储的边界是集群可用的内存和磁盘存储。如果需要更多的存储空间,横向可扩展性允许集群通过添加更多节点来扩展。这个事实对于内存与磁盘设备都成立,尤其重要的是创新的方法能够通过内存存储提供实时分析。甚至批量为主的处理速度都由于越来越便宜的固态硬盘而变快了。磁盘存储通常利用廉价的硬盘设备作为长期存储的介质,并可由分布式文件系统或数据库实现,如图 11-4 所示。

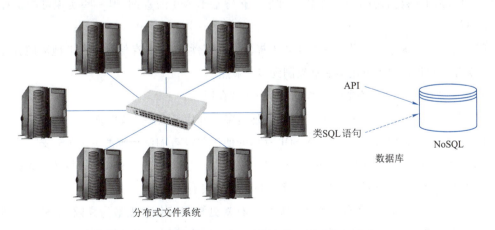

图 11-4　磁盘存储可通过分布式文件系统或数据库实现

NoSQL 数据库是一类非关系型数据库,具有高可扩展性、容错性,被设计用来存储半结构化和非结构化数据。NoSQL 数据库通常会提供一个能被应用程序调用的基于 API 的查询接口,它也支持结构化查询语言(SQL)以外的查询语言,而 SQL 是专为查询存储在关系型数据库中的结构化数据而设计的。例如,优化一个 NoSQL 数据库用来存储 XML 文件,通常会使用 XQuery 作为查询语言。同样,设计一个 NoSQL 数据库用来存储 RDF(知识图谱中的资源描述框架)数据将使用 SPARQL(RDF 查询语言)来查询它所包含的关系。不过,还是有一些 NoSQL 数据库提供了类似于 SQL 的查询界面,如图 11-5 所示。

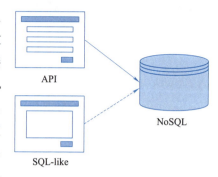

图 11-5　NoSQL 数据库可以提供一个类似于 API 或 SQL‐like 的查询接口

11.3.1　主要特征

下面列举一些 NoSQL 存储设备与传统 RDBMS 不一致的主要特性,但并不是所有 NoSQL 存储设备都具有这些特性。

(1)无模式的数据模型——数据以它的原始形式存在。

(2)横向扩展而不是纵向扩展——为了获得额外的存储空间,NoSQL 可以增加更多的节点,而不是用更好的性能/容量更高的节点替换现有节点。

(3)高可用性——NoSQL 建立在提供开箱即用的容错性的基于集群的技术之上。

(4)较低的运营成本——许多 NoSQL 数据库建立在开源平台上,通常部署在商业硬件上。

(5)最终一致性——跨节点的数据读取可能在写入后短时间内不一致,但最终所有节点会处于一致的状态。

(6)BASE 兼容而不是 ACID 兼容——BASE 兼容性需要数据库在网络或者节点故障时保持高可用性,而不要求数据库在数据更新发生时保持一致的状态。数据库可以处于不一致状态并在最后获得一致性。

(7)API 驱动的数据访问——数据访问通常支持基于 API 的查询,但一些实现可能也提供类 SQL 查询的支持。

(8)自动分片和复制——为支持水平扩展提供高可用性,NoSQL 存储设备自动地运用分片和复制技术,数据集可以被水平分割然后被复制到多个节点。

(9)集成缓存——没有必要加入第三方分布式缓存层。

(10)分布式查询支持——NoSQL 存储设备通过多重分片来维持一致性查询。

(11)不同类型设备同时使用——NoSQL 存储的使用并没有淘汰传统的 RDBMS,支持不同类型的存储设备可以同时使用。即在相同的结构中,可以使用不同类型的存储技术以持久化数据。这对于需要结构化也需要半结构化或非结构化数据的系统开发有好处。

(12)注重聚集数据——不像关系型数据库那样对处理规范化数据最为高效,NoSQL 存储设备存储非规范化的聚集数据(一个实体为一个对象),减少了在不同应用对象和存储在数据库中的数据之间进行连接和映射操作的需要。但是,图数据存储设备不注重聚集数据。

11.3.2 理论基础

NoSQL 存储设备的出现主要归因于大数据数据集的容量、速度和多样性等 3V 特征。由于 NoSQL 数据库能够像随着数据集的进化改变数据模型一样改变模式,基于这个能力,NoSQL 存储设备能够存储无模式数据和不完整数据。换句话说,NoSQL 数据库支持模式进化。

(1) 容量。不断增加的数据量的存储需求,促进了对具有高度可扩展性的、同时使企业能够降低成本、保持竞争力的数据库的使用。NoSQL 的存储设备提供了扩展能力,同时使用廉价商用服务器满足这一要求。

(2) 速度。数据的快速涌入需要数据库有着快速访问的数据写入能力。NoSQL 存储设备利用按模式读而不是按模式写实现快速写入。由于高度可用性,NoSQL 存储设备能够确保写入延迟不会由于节点或者网络故障而发生。

(3) 多样性。存储设备需要处理不同的数据格式,包括文档、邮件、图像和视频以及不完整数据。NoSQL 存储设备可以存储这些不同形式的半结构化和非结构化数据的格式。

11.3.3 NoSQL 数据库的类型

如图 11-6 至图 11-9 所示,根据存储数据的不同方式,NoSQL 存储设备可以被分为四种类型,即键-值数据库、文档数据库、列簇数据库和图数据库。

Key	Value
631	John Smith, 10.0.30.25, Good customer service
365	1001010111011011101110101011010101001110011010
198	\<CustomerId\>32195\</CustomerId\>\<Total\>43.25\</Total\>

图 11-6　NoSQL 键-值存储的一个例子

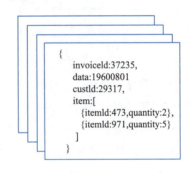

图 11-7　NoSQL 文档存储的一个例子

studentId	personal details	address	modules history
821	FirstName: Cristie LastName: Augustin DoB: 03-15-1992 Gender: Female Ethnicity: French	Street: 123 New Ave City: Portland State: Oregon ZipCode: 12345 Country: USA	Taken: 5 Passed: 4 Failed: 1
742	FirstName: Carios LastName: Rodriguez MiddleName: Jose Gender: Male	Street: 456 Old Ave City: Los Angeles Country: USA	Taken: 7 Passed: 5 Failed: 2

图 11-8　NoSQL 列簇存储的一个例子

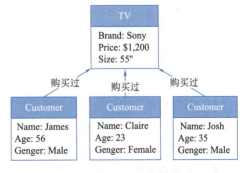

图 11-9　NoSQL 图存储的一个例子

11.4 键-值存储

键-值存储设备以键-值对的形式存储数据,其运行机制和散列表类似。键-值对表是一个值列表,其中每个值由一个键来标识。值对数据库不透明并且通常以 BLOB(二进制类型的大对象)形式存储。存储的值可以是任何从传感器数据到视频数据的集合。

只能通过键查找值,因为数据库对所存储的数据集合的细节是未知的。不能部分更新,更新操作只能是删除或者插入。键-值存储设备通常不含有任何索引,所以写入非常快。基于简单的存储模型,键-值存储设备高度可扩展。由于键是检索数据的唯一方式,为了便于检索,所保存值的类型经常被附在键之后,如 123_sensor1。

为了使存储的数据具有一些结构,大多数的键-值存储设备会提供集合或桶(像表一样)来放置键-值对。如图 11-10 所示,一个集合就可以容纳多种数据格式。一些实现方法为了降低存储空间从而支持压缩值。但是这样在读出期间会造成延迟,因为数据在返回之前需要先被解压。

Key	Value	
631	John Smith, 10.0.30.25, Good customer service	← 文本
365	1001010111011011110111010101101010100111001101	← 图像
198	<CustomerId>32195</CustomerId><Total>43.25</Total>	← XML

图 11-10 数据被组织在键-值对中的一个例子

键-值存储设备适用于:
- 需要存储非结构化数据。
- 需要具有高效的读/写性能。
- 值可以完全由键确定。
- 值是不依赖其他值的独立实体。
- 值有着相当简单的结果或是二进制的。
- 查询模式简单,只包括插入、查找和删除操作。
- 存储的值在应用层被操作。

键-值存储设备不适用于:
- 应用需要通过值的属性来查找或者过滤数据。
- 不同的键-值项之间存在关联。
- 一组键的值需要在单个事务中被更新。
- 在单个操作中需要操控多个键。
- 在不同值中需要有模式一致性。
- 需要更新值的单个属性。

键-值存储设备的实例包括 Riak、Redis 和 Amazon Dynamo DB。

11.5 文档存储

文档存储设备也存储键-值对。但是,与键-值存储设备不同,存储的值是可以通过数据库查询的文档。这些文档可以具有复杂的嵌套结构,如发票。这些文档可以使用基于文本的编码方案,如XML 或 JSON,或者使用二进制编码方案,如 BSON(Binary JSON)进行编码。

像键-值存储设备一样,大多数文档存储设备也会提供集合或桶来放置键-值对。文档存储设备和键-值存储设备之间的区别如下:

- 文档存储设备是值可感知的。
- 存储的值是自描述的,模式可以从值的结构或从模式的引用推断出,因为文档已经被包括在值中。
- 选择操作可以引用集合值内的一个字段。
- 选择操作可以检索集合的部分值。
- 支持部分更新,所以集合的子集可以被更新。
- 通常支持用于加速查找的索引。

每个文档都可以有不同的模式,所以,在相同的集合或者桶中可能存储不同种类的文档。在最初的插入操作之后,可以加入新的属性,所以提供了灵活的模式支持。应当指出,文档存储设备并不局限于存储像 XML 文件等以真实格式存在的文档,它们也可以用于存储包含一系列具有平面或嵌套模式的属性的集合。图 11-11 展示了 JSON 文件如何以文档的形式存储在 NoSQL 数据库中。

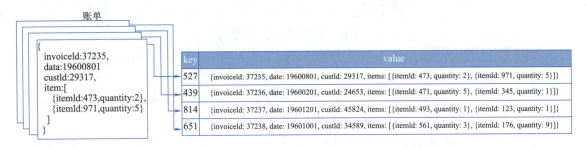

图 11-11 JSON 文件存储在文档存储设备中的一个例子

文档存储设备适用于:

- 存储包含平面或嵌套模式的面向文档的半结构化数据。
- 模式的进化由于文档结构的未知性或者易变性而成为必然。
- 应用需要对存储的文档进行部分更新。
- 需要在文档的不同属性上进行查找。
- 以序列化对象的形式存储应用领域中的对象,如顾客。
- 查询模式包含插入、选择、更新和删除操作。

文档存储设备不适用于:

- 单个事务中需要更新多个文档。

- 需要对归一化后的多个数据或文档之间执行连接操作。
- 由于文档结构在连续的查询操作之后会发生改变,为了实现一致的查询设计需要使用强制模式重构查询语句。
- 存储的值不是自描述的,并且不包含对模式的引用。
- 需要存储二进制值。

文档存储设备的例子包括 MongoDB、CouchDB 和 Terrastore。

11.6 列簇存储

列簇存储设备像传统 RDBMS 一样存储数据,但是会将相关联的列聚集在一行中,从而形成列簇。如图 11-12 所示,每一列都可以是一系列相关联的集合,被称为超列。

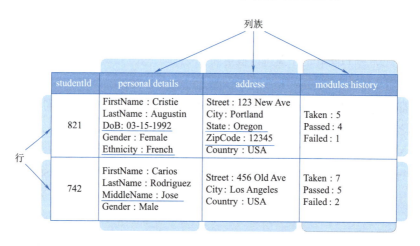

图 11-12 图中加下划线的列表示列簇数据库提供的灵活模式特征,此处每一行可以有不同的列

每个超列可包含任意数量的相关列,这些列通常作为一个单元被检索或更新。每行都包括多个列簇,并且含有不同列的集合,所以有灵活的模式支持。每行被行键标识。

列簇存储设备提供快速数据访问,并带有随机读/写能力。它们把列簇存储在不同的物理文件中,这会提高查询响应速度,因为只有被查询的列簇才会被搜索到。

一些列簇存储设备支持选择性地压缩列簇。不对一些能够被搜索到的列簇进行压缩,会让查询速度更快,因为在查找中,那些目标列不需要被解压缩。大多数的实现支持数据版本管理,然而有一些支持对列数据指定到期时间。当到期时间过了,数据会被自动移除。

列簇存储设备适用于:

- 需要实时的随机读写能力,并且数据以已定义的结构存储。
- 数据表示的是表的结构,每行包含着大量列,并且存在着相互关联的数据形成的嵌套组。
- 需要对模式的进化提供支持,因为列簇的增加或者删除不需要在系统停机时间进行。
- 某些字段大多数情况下可以一起访问,并且搜索需要利用字段的值。
- 当数据包含稀疏的行而需要有效地使用存储空间时,因为列簇数据库只为存在列的行分配存储空间。如果没有列,将不会分配任何空间。

- 查询模式包含插入、选择、更新和删除操作。

列簇不适用于:

- 需要对数据进行关系型操作,如连接操作。
- 需要支持 ACID 事务。
- 需要存储二进制数据。
- 需要执行 SQL 兼容查询。
- 查询模式经常改变,因为这样将会重构列簇的组织。

列簇存储设备包括 Cassandra、HBase 和 Amazon SimpleDB。

11.7 图 存 储

图存储设备被用于持久化互连的实体。不像其他 NoSQL 存储设备那样注重实体的结构,图存储设备更强调存储实体之间的联系,如图 11-13 所示。

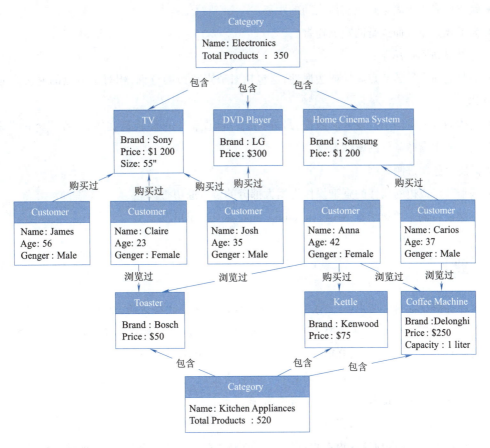

图 11-13　图存储设备存储实体和它们之间的关系

存储的实体称作节点,又称顶点,实体间的联系称为边。按照 RDBMS 的说法,每个节点可被认为是一行,而边可表示连接。节点之间通过多条边形成多种类型的链路,每个节点有如键-值对的属性数据,例如,顾客可以有ID、姓名和年龄属性。

一个节点有多条边,和在RDBMS中含有多个外键类似,但是,并不是所有节点都需要有相同的边。查询一般包括根据节点属性或者边属性查找互连节点,通常称为节点的遍历。边可以是单向的或双向的,指明了节点遍历的方向。一般来讲,图存储设备通过ACID兼容性而支持一致性。

图存储设备的有用程度取决于节点之间的边的数量和类型。边的数量越多,类型越复杂,可以执行的查询的种类就越多。因此,如何全面地捕捉节点之间存在的不同类型的关系很重要。这不仅可用于现有的使用场景,也可以用来对数据进行探索性的分析。

图存储设备通常允许在不改变数据库的情况下加入新类型的节点。这也使得在节点之间定义额外的连接,作为新型的关系或者节点出现在数据库中。

图存储设备适用于:
- 需要存储互连的实体。
- 需要根据关系的类型查询实体,而不是实体的属性。
- 查找互连的实体组。
- 就节点遍历距离来查找实体之间的距离。
- 为了寻找模式而进行的数据挖掘。

图存储设备不适用于:
- 需要更新大量的节点属性或边属性,这包括对节点或边的查询,相对于节点的遍历是非常费时的操作。
- 实体拥有大量的属性或嵌套数据,最好在图存储设备中存储轻量实体,而在另外的非图NoSQL存储设备中存储额外的属性数据。
- 需要存储二进制数据。
- 基于节点或边的属性的查询操作占据大部分的节点遍历查询。

图存储设备的主要例子有Neo4J、Infinite Graph和OrientDB。

【作 业】

1. 内存存储设备通常利用(　　)作为存储介质提供快速数据访问,其不断增长的容量以及不断降低的价格,伴随着固态硬盘不断增加的读/写速度,为开发内存数据存储提供了可能性。
   A. ROM　　　　　　B. RAM　　　　　　C. EPROM　　　　　　D. CDROM

2. 基于集群的内存能够存储大量的数据。内存存储促进了对(　　)的处理,并且能够容纳整个数据库。这些技术提供了一种高性能、先进的数据存储方案。
   A. 静态数据　　　　B. 数值数据　　　　C. 字符数据　　　　D. 流数据

3. 内存数据网格(IMDG)在内存中以(　　)的形式在多个节点存储数据,通过存储半结构化或非结构化数据而支持无模式数据存储。
   A. 关系对　　　　　B. 节点对　　　　　C. 键-值对　　　　　D. 值-键对

4. 内存数据网格(IMDG)经常被用于(　　),因为它们通过发布-订阅的消息模型支持复杂事件处理。
   A. 实时分析　　　　B. 静态分析　　　　C. 关系分析　　　　D. 网络分析

5. 内存数据库是内存存储设备。存储结构化数据时,它本质上可以是(　　),也可以利用NoSQL技术来存储半结构化或非结构化数据。
   A. 关系型　　　　　B. 非关系型　　　　C. 非结构化　　　　D. 半结构化

6. 大数据的存储需求彻底改变了以关系型数据库为中心的观念。其根本原因在于,关系型技术(　　)。企业通过半结构化和非结构化数据获取有用价值,而这些数据与关系型方法不兼容。
   A. 支持大数据容量的可扩展方式　　　　B. 不支持大数据容量的可扩展方式
   C. 支持大数据容量的不可扩展方式　　　D. 不支持大数据容量的不可扩展方式

7. RDBMS适合处理涉及(　　)的数据的工作,不支持开箱即用的数据冗余和容错性。
   A. 少量的有随机读/写特性　　　　　　B. 大量的有随机读/写特性
   C. 少量的没有随机读/写特性　　　　　D. 大量的没有随机读/写特性

8. 为了应对大量数据快速到达,关系型数据通常需要扩展。RDBMS采用(　　)扩展,而不是(　　)扩展,这是一种更加昂贵的并带有破坏性的扩展方式。
   A. 水平,垂直　　　B. 垂直,水平　　　C. 集中,分散　　　D. 分散,集中

9. 关系数据库通常需要数据保持一定的模式,它不直接支持存储非关系型模式的半结构化和非结构化的数据。在大数据环境下,传统的RDBMS通常并不适合作为(　　)存储设备。
   A. 小数据的　　　　B. 事务性的　　　　C. 单一的　　　　　D. 主要的

10. NoSQL数据库是一类(　　)数据库,具有高可扩展性、容错性,被专门设计来存储半结构化和非结构化数据。
    A. 网状型　　　　　B. 层次型　　　　　C. 非关系型　　　　D. 关系型

11. 不像关系数据库那样仅对处理规范化数据最为高效,除图数据存储设备之外,NoSQL存储设备注重(　　)聚集数据,减少了在不同对象和数据之间进行连接和映射操作的需要。
    A. 非规范化　　　　B. 规范化　　　　　C. 关系型　　　　　D. 标准化

12. 根据存储数据的不同方式,NoSQL存储设备可以被分为图存储、(　　)等四种类型。
    ①关系存储　　　　②键-值存储　　　　③列簇存储　　　　④文档存储
    A. ①②③　　　　　B. ②③④　　　　　C. ①②④　　　　　D. ①③④

13. 大数据促进形成了统一的观念,即存储的边界是(　　)可用的内存和磁盘存储。如果需要更多的存储空间,横向可扩展性允许集群通过添加更多节点来扩展。
    A. 机器　　　　　　B. 主机　　　　　　C. 集群　　　　　　D. 网络

14. 大数据存储中重要的创新是能够通过(　　)存储来提供实时分析,甚至批量为主的处理速度都由于越来越便宜的固态硬盘而变快了。
    A. 磁盘　　　　　　B. 内存　　　　　　C. 光盘　　　　　　D. 网络

15. 磁盘存储通常利用(　　)作为长期存储的介质,并且可由分布式文件系统或数据库实现。

A. 昂贵的内存设备 B. 廉价的内存设备
C. 昂贵的硬盘设备 D. 廉价的硬盘设备

16. 键-值存储设备以键-值对的形式存储数据，键-值对表中每个值由一个键来标识，值对数据库不透明并且通常以（　　）形式存储。

　　A. BLOB　　　　B. 图片　　　　C. 字符　　　　D. BSON

17. 与键-值存储设备不同，（　　）数据库存储的值是可以通过数据库查询的，它可以具有复杂的嵌套结构，可以使用基于文本的编码方案。

　　A. 列簇　　　　B. 键-值　　　　C. 文档　　　　D. 图

18. 列簇存储设备像传统 RDBMS 一样存储数据，但是会将相关联的（　　）聚集在一行中。

　　A. 数字　　　　B. 列　　　　C. 行　　　　D. 字符

19. 图存储设备被用于持久化互连的实体。不像其他 NoSQL 存储设备那样注重实体的结构，图存储设备更强调存储实体之间的（　　）。

　　A. 色彩　　　　B. 大小　　　　C. 像素　　　　D. 联系

20. 图存储设备中，存储的实体被称为（　　），实体间的联系被称为边。查询一般包括根据它的属性或者边属性查找关联，被称为遍历。

　　A. 节点　　　　B. 起点　　　　C. 终点　　　　D. 连接点

实训与思考　熟悉 NoSQL 存储设备

1. 案例讨论

ETI 企业的 IT 团队正在评估使用不同的大数据存储技术来存储企业的数据集。

对于复制方面来说，该团队倾向于选择一个支持 NoSQL 的数据库，该数据库实现对等式复制策略。他们的决策原因是，保险报价被频繁地创建和检索，但很少被更新。因此得到一个不一致的记录的可能性很低。为此，团队通过选择对等式复制使得支持读/写性能超过一致性。

按照数据处理策略，该团队决定使用磁盘存储技术来支持数据批量处理，并且使用内存存储技术以支持实时数据处理。该团队认为需要结合使用分布式文件系统和 NoSQL 数据库以存储在 ETI 企业内部或外部产生的大量原始数据集和经过处理的数据。

任何基于行的文本数据，诸如记录由文本的分隔线来划分的网络服务器的日志文件，和那些可以以流传输的形式处理的数据集（一个接一个地处理记录，不需要对特定的记录进行随机访问）将会被存储在 Hadoop 的分布式文件系统中（HDFS）。

事件照片需要大量的存储空间并且目前以 BLOB 的形式存储在关系型数据库中，其中的 ID 与事件 ID 相对应，因为这些相片是二进制数据并且需要通过 ID 访问，所以 IT 团队认为应该用键-值数据库存储这些数据。这对于存储事件照片是一个非常廉价的方案，并且可以释放关系型数据库中的空间。

NoSQL 文档数据库被用于存储层次化的数据，其中包括微信数据（JSON）、天气数据（XML）、接线员笔记（XML）、理赔人笔记（XML）、健康记录（HL7 兼容的 XML 记录）和电子邮件（XML）。

当存在一些自然分组的字段，以及相关字段需要被同时访问时，数据将会被保存在 NoSQL 列簇数据库中。例如,顾客描述信息,包含了顾客的个人细节、地址、兴趣爱好和包含多个字段的当前政策字段。另一方面,被处理过的微信数据和天气数据也可以被存储在列簇数据库中,因为这些处理过的数据需要以表格的形式存储,这样单个字段可以被不同的分析性查询访问。

分析并记录：

(1) ETI 企业的 IT 团队评估了使用不同的大数据存储技术来存储企业的数据集。例如,从复制方面来考虑,该团队倾向于选择一个支持什么样的数据存储设备？

答：_____
_____
_____
_____

(2) 按照数据处理策略,ETI 企业的 IT 团队决定使用什么样的技术来支持数据批量处理？使用什么技术以支持实时数据处理？

答：_____
_____
_____
_____

(3) ETI 企业的 IT 团队考虑：

① 任何基于行的文本数据,将会被存储在：_____
_____；

② 需要大量存储空间的事件照片,将会被存储在：_____
_____；

③ 层次化的数据,包括微信数据、天气数据、接线员笔记、理赔人笔记、健康记录和电子邮件等,将会被存储在：_____
_____。

2. 实训总结

_____
_____
_____
_____

3. 教师实训评价

_____
_____
_____

第12课

大数据处理技术

学习目标

(1) 了解大数据处理的基本概念和技术架构。

(2) 了解大数据的批处理模式和实时处理模式。

(3) 掌握大数据的处理工作量,熟悉流式大数据处理的 SCV 原则。

学习难点

(1) 批处理模式。

(2) 实时处理模式。

导读案例　什么是开源

"开源"指的是事物规划为可以公开访问的,因此人们可以修改并分享(见图12-1)。这个词最初起源于软件开发中,"源"指的是计算机语言编制的程序源代码,编程序的职业又称"码农"。开源是一种开发软件的特殊形式。但是,到了今天,"开源"已经泛指一组概念,称为"开源的方式",其概念包括开源项目、产品,或是自发倡导并欢迎开放变化、协作参与、快速原型、公开透明、精英体制以及面向社区开发的原则。

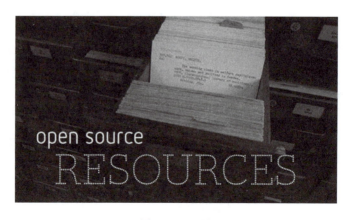

图 12-1　开源

有些软件只有创建它的人、团队、组织才能修改,并且控制维护工作。人们称这种软件是"专有"或"闭源"软件。专有软件只有原作者可以合法地复制、审查,以及修改这个软件。为了使用专有软件,计算机用户必须同意(通常是在软件第一次运行的时候签署一份显示的许可)他们不会对软件做软件作者没有表态允许的事情。微软Office和Adobe Photoshop就是专有软件的例子。

开源软件不一样。它的作者让源代码对其他人提供,需要的人都可以查看、复制、学习、修改或分享代码。Linux操作系统就是开源软件的典型例子。通常,程序员可以修改代码来改变一个软件("程序"或"应用")工作的方式。程序员如果可以接触到计算机程序源代码,就可以通过添加功能或修复问题来改进这个软件。

就像专有软件那样,用户在使用开源软件时必须接受一份许可证的条款——但开源许可的法律条款和专有软件的许可截然不同。开源许可证影响人们使用、学习、修改以及分发的方式。总的来说,开源许可证赋予计算机用户按他们想要的目的来使用开源软件的许可。一些开源许可证规定任何发布了修改过的开源软件的人,同时还要一同发布它的源代码。此外,另一些开源许可规定任何修改和分享一个程序(可执行形式)给其他人的人,还要分享这个程序的源代码,而且不能收取许可费用。

开源软件许可证有意提升了协作和分享,它们允许其他人对代码作出修改并将改动包含到他们自己的项目中。开源许可证鼓励开发者随时访问、查看、修改开源软件,前提是开发者在分享成果的时候允许其他人也能够做相同的事情。开源技术和思想对开发者和非开发者都有益。

相对于专有软件,人们更倾向于开源软件,其中有很多原因,包括:

(1)可控。很多人青睐开源软件是因为相对其他类型软件他们可以拥有更多的可控性。他们可以检查代码来保证它没有做任何不希望它做的事情,并且可以改变不喜欢的部分。不是开发者的用户也可以从开源软件获益,因为他们可以以任何目的使用这个软件。

(2)训练。其他人喜欢开源软件是因为它可以帮助他们成为更好的开发者。因为开源代码可以公开访问,学生可以在学习创建更好的软件时轻松地从中阅读、学习。学生还可以在提升技能的时候分享他们的成果给别人,获得评价和批评。当人们发现程序源代码中的错误的时候,可以将这个错误分享给其他人,帮助他们避免犯同样的错误。

(3)安全。一些人倾向开源软件是因为他们认为它比专有软件更安全和稳定。因为任何人都可以查看和修改开源软件,就会有人注意到并修正原作者遗漏的错误或疏忽。并且因为这么多的开发者可以在同一开源软件上工作,而不用事先联系获取原作者的授权,相比专有软件,他们可以更快速地修复、更新和升级开源软件。

(4)稳定。许多用户在重要、长期的项目中相较专有软件更加青睐开源软件。因为开发者公开分发开源软件的源代码,如果最初的开发者停止开发了,关键任务依赖该软件的用户可以确保他们的工具不会消失,或是陷入无法修复的状态。另外,开源软件趋向于同时包含和按照开放标准进行操作。

阅读上文,思考、分析并简单记录:

(1)简述什么是"开源"方式。

答:_____

_____

_____

(2)简述什么是"开源许可证"。

答：_____

_____

_____

_____

(3)简述为什么"相对于专有软件,人们更倾向于开源软件"。

答：_____

_____

_____

_____

(4)简述你所知道的上一周发生的国际、国内或者身边的大事。

答：_____

_____

_____

_____

在考虑数据库与其相关数据市场的关系时,把庞大的数据集分成多个较小的数据集来处理,可以加快大数据处理的速度。人们已经把存储在分布式文件系统、分布式数据库上的大数据集分成较小的数据集了。要理解大数据处理,关键是要意识到处理大数据与在传统关系型数据库中处理数据是不同的,大数据通常以分布式的方式在其各自存储的位置进行并行处理。

许多大数据处理采用批处理模式,而针对以一定速度按时间顺序到达的流式数据,现今已经有了相关的分析方法,例如,利用内存架构,意义构建理论可以提供态势感知。

流式大数据的处理应遵循一项重要的原则,即 SCV（speed、consistency、volume,速度、一致性、容量）原则。

12.1 开源技术的商业支援

在大数据生态系统中,基础设施主要负责数据存储以及处理公司掌握的海量数据。应用程序则是指人类和计算机系统通过使用这些程序,从数据中获知关键信息。人们使用应用程序使数据可视化,并由此做出更好的决策;而计算机则使用应用系统完成将广告投放到合适的人群,或者监测信用卡欺诈行为等业务。

最初,IBM、甲骨文以及其他公司都将他们拥有的大型关系型数据库商业化。关系型数据库使数据存储在自定义表中,再通过一个关键字进行访问。例如,一个雇员可以通过一个雇员编号认定,然后该编号就会与包含该雇员信息的其他字段相联系——她的名字、地址、雇用日期及职位等。这样的结构化数据库还是适用的,直到公司不得不解决大量的非结构化数据。比如企业网络必须处理海量网页以及这些网页链接之间的关系,而社交网络必须应付社交图谱数据。社交图谱是社交网站上人与人之间关系的数字表示,其上的每个点末端连接着非结构化数据,如照片、信息、个人档案等。于是,像腾讯、阿里巴巴、谷歌、脸书以及其他这样的公司开发出各自的解决方案,以存储和处理大量数据。

在大数据的演变中,开源软件起到了很大的作用。如今,越来越多的企业将 UNIX 操作系统的开源版本 Linux 大规模地应用于商业用途,并与低成本的服务器硬件系统相结合,他们期望获得企业级的商业支持和保障,以低成本获得所需要的功能。Oracle(甲骨文)公司的 MySQL 开源关系数据库、Apache 开源网络服务器以及 PHP 开源脚本语言(最初为创建网站开发)搭配起来的实用性也推动了 Linux 的普及。大数据世界里有许多类似的事物在不断涌现。

源自谷歌的原始创建技术的 Apache Hadoop 是一个开源分布式计算平台,通过 Hadoop 分布式文件系统 HDFS 存储大量数据,再通过名为 MapReduce 的编程模型将这些数据的操作分成小片段。随后,开发了一系列围绕 Hadoop 的开源技术。Apache Hive 提供数据库功能,包括数据抽取、转换、装载(ETL),将数据从各种来源中抽取出来,再实行转换以满足操作需要(包括确保数据质量),然后装载到目标数据库。Apache HBase 则提供处于 Hadoop 顶部的海量结构化表的实时读/写访问功能。同时,Apache Cassandra 通过复制数据提供容错数据存储功能。

过去,开源软件所拥有的这些功能通常只能从商业软件供应商那里依靠专门的硬件获取。开源大数据技术正在使数据存储和处理能力——这些本来只有像谷歌或其他商用运营商之类的公司才具备的能力,在商用硬件上也得到了应用,降低了使用大数据的先期投入,并且具备了使大数据接触到更多潜在用户的潜力。

开源软件在开始使用时,在个人使用或有限数据的前提下是免费的,这使其对大多数人颇具吸引力,从而使一些商用运营商采用免费增值的商业模式参与到竞争当中。用户需要在之后为部分或大量数据的使用付费。久而久之,采用开源技术的这些企业也往往需要得到商业支援,如同当初使用 Linux 操作系统所碰到的情形。

12.2 大数据的技术架构

要容纳数据本身,IT 基础架构必须能够以经济的方式存储比以往更大量、类型更多的数据。此外,还必须能适应数据变化的速度。由于数量如此大的数据难以在当今的网络连接条件下快速移动,因此,大数据基础架构必须分布计算能力,以便能在接近用户的位置进行数据分析,减少跨越网络所引起的延迟。

企业逐渐认识到必须在数据驻留的位置进行分析,分布这类计算能力,以便为分析工具提供实时响应将带来挑战的响应能力。考虑到数据速度和数据量,移动数据进行处理是不现实的,相反,计算和分析工具可能会移到数据附近。而且,云计算模式对大数据的成功至关重要。云模型在从大数据中提取商业价值的同时也能为企业提供一种灵活的选择,以实现大数据分析所需的效率、可扩展性、数据便携性和经济性。

仅仅存储和提供数据还不够,必须以新的方式合成、分析和关联数据,才能提供商业价值。部分大数据方法要求处理未经建模的数据,因此,可以对毫不相干的数据源进行不同类型数据的比较和模式匹配。这使得大数据分析能以新视角挖掘企业传统数据,并带来传统上未曾分析过的数据洞察力。

基于上述考虑构建的适合大数据处理的四层堆栈式技术架构如图 12-2 所示。

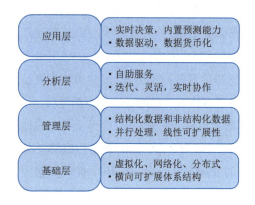

图 12-2　四层堆栈式大数据技术架构

(1)基础层:作为大数据技术架构基础的底层。要实现大数据规模的应用,企业需要一个高度自动化的、可横向扩展的存储和计算平台。这个基础设施需要从以前的存储孤岛发展为具有共享能力的高容量存储池。容量、性能和吞吐量必须可以线性扩展。

云模型鼓励访问数据并提供弹性资源池来应对大规模问题,解决了如何存储大量数据,以及如何积聚所需的计算资源来操作数据的问题。在云中,数据跨多个节点调配和分布,使得数据更接近需要它的用户,从而缩短响应时间和提高生产率。

(2)管理层:要支持在多源数据上做深层次的分析,大数据技术架构中需要一个管理平台,使结构化和非结构化数据管理融为一体,具备实时传送和查询、计算功能。本层既包括数据的存储和管理,也涉及数据的计算。并行化和分布式是大数据管理平台所必须考虑的要素。

(3)分析层:大数据应用需要大数据分析。分析层提供基于统计学的数据挖掘和机器学习算法,用于分析和解释数据集,帮助企业获得对数据价值深入的领悟。可扩展性强、使用灵活的大数据分析平台更可成为数据科学家的利器,起到事半功倍的效果。

(4)应用层:大数据的价值体现在帮助企业进行决策和为终端用户提供服务的应用。不同的新型商业需求驱动了大数据的应用。另一方面,大数据应用为企业提供的竞争优势使得企业更加重视大数据的价值。新型大数据应用对大数据技术不断提出新的要求,大数据技术也因此在不断地发展变化中日趋成熟。

12.3　处理工作量

大数据的处理工作量被定义为一定时间内处理数据的性质与数量。处理工作量主要分为批处理和事务两种类型。

(1)批处理型。又称脱机处理,这种方式通常成批处理数据,因而会导致较大的延迟。通常我们采用批处理来完成大数据有序的读/写和查询操作。这种情形下的查询一般涉及多种复杂连接。

联机分析处理(OLAP)系统通常采用批处理模式处理数据。商务智能与分析需要对大量的数据进行读操作,使用批处理模式,批量进行读/写操作,以插入、选择、更新与删除数据。

(2)事务型。又称在线处理,这种处理方式通过无延迟的交互式处理,使得整个回应延迟很小。企业的事务处理对实时性要求较高,一般适用于少量数据的随机读/写操作。联机事务处理(OLTP)系统与操作系统的写操作比较密集,是典型的事务型处理系统,尽管它们通常读操作与写操作混杂着进行,但写操作相对读操作还是密集许多的。相比于批处理型,事务型处理含有少量的连接操作,回应延迟也更小。

12.4 SCV 原则

大数据处理遵循 SCV 分布式基本原则,对实时模式处理有巨大的影响。SCV 原则是,设计一个分布式数据处理系统时,仅需满足以下三项要求中的两项:

(1)速度。是指数据一旦生成后处理的快慢。通常实时模式的速度快于批处理模式,因此仅有实时模式会考虑该项性能,并且忽略获取数据的时间消耗,专注于实际数据处理的时间消耗,例如生成数据统计信息时间或算法的执行时间。

(2)一致性。指处理结果的准确度与精度。如果处理结果的值接近于正确的值,并且二者有着相近的精度,则认为该大数据处理系统具有高一致性。高一致性系统通常会利用全部数据来保证其准确度与精度,而低一致性系统则采用采样技术,仅保证精度在一个可接受的范围,结果也相对不准确。

(3)容量。指系统能够处理的数据量。大数据环境下,数据量的高速增长导致大量的数据需要以分布式的方式进行处理。要处理规模如此大的数据,数据处理系统无法同时保证速度与一致性。

如图 12-3 所示,如果要保证数据处理系统的速度与一致性,就不可能保证大容量,因为大量的数据必然会减慢处理速度。如果要保证高度一致地处理大容量数据,处理速度必然减慢。如果要高速处理大容量的数据,则无法保证系统的高一致性,毕竟处理大规模数据仅能依靠采样来保证更快的速度。

实现一个分布式数据处理系统,选择 SCV 中的哪两项特性应以分析环境的具体需求为依据。

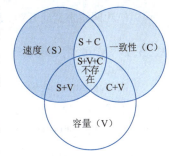

图 12-3 SCV 原则维恩图

在大数据环境中,可能需要最大限度地保证数据规模来进行深入分析,例如模式识别,也可能需要对数据进行批处理以求进一步研究。因此,选择容量还是速度或一致性值得慎重考虑。

在数据处理中,实时处理需要保证数据不丢失,即对数据处理容量(V)需求大,因此大数据实时处理系统通常仅在速度(S)与一致性(C)中做权衡,实现 S + V 或 C + V。

实时大数据处理包括实时处理与近实时处理。数据一旦到达企业就需要被低延迟地处理。在实时模式下,数据刚到达就在内存中进行处理,处理完毕再写入磁盘供后续使用或存档。而批处理模式恰与之相反,该种模式下数据首先被写入磁盘,再被批量处理,从而导致高延迟。

12.5 批处理模式

在批处理模式中,数据是成批脱机处理,响应时长从几分钟到几小时不等,这种情况下数据处理前必须在磁盘上保存。批处理模式适用于庞大的数据集,无论这个数据集是单个的还是由几个数据集组合而成的,该模式可以从本质上解决大数据的数据量大和数据特性不同的问题。

批处理是大数据处理的主要方式,相较于实时模式,它简单,易于建立,开销也比较小。像商务智能、预测性分析与规范性分析、ETL 操作,一般都采用批处理模式。

12.5.1 MapReduce 批处理

MapReduce 是一种广泛用于实现批处理的架构,它采用"分治"原则,把一个大问题分成可以被分别解决的小问题的集合,拥有内部容错性与冗余,因而具有很高的可扩展性与可靠性。MapReduce 结合了分布式与并行数据处理的原理,并且使用商业硬件集群并行处理庞大的数据集,是一个基于批处理模式的数据处理引擎。

MapReduce 不对数据的模式作要求,可以用于处理无模式的数据集。在 MapReduce 中,一个庞大的数据集被分为多个较小的数据集,分别在独立的设备上并行处理,最后再把每个处理结果相结合得出最终结果。MapReduce 不需要低延迟,因此一般仅支持批处理模式。

MapReduce 处理引擎与传统的数据处理模式有些不同。在传统模式中,数据由存储节点发送到处理节点后才能被处理,这种方式在数据集较小的时候表现良好,但是数据集较大时发送数据将导致更大的开销。而 MapReduce 是把数据处理算法发送到各个存储节点,数据在这些节点上被并行地处理,这种方式可以消除发送数据的时间开销。由于并行处理小规模数据速度更快,MapReduce 不但可以节约网络带宽的开销,更能大量节约处理大规模数据的时间开销。

12.5.2 Map 和 Reduce 任务

一次 MapReduce 处理引擎的运行被称为 MapReduce 作业,它由映射(Map)和归约(Reduce)两部分任务组成,这两部分任务又被分为多个阶段。其中映射任务被分为映射、合并和分区三个阶段,合并阶段是可选的;归约任务被分为洗牌和排序与归约两个阶段。

(1)映射。MapReduce 的第一个阶段称为映射。映射阶段首先把大的数据文件分割成多个小数据文件。每个较小的数据文件的每条记录都被解析为一组键-值对,通常键表示其对应记录的序号,值则表示该记录的实际值。

通常每个小数据文件由多组键-值对组成,这些键-值对将会作为输入由一个映射模块处理,映射阶段的逻辑由用户决定,其中一个映射模块仅处理一个小数据文件,且仅执行一次。

每组键-值对会按用户自定义逻辑被映射为一组新的键-值对作为输出。输出的键可以与输入的键相同,可以是由输入值得出的一组字符串,还可以是用户自定义的有序对象。同样,输出的值也可与输入值相同,可以是由输入值得到的一组字符串,还可以是用户自定义的有序对象。

在这些输出的键-值对中,可以存在多组键-值对的键相同的情况。另外,要注意一点,在映射过程中会发生过滤与复用。过滤是指对于一个输入的键-值对,映射可能不会产生任何输出键-值对;而复用是指某组输入键-值对对应多组输出键-值对。映射阶段的数据变化如图12-4所示。

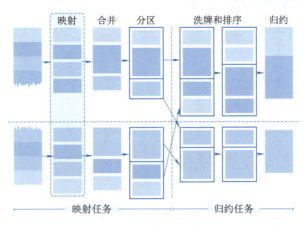

图 12-4　数据在映射阶段的变化

(2) 合并。在 MapReduce 模型中,映射与归约分别在不同节点上进行,而映射模块的输出需要送到归约模块处理,这就要求把数据由映射任务节点传输到归约任务节点,这个过程往往会消耗大量的带宽,并直接导致处理延时。因此就要对大量的键-值对进行合并,以减少消耗。

在大数据处理中,节点传输过程所花费的时间往往大于实际处理数据的时间。MapReduce 模型提出了一个可选的合并模块。在映射模块把多组键-值对输入合并模块之前,先对这些键-值对按键进行排序,将对应同一键的多条记录变为一个键对应一组值,合并模块则将每个键对应的值组进行合并,最终输出仅为一条键-值对记录,如图12-5所示。

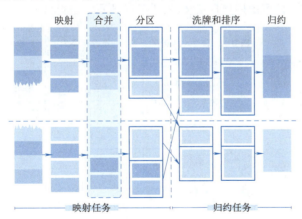

图 12-5　数据在合并阶段的变化

由此可见,合并模块本质上还是一种归约模块,另外还可被作为用户自定义模块使用。值得一提的是,合并模块仅仅是一个可选的优化模块,在 MapReduce 模型中不是必备的。比如运用合并模块可以得出最大值或最小值,但无法得出所有数据的平均值,毕竟合并模块的数据仅仅是所有数据的一个子集。

(3) 分区。当使用多个归约模块时,MapReduce 模型需要把映射模块或合并模块的输出分配给各个归约模块,其数据称为一个分区,也就是说,分区数与归约模块数是相等的,如图12-6所示。

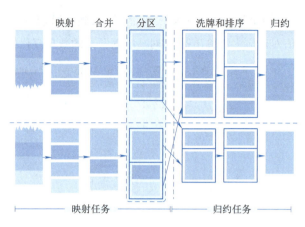

图 12-6　数据在分区阶段的变化

尽管一个分区包含很多条记录,但是对应同一键的记录必须被分在同一个分区,在此基础上,MapReduce 模型会尽量保证随机公平地把数据分配到各个归约模块当中。

由于上述分区模块的特性,会导致分配到各个归约模块的数据量有差异,甚至分配给某个归约模块的数据量会远远超过其他的。不均等的工作量会造成各个归约模块工作结束时间不同,这样最后总共消耗的时间将会大于绝对均等的分配方式。要缓解这个问题,就只能依靠优化分区模块的逻辑来实现。

分区模块是映射任务的最后一个阶段,它的输出为记录对应归约模块的索引号。

(4)洗牌和排序。洗牌包括由分区模块将数据传输到归约模块的整个过程,是归约任务的第一个阶段。由分区模块传输来的数据可能存在多条记录对应同一个键。这个模块将把对应同一个键的记录进行组合,形成一个唯一键对应一组值的键-值对列表。随后该模块对所有的键-值对进行排序。组合与排序的方式在此可由用户自定义,如图 12-7 所示。

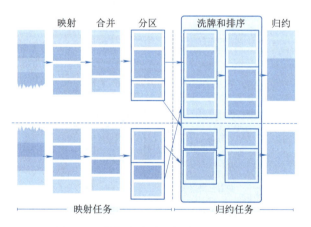

图 12-7　数据在洗牌和排序阶段的变化

(5)归约。这是归约任务的最后一个阶段,该模块的逻辑由用户自定义,它可能对输入的记录进行进一步分析归纳,也可能对输入不作任何改变。在任何情形下,这个模块都在处理当前记录的同时将其他处理过的记录输出。归约模块的数目是由用户定义的。

归约模块输出的键-值对中,键和值都可以与输入键相同,也可以是由输入值得到的字符串,或其他用户自定义的有序对象。值得注意的是,映射模块输出的键-值对类型需要与归约或合并模块的输入键-值对类型相对应。另外,归约模块也会进行过滤与复用,每个归约模块输出的记录单独组成一个文件,也就是说,被分配到每个归约模块的分区都将合并成一个文件,如图 12-8 所示。

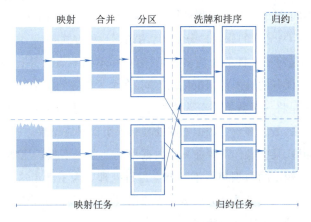

图 12-8　数据在归约阶段的变化

12.5.3　MapReduce 简单实例

图 12-9 展示了一个 MapReduce 作业的简单实例,其主要步骤如下:

步骤 1:输入文件 sales.txt 被分为两个较小的数据文件:文件 1、文件 2。

步骤 2:文件 1、文件 2 分别在节点 A、节点 B 上,提取相关记录并完成映射任务。该任务的输出为多组键-值对,键为产品名称,值为产品数量。

步骤 3:该作业的合并模块将对应同一产品的数量相加,得出每种产品的总量。

步骤 4:由于该作业仅使用一个归约模块,因而不需要对数据进行分区。

步骤 5:节点 A、B 的处理结果被送到节点 C,在节点 C 上首先对这些记录进行洗牌和排序。

步骤 6:排序后的数据输出为一个产品名,对应一组产品数量。

步骤 7:该作业归约模块的逻辑与合并模块相同,每种产品数量相加,得到每种产品总量。

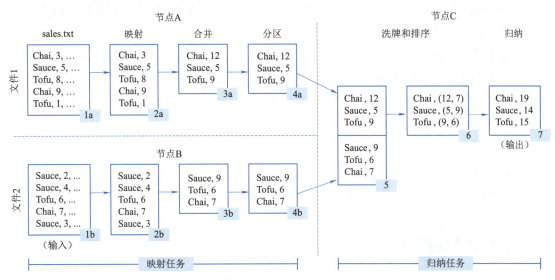

图 12-9　MapReduce 实例

12.5.4 理解 MapReduce 算法

与传统编程模式不同，MapReduce 编程遵循一套特定的模式。我们首先对算法的设计原则进行探索。MapReduce 采用了"分治"的原则，"分治"常用如下几种方式：

（1）任务并行：指的是将一个任务分为多个子任务，在不同节点上并行进行。通常并行的子任务采用不同算法，每个子任务的输入数据也可以不同，多个子任务的结果组成最终结果。

（2）数据并行：指的是将一个数据集分为多个子数据集，在多个节点上并行地处理。数据并行的多个节点采用同一算法，最后多个子数据集的处理结果组成最终结果。

对于大数据应用环境，某些操作需要在一个数据单元上重复多次。比如，当一个数据集规模过大时，通常需要将其分为较小的数据集在不同节点进行处理。为了满足这种需求，MapReduce 采用分治中数据并行的方法，将大规模数据分成多个小数据块，每个数据块分别在不同的节点上进行映射处理，这些节点的映射函数逻辑都是相同的。

大部分传统算法的编程原则是基于过程的，也就是说对数据的操作是有序的，后续的操作依赖于它之前的操作。而 MapReduce 将对数据的操作分为"映射"与"归约"两部分，是相互独立的，甚至每个映射实例或归约实例之间都是相互独立的。

在传统编程模型中，函数签名是没有限制的。而 MapReduce 编程模型中，映射函数与归约函数的函数签名必须为键-值对这一形式，只有这样才能实现映射函数与归约函数之间的通信。另外，映射函数的逻辑依赖于数据记录的解析方式，即依赖于数据集中逻辑数据单元的组织方式。通常情况下文本文件中每一行代表一条记录，然而一条记录也可能由两行或多行文本组成。

对于归约函数，基于它的输入为单个键对应一组值的记录，它的逻辑与映射函数的输出密切相关，尤其是与它最终输出什么键密切相关。值得一提的是，在某些应用场景下，例如文本提取，我们不需要使用归约函数。

总结一下，在设计 MapReduce 算法时，主要考虑以下几点：

（1）尽可能使用简单的算法逻辑，这样才能采用同一函数逻辑处理某个数据集的不同部分，最终以某些方式将各部分的处理结果进行汇总。

（2）数据集被分布式地划分在集群中，如此保证映射函数并行地处理各个子数据集。

（3）理解数据集的数据结构以保证选取有用的记录。

（4）将算法逻辑分为映射部分与归约部分，如此才能实现映射函数不依赖于整个数据集，毕竟它处理的仅仅是该数据集的一部分。

（5）保证映射函数的输出是正确有效的，由于归约函数的输入为映射函数输出的一部分，只有这样才能保证整个算法的正确性。

（6）保证归约函数的输出是正确的，归约函数的输出则为整个 MapReduce 算法的输出。

12.6 实时处理模式

实时模式中，数据通常在写入磁盘之前在内存中进行处理，它的延迟由亚秒级到分钟级不等。

实时模式侧重的是提高大数据处理的速度。交互模式也是实时模式的一种,该模式主要是基于查询操作的。运营商务智能或分析通常在实时模式下进行。

在大数据处理中,实时处理由于其处理的数据既可能是连续(流式)的也可能是间歇(事件)的,因而也被称为流式处理或事件处理。这些流式数据或事件数据通常规模都比较小,但源源不断地处理这样的数据得到的结果将构成庞大的数据集。

实时模式分析大数据需要使用内存设备(IMDG 或 IMDB),数据到达内存时被即时处理,期间没有硬盘 I/O 延迟。实时处理可能包括一些简单的数据分析、复杂的算法执行以及当检测到某些度量发生变化时,对内存数据进行更新。

为了增强实时分析的能力,实时处理的数据可以与之前批处理的数据结果或与磁盘上存储的非规范化数据相结合,磁盘上的数据均可传输到内存中,这样有助于实现更好的实时处理。

除了处理新获取的数据,实时模式还可以处理大量查询请求以实现实时交互。在该种模式下,数据一旦被处理完毕,系统就将结果公布给感兴趣的用户,在此可以使用实时仪表板应用或 Web 应用将数据更新展示给用户。根据某些系统的需求,实时模式下处理过的数据和原始数据将被写入磁盘供后续复杂的批量数据分析。

图 12-10 展示了典型的实时模式处理流程,其具体步骤如下:
步骤 1:在数据传输引擎获取流式数据。
步骤 2:数据同时被传输到内存设备与磁盘设备。
步骤 3:数据处理引擎以实时模式处理存储在内存中的数据。
步骤 4:处理结果被送到仪表板供操作分析。

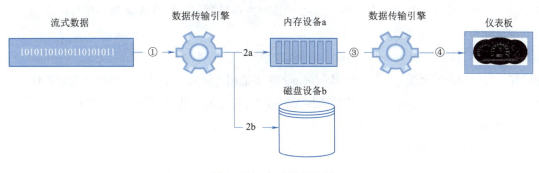

图 12-10　实时处理示例

12.6.1　事件流处理

事件流处理(ESP)是大数据实时处理的一项重要概念。在事件流处理中,事件流通常来源一致并且按到达时间顺序先后被处理,对数据的分析可以通过简单查询实现,也可以通过基于公式的算法实现,在此,数据首先在内存中被分析后才写入磁盘。

同时,驻留在内存中的数据也可用于进一步地分析,数据分析的结果可以被送入仪表板,也可作为其他应用的触发器触发某些预设的操作或进一步的分析。相较于复杂事件处理,事件流处理更注重高速,因此它的分析操作也相对简单。

12.6.2 复杂事件处理

复杂事件处理（CEP）是大数据实时处理的另一项重要概念。在复杂事件处理中，大量实时事件来源于各个数据源，并且到达时间是无序的，这些大量的实时事件可以被同时分析处理。在此采用基于规则的算法与统计技术来分析数据，在发掘交叉复杂事件模式时，业务逻辑与进程运行环境也是需要考虑的因素。

复杂事件处理侧重于复杂、深入的数据分析，因此分析速度比不上事件流处理。通常我们把复杂事件处理看成事件流处理的超集，并且大量事件流处理的结果可组成合成事件，作为复杂事件处理的输入。

12.6.3 大数据实时处理

在设计一个大数据实时处理系统时要谨记 SCV 原则，对于不同需求的侧重，可以将其分为硬实时系统与近实时系统，它们都不允许丢失数据，因此二者都要求拥有高容量，它们仅在速度与一致性方面各有侧重。

值得注意的是，数据不丢失并不意味着所有数据都被实时处理，它表示系统获取的所有数据都将被写入磁盘，可能是直接写入磁盘，也可能是写入充当内存持久层的磁盘。

在硬实时系统中，除了高容量，首先考虑的是高速，这样系统的一致性将受影响。通常采用采样技术或近似技术来保证低延迟，得到的结果准确度与精度将降低，但仍在可接受范围内。而在近实时系统中，除了高容量，首先考虑的是高一致性，速度没有那么重要，因而近实时系统处理的结果相较于硬实时系统准确度与精度会更高。总之，硬实时系统牺牲高一致性保证高容量与高速，而近实时系统牺牲高速保证高容量与高一致性。

另一方面，通常 MapReduce 不适合大数据实时处理，主要原因有以下几点：首先，MapReduce 作业的建立与协调时间开销过大；其次，MapReduce 主要适用于批处理已经存储到磁盘上的数据，这与实时处理不同；最后，MapReduce 处理的数据是完整的，而非增量的，而实时处理的数据往往是不完整的，以数据流的方式不断传输到处理系统。

另外，MapReduce 中的归约任务必须等待所有映射任务完成后再开始。首先，每个映射函数的输出被存储到每个映射任务节点。然后，映射函数的输出通过网络传播到归约任务节点，作为归约函数的输入，数据在网络中的传播将导致一定的时延。另外，要注意归约节点之间不能相互直接通信，必须依靠映射节点传输数据，这是 MapReduce 的固定流程。

在近实时系统中，可以采取某些策略来使用 MapReduce 模型。其中一种方法是运用内存存储交互查询的输入数据，即这些交互查询组成一个 MapReduce 作业，像这样的微批处理 MapReduce 作业可以以一定频率处理较小的数据集，例如，每 15 分钟处理一次。另一种方法则是在磁盘上持续地运行 MapReduce 作业，创建一系列实例视图，这些视图可以与交互查询处理得到的小容量分析结果相结合。

考虑到设备较小，企业渴望更主动地吸引客户等原因，大数据实时处理的优势日益凸显。一些有代表性的 Apache 开源项目已经可以提供完全的大数据实时处理，为大数据实时处理解决方案的革新奠定了基础。

第12课　大数据处理技术

【作　业】

1. 要理解大数据处理,关键要意识到处理大数据与在传统关系型数据库中处理数据是不同的,大数据通常以(　　)方式在其各自存储的位置进行并行处理。
   A. 集中　　　　　B. 分布　　　　　C. 顺序　　　　　D. 关系

2. 在大数据生态系统中,基础设施主要负责(　　)。
   A. 数据存储以及处理公司掌握的海量数据
   B. 网络连通以及通信质量
   C. 沟通打印机与绘图仪的操作
   D. 程序设计与应用程序开发

3. 在大数据的演变中,开源软件起到了很大的作用。如今,(　　)已经成为主流操作系统,并与低成本的服务器硬件系统相结合。
   A. Windows　　　B. DOS　　　　　C. Linux　　　　　D. UNIX

4. (　　)是一个开源分布式计算平台,通过分布式文件系统 HDFS 存储大量数据,再通过 MapReduce 的编程模型将这些数据的操作分成小片段。
   A. Apache Google　　B. Google Apache　　C. Google Linux　　D. Apache Hadoop

5. 开源软件在开始使用时,产品在个人使用或有限数据的前提下是免费的,但顾客需要在之后为部分或大量数据的使用进行(　　)。
   A. 投资　　　　　B. 维护　　　　　C. 付费　　　　　D. 编程

6. 由于数量庞大的数据难以在当今的网络连接条件下快速移动,因此,大数据基础架构必须(　　)计算能力,以便能在接近用户的位置进行数据分析,减少跨越网络所引起的延迟。
   A. 分布　　　　　B. 集中　　　　　C. 加强　　　　　D. 减少

7. 构建适合大数据的四层堆栈式技术架构中,除了基础层,其组成部分还包括(　　)。
   ①概念层　　　②应用层　　　③管理层　　　④分析层
   A. ①②③　　　B. ②③④　　　C. ①②④　　　D. ①③④

8. 在适合大数据处理的四层堆栈式技术架构中,(　　)需要从以前的存储孤岛发展为具有共享能力的高容量存储池,容量、性能和吞吐量必须可以线性扩展。
   A. 管理层　　　B. 分析层　　　C. 应用层　　　D. 基础层

9. 在适合大数据处理的四层堆栈式技术架构中,(　　)既包括数据的存储和管理,也涉及数据的计算。并行化和分布式是大数据管理平台所必须考虑的要素。
   A. 管理层　　　B. 分析层　　　C. 应用层　　　D. 基础层

10. 在适合大数据处理的四层堆栈式技术架构中,(　　)提供基于统计学的数据挖掘和机器学习算法,用于分析和解释数据集,帮助企业获得对数据价值深入的领悟。
    A. 管理层　　　B. 分析层　　　C. 应用层　　　D. 基础层

11. 用现有的技术平台很难处理具备3V特征的大数据,即便能够处理,在(　　)方面也很难期望能有良好的表现。

　　A. 可操作性　　　　B. 可靠性　　　　　C. 性能　　　　　　　D. 动能

12. Hadoop是一个能够与当前商用硬件兼容,用于存储与分析海量数据的,对大规模数据进行分布式处理的一种(　　)技术。

　　A. 通用硬件　　　　B. 专用硬件　　　　C. 专用软件　　　　　D. 开源软件

13. MapReduce指的是一种分布式处理的方法,而Hadoop则是将MapReduce通过(　　)加以实现的框架的名称。

　　A. 开源方式　　　　B. 专用方式　　　　C. 硬件固化　　　　　D. 收费服务

14. 大数据的处理工作量被定义为(　　)。处理工作量主要分为批处理和事务两种类型。

　　A. 无限时间内处理数据的能力　　　　　B. 一定时间内处理数据的性质与数量

　　C. 对无故障处理大量数据的能力　　　　D. 对数据批处理和事务处理的互换能力

15. 流式大数据的处理遵循重要的SCV原则,它要求设计一个分布式数据处理系统时仅需满足以下(　　)三项要求中的两项。

　　A. 尺寸、一致性、容量　　　　　　　　B. 速度、一致性、容量

　　C. 尺寸、关系、价值　　　　　　　　　D. 速度、价值、容量

16. 一次MapReduce处理引擎的运行被称为MapReduce作业,它被分为(　　)等阶段。

　　①映射　　　　　　②合并　　　　　　③分区　　　　　　　　④处理

　　A. ①③④　　　　　B. ①②④　　　　　C. ①②③　　　　　　 D. ②③④

17. 在大数据实时处理的硬实时系统中,除了高容量,首先考虑的是(　　),而在近实时系统中,首先考虑的是(　　)。

　　A. 高速,高一致性　　　　　　　　　　B. 高一致性,高速

　　C. 高容量,高一致性　　　　　　　　　D. 高一致性,高容量

18. 通常MapReduce不适合大数据实时处理,主要原因是(　　)。

　　①MapReduce作业的建立与协调时间开销过大

　　②MapReduce处理的数据往往不完整,是以数据流的方式不断传输到处理系统

　　③MapReduce主要适用于批处理已经存储到磁盘上的数据

　　④MapReduce处理的数据是完整的,而非增量的

　　A. ①②④　　　　　B. ①③④　　　　　C. ①②③　　　　　　 D. ②③④

19. 在设计一个大数据实时处理系统时要谨记(　　)原则,根据不同需求的侧重,可以将其分为硬实时系统与近实时系统,它们都不允许丢失数据。

　　A. BASE　　　　　 B. CAP　　　　　　C. ACID　　　　　　　D. SCV

20. 在大数据处理中,实时处理的数据既可能是连续(流式)的也可能是间歇(事件)的,这些流式数据或事件数据通常规模都比较小,典型的处理流程是(　　)。

　　①在数据传输引擎获取流式数据

　　②处理结果被送到仪表板供操作分析

③数据处理引擎以实时模式处理存储在内存的数据

④数据同时被传输到内存设备与磁盘设备

A. ④③②①
B. ①③②④
C. ①④③②
D. ①②③④

 实训与思考　理解和熟悉大数据处理技术

1. 案例分析

ETI 企业的大部分业务信息系统采用客户/服务器模型与 n 层架构。在对所有 IT 系统进行调查后,发现公司没有任何系统采用分布式处理技术。相反,数据都是在一台机器上处理的,这些数据来源于客户或从数据库检索得到。

批处理型模式与事务型模式在 ETI 的 IT 企业运营环境中均有体现,像操作系统,比如索赔管理与计费系统,体现了事务型的特性,而像商务智能活动则是批处理型的典型代表。

分析并记录：

(1) 你作为 ETI 企业 IT 团队的成员,分析并完成图 12-11 的填写。

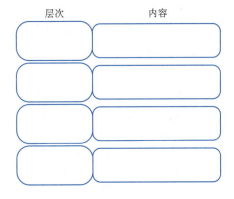

图 12-11　大数据技术架构

(2) ETI 企业大部分业务信息系统都是在一台机器上处理的。试问,在一台机器(服务器)上可以处理大数据吗？采用什么方法？

答：_____

_____

_____

(3) 批处理型模式与事务型模式在 ETI 的 IT 企业运营环境中均有体现。思考并举例说明(每项至少三例)什么是批处理模式？什么是事务型模式？

答：_____

_____

_____

2. 实训总结

3. 教师实训评价

第13课

大数据预测分析

学习目标
(1) 熟悉大数据预测分析的基本概念,理解定量分析与定性分析。
(2) 了解统计分析基本概念及其应用场景,理解数据挖掘核心概念。
(3) 熟悉大数据分析的生命周期。

学习难点
(1) 数据挖掘。
(2) 大数据分析生命周期。

导读案例 葡萄酒的品质

奥利·阿什菲尔特是普林斯顿大学的一位经济学家,他的日常工作就是琢磨数据,利用统计学,他从大量的数据资料中提取出隐藏在数据背后的信息。阿什菲尔特非常喜欢喝葡萄酒,他说:"当上好的红葡萄酒有了一定的年份时,就会发生一些非常神奇的事情。"当然,阿什菲尔特指的不仅仅是葡萄酒的口感,还有隐藏在好葡萄酒和一般葡萄酒背后的力量(见图13-1)。

图13-1 波尔多葡萄酒

"每次你买到上好的红葡萄酒时,"他说,"其实就是在进行投资,因为这瓶酒以后很有可能会变得更好。而且你想知道的不是它现在值多少钱,而是将来值多少钱。即使你并不打算卖掉它,而是喝掉它。如果你想知道把从当前消费中得到的愉悦推迟,将来能从中得到多少愉悦,那么这将是一个永远也讨论不完的、吸引人的话题。"而这个话题阿什菲尔特已研究了 25 年。

阿什菲尔特身材高大,头发花白而浓密,声音友善,总是能成为人群中的主角。他曾花费心思研究的一个问题是,如何通过数字评估波尔多葡萄酒的品质。与品酒专家通常所使用的"品咂并吐掉"的方法不同,阿什菲尔特用数字指标来判断能拍出高价的酒所应该具有的品质特征。

"其实很简单,"他说,"酒是一种农产品,每年都会受到气候条件的强烈影响。"因此阿什菲尔特采集了法国波尔多地区的气候数据加以研究,他发现如果收割季节干旱少雨且整个夏季的平均气温较高,该年份就容易生产出品质上乘的葡萄酒。正如彼得·帕塞尔在《纽约时报》中报告的那样,阿什菲尔特给出的统计方程与数据高度吻合。

当葡萄熟透、汁液高度浓缩时,波尔多葡萄酒是最好的。夏季特别炎热的年份,葡萄很容易熟透,酸度就会降低。炎热少雨的年份,葡萄汁也会高度浓缩。因此,天气越炎热干燥,越容易生产出品质一流的葡萄酒。熟透的葡萄能生产出口感柔润(即低敏度)的葡萄酒,而汁液高度浓缩的葡萄能够生产出醇厚的葡萄酒。

阿什菲尔特把这个葡萄酒的理论简化为下面的方程式:

$$\text{葡萄酒的品质} = 12.145 + 0.001\ 17 \times \text{冬天降雨量} + 0.061\ 4 \times \text{葡萄生长期平均气温} - 0.003\ 86 \times \text{收获季节降雨量}$$

把任何年份的气候数据代入这个式子,阿什菲尔特就能够预测出任意一种葡萄酒的平均品质。如果把这个式子变得再稍微复杂精巧一些,还能更精确地预测出 100 多个酒庄的葡萄酒品质。他承认"这看起来有点太数字化了","但这恰恰是法国人把他们葡萄酒庄园排成著名的 1 855 个等级时所使用的方法"。

然而,当时传统的评酒专家并未接受阿什菲尔特利用数据预测葡萄酒品质的做法。英国的《葡萄酒》杂志认为,"这条公式显然是很可笑的,我们无法重视它。"纽约葡萄酒商人威廉姆·萨科林认为,从波尔多葡萄酒产业的角度来看,阿什菲尔特的做法"介于极端和滑稽可笑之间"。因此,阿什菲尔特常常被业界人士取笑。当阿什菲尔特在克里斯蒂拍卖行酒品部做关于葡萄酒的演讲时,坐在后排的交易商嘘声一片。

发行过《葡萄爱好者》杂志的罗伯特·帕克大概是世界上最有影响力的以葡萄酒为题材的作家了。他把阿什菲尔特形容为"一个彻头彻尾的骗子",尽管阿什菲尔特是世界上最受敬重的数量经济学家之一,但是他的方法对于帕克来说,"其实是在用尼安德特人的思维(讽刺其思维原始)来看待葡萄酒。这是非常荒谬甚至非常可笑的。"帕克完全否定了数学方程式有助于鉴别出口感真正好的葡萄酒,"如果他邀请我去他家喝酒,我会感到恶心。"帕克说阿什菲尔特"就像某些影评一样,根据演员和导演来告诉你电影有多好,实际上却从没看过那部电影"。

帕克的意思是,人们只有亲自去看过了一部影片,才能更精准地评价它,如果要对葡萄酒的品质评判得更准确,也应该亲自去品尝一下。但是有这样一个问题:在好几个月的时间里,人们是无法品尝到葡萄酒的。波尔多和勃艮第的葡萄酒在装瓶之前需要盛放在橡木桶里发酵 18~24 个月(见图 13-2)。像帕克这样的评酒专家需要酒装在桶里 4 个月以后才能第一次品尝,在这个阶段,葡萄酒还只是臭臭的、发酵的葡萄而已。不知道此时这种无法下咽的"酒"是否能够使品尝者得出关于酒的品质的准确信息。例如,巴特菲德拍卖行酒品部的前经理布鲁斯·凯泽曾经说过:"发酵初期的葡萄酒变化非常快,没有人,我是说不可能有人,能够通过品尝来准确地评估酒的好坏。至少要放上10年,甚至更久。"

图 13-2　葡萄酒窖藏

　　与之形成鲜明对比的是,阿什菲尔特从对数字的分析中能够得出气候与酒价之间的关系。他发现冬季降雨量每增加1毫米,酒价就有可能提高0.001 17美元。当然,这只是"有可能"而已。不过,对数据的分析使阿什菲尔特可以在葡萄酒的未来品质——这是品酒师有机会尝到第一口酒的数月之前,更是在葡萄酒卖出的数年之前。在葡萄酒期货交易活跃的今天,阿什菲尔特的预测能够给葡萄酒收集者极大的帮助。

　　20世纪80年代后期,阿什菲尔特开始在半年刊的简报《流动资产》上发布他的预测数据。最初,他在《葡萄酒观察家》上给这个简报做小广告,随之有600多人开始订阅。这些订阅者的分布是很广泛的,包括很多百万富翁以及痴迷葡萄酒的人——这是一些可以接受计量方法的葡萄酒收集爱好者。与每年花30美元来订阅罗伯特·帕克的简报《葡萄酒爱好者》的30 000人相比,《流动资产》的订阅人数确实少得可怜。

　　20世纪90年代初期,《纽约时报》在头版头条登出了阿什菲尔特的最新预测数据,这使得更多人了解了他的思想。阿什菲尔特公开批判了帕克对1986年波尔多葡萄酒的估价。帕克对1986年波尔多葡萄酒的评价是"品质一流,甚至非常出色"。但是阿什菲尔特不这么认为,他认为由于生产期内过低的平均气温以及收获期过多的雨水,这一年葡萄酒的品质注定平平。

　　当然,阿什菲尔特对1989年波尔多葡萄酒的预测才是这篇文章中真正让人吃惊的地方,尽管当时这些酒在木桶里仅仅放置了3个月,还从未被品酒师品尝过,阿什菲尔特预测这些酒将成为"世纪佳酿"。他保证这些酒的品质将会"令人震惊的一流"。根据他自己的评级,如果1961年的波尔多葡萄酒评级为100的话,那么1989年的葡萄酒将会达到149。阿什菲尔特甚至大胆地预测,这些酒"能够卖出过去35年中所生产的葡萄酒的最高价"。

　　看到这篇文章,评酒专家非常生气。帕克把阿什菲尔特的数量估计描述为"愚蠢可笑"。萨科林说当时的反应是"既愤怒又恐惧。他确实让很多人感到恐慌。"在接下来的几年中,《葡萄酒观察家》拒绝为阿什菲尔特(以及其他人)的简报做任何广告。

评酒专家们开始辩解,极力指责阿什菲尔特本人以及他所提出的方法。他们说他的方法是错的,因为这一方法无法准确地预测未来的酒价。例如,《葡萄酒观察家》的品酒经理托马斯·马休斯抱怨说,阿什菲尔特对价格的预测,"在27种酒中只有三次完全准确"。即使阿什菲尔特的公式"是为了与价格数据相符而特别设计的",他所预测的价格却"要么高于,要么低于真实的价格"。然而,对于统计学家(以及对此稍加思考的人)来说,预测有时过高,有时过低是件好事,因为这恰好说明估计量是无偏的。因此,帕克不得不常常降低自己最初的评级。

1990年,阿什菲尔特更加陷于孤立无援的境地。在宣称1989年的葡萄酒将成为"世纪佳酿"之后,数据告诉他1990年的葡萄酒将会更好,而且他也照实说了。现在回头再看,我们可以发现当时《流动资产》的预测惊人的准确。1989年的葡萄酒确实是难得的佳酿,而1990年的也确实更好。

怎么可能在连续两年中生产出两种"世纪佳酿"呢?事实上,自1986年以来,每年葡萄生长期的气温都高于平均水平。法国的天气连续20多年温暖和煦。对于葡萄酒爱好者们而言,这显然是生产柔润的波尔多葡萄酒的最适宜的时期。

传统的评酒专家们现在才开始更多地关注天气因素。尽管他们当中很多人从未公开承认阿什菲尔特的预测,但他们自己的预测也开始越来越密切地与阿什菲尔特那个简单的方程式联系在一起。此时阿什菲尔特依然在维护自己的网站,但他不再制作简报。他说:"和过去不同的是,品酒师们不再犯严重的错误了。坦率地说,我有点儿自绝前程,我不再有任何附加值了。"

指责阿什菲尔特的人仍然把他的思想看作异端邪说,因为他试图把葡萄酒的世界看得更清楚。他从不使用华丽的辞藻和毫无意义的术语,而是直接说出预测的依据。

整个葡萄酒产业毫不妥协不仅仅是在做表面文章。"葡萄酒经销商及专栏作家只是不希望公众知道阿什菲尔特所作出的预测。"凯泽说,"这一点从1986年的葡萄酒就已经显现出来了。阿什菲尔特说品酒师们的评级是骗人的,因为那一年的气候对于葡萄的生长来说非常不利,雨水泛滥,气温也不够高。但是当时所有的专栏作家都言辞激烈地坚持认为那一年的酒会是好酒。事实证明阿什菲尔特是对的,但是正确的观点不一定总是受欢迎的。"

葡萄酒经销商和专栏评论家们都能够从维持自己在葡萄酒品质方面的信息垄断者地位中受益。葡萄酒经销商利用长期高估的最初评级来稳定葡萄酒价格。《葡萄酒观察家》和《葡萄酒爱好者》能否保持葡萄酒品质的仲裁者地位,决定着上百万资金的生死。很多人要谋生,就只能依赖于喝酒的人不相信这个方程式。

也有迹象表明事情正在发生变化。伦敦克里斯蒂拍卖行国际酒品部主席迈克尔·布罗德本特委婉地说:"很多人认为阿什菲尔特是个怪人,我也认为他在很多方面的确很怪。但是我发现,他的思想和工作会在多年后依然留下光辉的痕迹。他所做的努力对于打算买酒的人来说非常有帮助。"

阅读上文,思考、分析并简单记录:

(1)通过网络搜索,详细了解法国城市波尔多,了解其地理特点和波尔多葡萄酒,并就此做简单介绍。

答:_____

_____

_____

第13课 大数据预测分析

（2）对葡萄酒品质的评价，传统方法的主要依据是什么？而阿什菲尔特的预测方法是什么？

答：_____

_____

_____

（3）虽然后来的事实肯定了阿什菲尔特的葡萄酒品质预测方法，但这是否就意味着传统品酒师的职业就没有必要存在了？你认为传统方法和大数据方法的关系应该如何处理？

答：_____

_____

_____

_____

（4）简述你所知道的上一周发生的国际、国内或者身边的大事。

答：_____

_____

_____

_____

大数据分析结合了传统统计分析方法和计算分析方法。

在典型的传统批处理场景中，当整个数据集准备好时，通常采用从整体中统计抽样的方法。然而，出于理解流式数据的需求，大数据可以从批处理转换成实时处理。这些流式数据、数据集不停积累，并且以时间顺序排序。由于分析结果有存储期（保质期），流式数据强调及时处理，无论是识别向当前客户继续销售的机会，还是在工业环境中发觉异常情况后需要进行干预以保护设备或保证产品质量，时间都是至关重要的（见图13-3）。

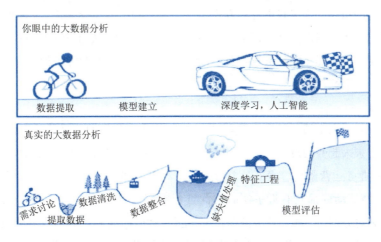

图13-3 真实的大数据分析

13.1 什么是预测分析

预测分析是一种确定未来结果的算法和技术的统计或数据挖掘解决方案,可以用在结构化和非结构化数据中,用于预测、优化、预报和模拟等许多用途。作为大数据时代的核心内容,预测分析在商业和社会中得到广泛应用。随着越来越多的数据被记录和整理,未来预测分析必定会成为所有领域的关键技术。

13.1.1 预测分析的作用

预测分析和假设情况分析可帮助用户评审和权衡潜在决策的影响力,用来分析历史模式和概率,以预测未来业绩并采取预防措施。

1. 决策管理

决策管理是用来优化并自动化业务决策的一种卓有成效的成熟方法。它通过预测分析让组织能够在制定决策以前有所行动,以便预测哪些行动在将来最有可能获得成功,优化成果并解决特定的业务问题。

决策管理包括管理自动化决策设计和部署的各个方面,供组织管理其与客户、员工和供应商的交互。从本质上讲,决策管理使优化的决策成为企业业务流程的一部分。由于闭环系统不断将有价值的反馈纳入决策制定过程中,所以,对于希望对变化的环境做出即时反应并最大化每个决策的组织来说,它是非常理想的方法。

现实中,竞争面临的最大挑战之一是组织如何在决策制定过程中更好地利用数据。可用于企业以及由企业生成的数据量非常高且以惊人的速度增长,而与此同时,基于此数据制定决策的时间段却非常短,且有日益缩短的趋势。虽然业务经理可以利用大量报告和仪表板来监控业务环境,但是使用此信息来指导业务流程和客户互动的关键步骤通常是手动的,因而不能及时响应变化的环境。希望获得竞争优势的组织必须寻找更好的方式。

决策管理使用决策流程框架和分析来优化并自动化决策,通常专注于大批量决策并使用基于规则和基于分析模型的应用程序实现决策。对于传统上使用历史数据和静态信息作为业务决策基础的组织来说这是一个突破性的进展。

2. 滚动预测

预测是定期更新对未来绩效的当前观点,以反映新的或变化中的信息的过程,是基于分析当前和历史数据来决定未来趋势的过程。为应对这一需求,许多公司逐步采用了滚动预测方法。

7×24 小时的业务运营影响造就了一个持续而又瞬息万变的环境,风险、波动和不确定性持续不断。并且,任何经济动荡都具有近乎实时的深远影响。毫无疑问,对于这种变化感受最深的是CFO(财务总监)和财务部门。虽然业务战略、产品定位、运营时间和产品线改进的决策可能是在财务部门外部做出,但制定这些决策的基础是财务团队使用绩效报告和预测提供的关键数据和分析。具有前瞻性的财务团队意识到传统的战略预测不能完成这一任务,他们正在迅速采用更加动态的、滚动的和基于驱动因子的方法。

在这种环境中,预测变为一个极其重要的管理过程。为了抓住正确的机遇,为了满足投资者的要求,以及在风险出现时对其进行识别,很关键的一点就是深入了解潜在的未来发展,管理不能再依赖于传统的管理工具。在应对过程中,越来越多的企业已经或者正准备从静态预测模型转型到一个利用滚动时间范围的预测模型。

采取滚动预测的公司往往有更高的预测精度,更快的循环时间,更好的业务参与度和更多明智的决策制定。滚动预测可以对业务绩效进行前瞻性预测;为未来计划周期提供一个基线;捕获变化带来的长期影响;与静态年度预测相比,滚动预测能够在觉察到业务决策制定的时间点得到定期更新,并减轻财务团队巨大的行政负担。

3. 预测与自适应管理

与过去稳定、持续变化的工业时代不同,现在是一个不可预测、非持续变化的信息时代。企业员工需要具备更高的技能,创新的步伐将进一步加快,顾客将拥有更多的话语权。

为了应对这些变化,CFO们需要一个能让各级管理者快速做出明智决策的系统。他们必须将年度计划周期替换为更加常规的业务审核,通过滚动预测提供支持,让管理者能够看到趋势和模式,在竞争对手之前取得突破,在产品与市场方面做出更明智决策。具体来说,CFO需要通过持续计划周期进行管理,让滚动预测成为主要的管理工具,每天和每周报告关键指标。同时需要注意使用滚动预测改进短期可见性,并将预测作为管理手段,而不是度量方法。

大数据预测分析的行业应用举例如下。

(1)预测分析帮助制造业高效维护运营并更好地控制成本。一直以来,制造业面临的挑战是在生产优质商品的同时在每一步流程中优化资源。制造商已经制定了一系列成熟方法来控制质量、管理供应链和维护设备。如今,面对持续的成本控制工作,工厂管理人员、维护工程师和质量控制的监督执行人员都希望知道如何在维持质量标准的同时避免昂贵的非计划停机时间或设备故障,以及如何控制维护、修理和大修业务的人力和库存成本。此外,财务和客户服务部门的管理人员,以及最终的高管级别的管理人员,与生产流程能否很好地交付成品息息相关。

(2)犯罪预测与预防。预测分析利用先进的分析技术营造安全的公共环境。为确保公共安全,执法人员一直主要依靠个人直觉和可用信息来完成任务。为了能够更加智慧地工作,许多警务组织正在充分合理地利用他们获得和存储的结构化信息(如犯罪和罪犯数据)和非结构化信息(在沟通和监督过程中取得的影音资料)。通过汇总、分析这些庞大的数据,得出的信息不仅有助于了解过去发生的情况,还能够帮助预测将来可能发生的事件。

利用历史犯罪事件、档案资料、地图和类型学以及诱发因素(如天气)和触发事件(如假期或发薪日)等数据,警务人员将可以:确定暴力犯罪频繁发生的区域;将地区性或全国性犯罪团伙活动与本地事件进行匹配;剖析犯罪行为以发现相似点,将犯罪行为与有犯罪记录的罪犯挂钩;找出最可能诱发暴力犯罪的条件,预测将来可能发生这些犯罪活动的时间和地点;确定重新犯罪的可能性。

(3)预测分析帮助电信运营商更深入了解客户。受技术和法规要求的推动,以及基于互联网的通信服务提供商和模式的新型生态系统的出现,电信提供商要想获得新的价值来源,需要对业务模式做出根本性的转变,并且必须有能力将战略资产和客户关系与旨在抓住新市场机遇的创新相结合。预测和管理变革的能力将是未来电信服务提供商的关键能力。

13.1.2　数据具有内在预测性

大部分数据的堆积都不是为了预测,但预测分析系统能从这些庞大的数据中学到预测未来的能力,正如人们可以从自己的经历中吸取经验教训那样。

数据最激动人心的不是其数量,而是其增长速度。我们会敬畏数据的庞大数量,今天的数据必然比昨天多。但规模是相对的,而不是绝对的。数据规模并不重要,重要的是其膨胀速度。

世上万物均有关联,这在数据中也有反映。例如:

(1)你的购买行为与你的消费历史、在线习惯、支付方式以及社会交往人群相关。数据能从这些因素中预测出消费者的行为。

(2)你的身体健康状况与生命选择和环境有关,因此数据能通过小区以及家庭规模等信息来预测你的健康状态。

(3)你对工作的满意程度与你的工资水平、表现评定以及升职情况相关,而数据则能反映这些现实。

(4)经济行为与人类情感相关,因此数据也将反映这种关系。

数据科学家通过预测分析系统不断地从数据堆中找到规律。如果将数据整合在一起,尽管你不知道自己将从这些数据中发现什么,你至少能通过观测解读数据语言来发现某些内在联系。数据效应就是这么简单。

预测常常是从小处入手。预测分析是从预测变量开始的,这是对个人单一值的评测。近期性就是一个常见的变量,表示某人最近一次购物、最近一次犯罪或最近一次发病到现在的时间,近期值越接近现在,观察对象再次采取行动的概率就越高。许多模型的应用都是从近期表现最积极的人群开始的,无论是试图建立联系、开展犯罪调查还是进行医疗诊断。

与此相似,频率——描述某人做出相同行为的次数也是常见且富有成效的指标。如果有人此前经常做某事,那么他再次做这件事的概率就会很高。实际上,预测就是根据人的过去行为来预见其未来行为。因此,预测分析模型不仅要靠那些枯燥的基本人口数据,如住址、性别等,而且也要涵盖近期性、频率、购买行为、经济行为以及电话和上网等产品使用习惯之类的行为预测变量。这些行为通常是最有价值的,因为我们要预测的就是未来是否还会出现这些行为,这就是通过行为来预测行为的过程。正如哲学家萨特所言:"人的自我由其行为决定。"

预测分析系统会综合考虑数十项甚至数百项预测变量。你要把个人的全部已知数据都输入系统,然后等着系统运转。系统内综合考量这些因素的核心学习技术正是科学的魔力所在。

13.1.3　定量分析与定性分析

定量分析与定性分析都是一种数据分析技术。其中,定量分析专注于量化从数据中发现的模式和关联。基于统计实践,这项技术涉及分析大量从数据集中所得的观测结果。因为样本容量极大,其结果可以被推广,在整个数据集中都适用。定量分析结果是绝对数值型的,因此可以被用在数值比较上。例如,对于冰激凌销量的定量分析可能发现:温度上升 5 ℃,冰激凌销量提升 15%。

定性分析专注于用语言描述不同数据的质量。与定量分析相对比,定性分析涉及分析相对小而深入的样本。由于样本很小,这些分析结果不能被适用于整个数据集中。它们也不能测量数值或用于数值比较。例如,冰激凌销量分析可能揭示了五月份销量图不像六月份一样高。分析结果仅仅说明了"不像它一样高",而并未提供数字偏差。定性分析的结果是描述性的,即用语言对关系的描述,这个定性结果不能适用于整个数据集。

13.2 统计分析

统计分析以数学公式为手段来分析数据。统计方法大多是定量的,但也可以是定性的。这种分析通常通过概述来描述数据集,比如提供与数据集相关的统计数据的平均值、中位数或众数。它也可以被用于推断数据集中的模式和关系,例如相关性分析和回归性分析。

13.2.1 A/B 测试

A/B 测试又称分割测试或木桶测试,是指在网站优化的过程中,同时提供多个版本(如版本 A 和版本 B,见图 13-4),并对各自的好评程度进行测试的方法。每个版本中的页面内容、设计、布局、文案等要素有所不同,通过对比实际的点击量和转化率,可以判断哪一个更加优秀。

图 13-4 A/B 测试

A/B 测试根据预先定义的标准,比较一个元素的两个版本以确定哪个版本更好。这个元素可以有多种类型,它可以是具体内容,如网页,或者是提供的产品或服务,如电子产品的交易。现有元素版本称为控制版本,反之改良的版本称为处理版本。两个版本同时进行一项实验,记录观察结果来确定哪个版本更成功。

尽管 A/B 测试几乎适用于任何领域,它最常被用于市场营销。通常,目的是用增加销量的目标来测量人类行为。例如,为了确定 A 公司网站上冰激凌广告可能的最好布局,使用两个不同版本的广告。版本 A 是现存的广告(控制版本),版本 B 的布局被做了轻微的调整(处理版本)。然后将两个版本同时呈献给不同的用户:A 版本给 A 组和 B 版本给 B 组。结果分析揭示了相比于 A 版本的广告,B 版本的广告促进了更多的销量。

在其他领域(如科学领域),目标可能仅仅是观察哪个版本运行得更好,用来提升流程或产品。A/B 测试适用的样例问题可以为:

(1)新版药物比旧版更好吗?

(2)用户会对邮件或电子邮件发送的广告有更好的反响吗?

(3)网站新设计的首页会产生更多的用户流量吗?

虽然都是大数据,但传感器数据和 SNS(social networking services,社交网络服务)数据在各自数据的获取方法和分析方法上是有所区别的。SNS 需要从用户发布的庞大文本数据中提炼出自己所需要的信息,并通过文本挖掘和语义检索等技术,由机器对用户要表达的意图进行自动分析。

在支撑大数据的技术中,虽然 Hadoop、分析型数据库等基础技术是不容忽视的,但即便这些技术对提高处理的速度做出了很大的贡献,仅靠其本身并不能产生商业上的价值。从在商业上利用大数据的角度来看,像自然语言处理、语义技术、统计分析等,能够从个别数据总结出有用信息的技术,也需要重视起来。

13.2.2 相关性分析

相关性分析是一种用来确定两个变量是否互相有关系的技术。如果发现它们有关,下一步是确定它们之间是什么关系。例如,变量 B 无论何时增长,变量 A 都会增长,更进一步,我们可能会探究变量 A 与变量 B 的关系到底如何,这就意味着我们也想分析变量 A 增长与变量 B 增长的相关程度。

利用相关性分析可以帮助形成对数据集的理解,并且发现可以帮助解释一个现象的关联。因此相关性分析常被用来做数据挖掘,也就是识别数据集中变量之间的关系来发现模式和异常。这可以揭示数据集的本质或现象的原因。

当两个变量被认为有关时,基于线性关系它们保持一致。这就意味着当一个变量改变,另一个变量也会恒定地成比例地改变。相关性用一个 −1 到 +1 之间的十进制数表示,它也被称为相关系数。当数字从 −1 到 0 或从 +1 到 0 改变时,关系程度由强变弱。

图 13-5 描述了 +1 的相关性,表明两个变量之间呈正相关关系。

图 13-6 描述了 0 的相关性,表明两个变量之间没有关系。

图 13-7 描述了 −1 的相关性,表明两个变量之间呈负相关关系。

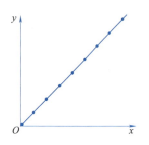 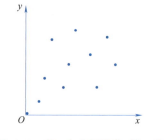 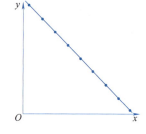

图 13-5 当一个变量增大,另一个也增大,反之亦然

图 13-6 当一个变量增大,另一个保持不变或者无规律地增大或者减小

图 13-7 当一个变量增大,另一个减小,反之亦然

例如,销售经理认为冰激凌商店需要在天气热的时候存储更多的冰激凌,但是不知道要多存储

多少。为了确定天气和冰激凌销量之间是否存在关系,分析师首先对出售的冰激凌数量和温度记录作了相关性分析,得出的值为+0.75,表明两者之间确实存在正相关,这种关系表明当温度升高,冰激凌卖得更好。

相关性分析适用的样例问题可以是:

(1)离大海的距离远近会影响一个城市的温度高低吗?

(2)在小学表现好的学生在高中也会同样表现很好吗?

(3)肥胖症和过度饮食有怎样的关联?

13.2.3 回归性分析

回归性分析技术旨在探寻在一个数据集内一个因变量与自变量的关系。在一个示例场景中,回归性分析可以帮助确定温度(自变量)和作物产量(因变量)之间存在的关系类型。利用此项技术帮助确定自变量变化时,因变量的值如何变化。例如,当自变量增加,因变量是否会增加? 如果是,增加是线性的还是非线性的?

例如,为了决定冰激凌店要多备多少库存,分析师通过插入温度值进行回归性分析。将这些基于天气预报的值作为自变量,将冰激凌出售量作为因变量。分析师发现温度每上升5 ℃,就需要15% 的附加库存。

多个自变量可以同时被测试。然而,在这种情况下,只有一个自变量可能改变,其他保持不变。回归性分析可以帮助更好地理解一个现象是什么以及现象是怎么发生的。它也可以用来预测因变量的值。

如图 13-8 所示,线性回归表示一个恒定的变化速率。

如图 13-9 所示,非线性回归表示一个可变的变化速率。

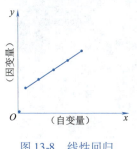

图 13-8　线性回归

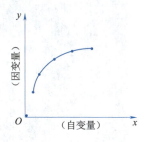

图 13-9　非线性回归

其中,回归性分析适用的样例问题可以是:

(1)一个离海 250 英里(1 英里 =1.61 km)的城市的温度会是怎样的?

(2)基于小学成绩,一个学生的高中成绩会是怎样的?

(3)基于食物的摄入量,一个人肥胖的概率是怎样的?

回归性分析和相关性分析相互联系,而又有区别。相关性分析并不意味着因果关系。一个变量的变化可能并不是另一个变量变化的原因,虽然两者可能同时变化。这种情况的发生可能是由于未知的第三变量,又称混杂因子。相关性假设这两个变量是独立的。

然而,回归性分析适用于之前已经被识别作为自变量和因变量的变量,并且意味着变量之间有一定程度的因果关系。可能是直接或间接的因果关系。在大数据中,相关性分析可以首先让用户发现关系的存在。回归性分析可以用于进一步探索关系并且基于自变量的值预测因变量的值。

13.3 数据挖掘

数据挖掘又称数据发现,是一种针对大型数据集的数据分析的特殊形式。当提到与大数据的关系时,数据挖掘通常指的是自动的、基于软件技术的、筛选海量数据集来识别模式和趋势的技术。

特别是为了识别以前未知的模式,数据挖掘涉及提取数据中的隐藏或未知模式。数据挖掘形成了预测分析和商务智能的基础。

所谓链接挖掘是对SNS、网页之间的链接结构、邮件的收发件关系、论文的引用关系等各种网络中的相互联系进行分析的一种挖掘技术。特别是最近,这种技术被应用在SNS中,如"你可能认识的人"推荐功能,以及用于找到影响力较大的风云人物。

所谓六度理论是指任何一个陌生人之间所间隔的人不会超过六个,也就是说,最多通过六个人你就能够认识任何一个陌生人(见图13-10)。依据六度理论,SNS采用分布式技术,用点对点方式构建基于个人的网络软件。SNS统筹安排分散在个人设备上的CPU、硬盘、带宽,并赋予这些相对服务器来说很渺小的设备以更强大的能力,包括计算速度、通信速度、存储空间。

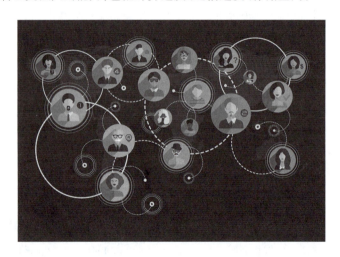

图 13-10 SNS

在互联网中,PC、智能手机都没有强大的计算及带宽资源,它们依靠网络服务器才能浏览发布信息。如果将每个设备的计算及带宽资源进行重新分配与共享,这些设备就有可能具备比那些服务器更为强大的能力。这就是分布计算理论诞生的根源,是SNS技术诞生的理论基础。

13.4 大数据分析生命周期

采用大数据会改变商业分析的途径。大数据分析的生命周期从大数据项目商业案例的创立开始,到保证分析结果部署在组织中并最大化地创造价值时结束。在数据识别、获取、过滤、提取、清理和聚合过程中有许多步骤,这些都是在数据分析之前所必需的。生命周期的执行需要让组织内培养或者雇佣新的具有相关能力的人。

由于被处理数据的容量、速率和多样性的特点,大数据分析不同于传统的数据分析。为了处理大数据分析需求的多样性,需要一步步地使用采集、处理、分析和重用数据等方法。大数据分析生命周期可以组织和管理与大数据分析相关的任务和活动。从大数据的采用和规划的角度来看,除了生命周期以外,还必须考虑数据分析团队的培训、教育、工具和人员配备的问题。

大数据分析的生命周期可以分为九个阶段,如图 13-11 所示。

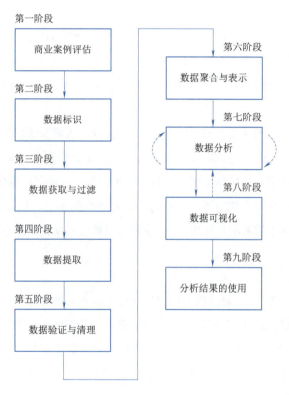

图 13-11　大数据分析生命周期的九个阶段

13.4.1　商业案例评估

每个大数据分析生命周期都必须起始于一个被很好定义的商业案例,这个商业案例有着清晰的执行分析的理由、动机和目标。在商业案例分析阶段中,一个商业案例应该在着手分析任务之前被创建、评估和改进。

大数据分析商业案例的评估能够帮助决策者了解需要使用哪些商业资源,需要面临哪些挑战。另外,在这个环节中深入区分关键绩效指标能够更好地明确分析结果的评估标准和评估路线。如果关键绩效指标不容易获取,则需要努力使这个分析项目变得 SMART,即 specific(具体的)、measurable(可衡量的)、attainable(可实现的)、relevant(相关的)和 timely(及时的)。

基于商业案例中记录的商业需求,我们可以确定定位的商业问题是否为真正的大数据问题。为此,这个商务问题必须直接与一个或多个大数据的特点相关,这些特点主要包括数据量大、周转迅速、种类众多。

同样还要注意的是,本阶段的另一个结果是确定执行这个分析项目的基本预算。任何需要购买的东西(如工具、硬件、培训等)都要提前确定以保证我们可以对预期投入和最终实现目标所产生的收益进行衡量。比起能够反复使用前期投入的后期迭代,大数据分析生命周期的初始迭代在大数据技术、产品和训练上需要更多的前期投入。

13.4.2 数据标识

数据标识阶段主要用来标识分析项目所需要的数据集和所需的资源。

标识种类众多的数据资源可能会提高找到隐藏模式和相互关系的可能性。例如,为了提供洞察能力,尽可能多地标识出各种类型的相关数据资源非常有用,尤其是当我们探索的目标并不是那么明确的时候。

根据分析项目的业务范围和正在解决的业务问题的性质,所需要的数据集和它们的源可能是企业内部和/或企业外部的。在内部数据集的情况下,像是数据集市和操作系统等一系列可供使用的内部资源数据集往往靠预定义的数据集规范进行收集和匹配。在外部数据集的情况下,像是数据市场和公开可用的数据集一系列可能的第三方数据提供者的数据集会被收集。一些外部数据的形式则会内嵌到博客和一些基于内容的网站中,这些数据需要通过自动化工具获取。

13.4.3 数据获取与过滤

在数据获取和过滤阶段,前一阶段标识的数据已经从所有数据资源中获取到。这些数据接下来会被归类并进行自动过滤,以去除掉所有被污染的数据和对分析对象毫无价值的数据。

根据数据集的类型,数据可能会是档案文件,如从第三方数据提供者处购入的数据;可能需要API集成,像是推特上的数据。在许多情况下,我们得到的数据常常是并不相关的数据,特别是外部的非结构化数据,这些数据会在过滤程序中被丢弃。

被定义为"坏"数据的,是其包括遗失或毫无意义的值或是无效数据类型。但是,被一种分析过程过滤掉的数据集还有可能对于另一种不同类型的分析过程具有价值。因此,在执行过滤之前存储一份原文副本是个不错的选择。为了节省存储空间,可以对原文副本进行压缩。

内部数据或外部数据在生成或进入企业后都需要保存。为了满足批处理分析的要求,数据必须在分析之前存储在磁盘中。而在实时分析时,数据需要先进行分析然后再存储到磁盘中。

元数据通过自动操作添加来自内部和外部的数据资源,来改善分类和查询(见图 13-12)。扩充的元数据例子主要包括数据集的大小和结构、资源信息、日期、创建或收集的时间、特定语言的信息等。确保元数据能够被机器读取并传送到数据分析的下一个阶段是至关重要的,这能够帮助我们在贯穿大数据分析的生命周期中保留数据的起源信息,保证数据的精确性和高质量。

第13课 大数据预测分析

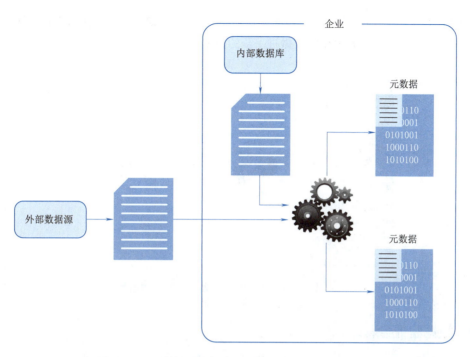

图 13-12　元数据从内部资源和外部资源添加到数据中

13.4.4　数据提取

为分析而输入的外部资源数据可能会与大数据方案产生格式上的不兼容。数据提取阶段主要是要提取不同的数据，并将其转化为大数据解决方案中可用于数据分析的格式。

需要提取和转化的程度取决于分析的类型和大数据解决方案的能力。例如，如果相关的大数据解决方案已经能够直接加工文件，那么从有限的文本数据（如网络服务器日志文件）中提取需要的域，可能就不必要了。类似地，如果大数据解决方案可以直接以本地格式读取文稿的话，对于需要总览整个文稿的文本分析而言，文本的提取过程就会简化许多。

图 13-13 显示了从没有更多转化需求的 XML 文档中提取注释和内嵌用户 ID。

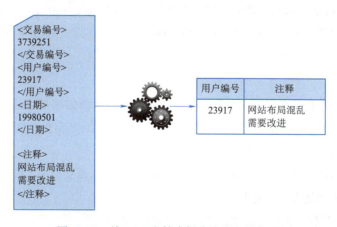

图 13-13　从 XML 文档中提取注释和用户 ID

215

图 13-14 显示了从单个 JSON 字段中提取用户编号和相关信息。为了满足大数据解决方案的需求,将数据分为两个不同的域,这就需要做进一步的数据转化。

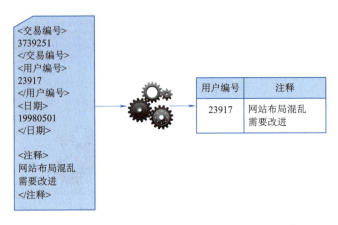

图 13-14　从单个 JSON 文件中提取用户编号和相关信息

13.4.5　数据验证与清理

无效数据会歪曲和伪造分析的结果。和传统的企业数据(数据结构被提前定义好、数据也被提前校验)不同,大数据分析的数据输入往往没有任何的参考和验证进行结构化操作,其复杂性会进一步使数据集的验证约束变得困难。

数据验证和清理阶段是为了整合验证规则并移除已知的无效数据。大数据经常会从不同的数据集中接收到冗余的数据。这些冗余数据往往会为了整合验证字段、填充无效数据而被用来探索有联系的数据集。数据验证会被用来检验具有内在联系的数据集,填充遗失的有效数据。

对于批处理分析,数据验证与抽取可以通过离线 ETL(抽取-转换-加载)来执行。对于实时分析,则需要一个更加复杂的在内存中的系统对从资源中得到的数据进行处理,在确认问题数据的准确性和质量时,来源信息往往扮演着十分重要的角色。有的时候,看起来无效的数据(见图 13-15)可能在其他隐藏模式和趋势中具有价值,在新的模式中可能有意义。

图 13-15　无效数据的存在造成的峰值

13.4.6　数据聚合与表示

数据可以在多个数据集中传播,这要求这些数据集通过相同的域被连接在一起,就像日期和 ID。在其他情况下,相同的数据域可能会出现在不同的数据集中,如出生日期。无论哪种方式都需要对数据进行核对的方法或者需要确定表示正确值的数据集。

数据聚合和表示阶段是专门为了将多个数据集进行聚合,从而获得一个统一的视图。在这个阶段会因为以下两种不同情况变得复杂:

(1)数据结构。尽管数据格式是相同的,数据模型则可能不同。

(2)语义。在两个不同的数据集中具有不同标记的值可能表示同样的内容,比如"姓"和"姓氏"。

通过大数据解决方案处理的大量数据能够使数据聚合变成一个时间和劳动密集型的操作。调和这些差异需要的是可以自动执行的无须人工干预的复杂逻辑。

在此阶段,需要考虑未来的数据分析需求,以帮助数据的可重用性。是否需要对数据进行聚合,了解同样的数据能以不同形式来存储十分重要。一种形式可能比另一种更适合特定的分析类型。例如,如果需要访问个别数据字段,以 BLOB(binary large object,二进制大对象)存储的数据就会变得没有多大用处。

由大数据解决方案进行标准化的数据结构可以作为一个标准的共同特征被用于一系列分析技术和项目。这可能需要建立一个像非结构化数据库一样的中央标准分析仓库(见图 13-16)。

图 13-17 展示了存储在两种不同格式中的相同数据块。数据集 A 包含所需的数据块,但是由于它是 BLOB 的一部分而不容易访问。数据集 B 包含有相同的以列为基础存储的数据块,使得每个字段都被单独查询到。

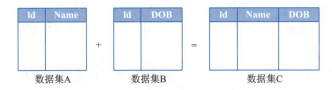

图 13-16　使用 ID 域聚集两个数据域

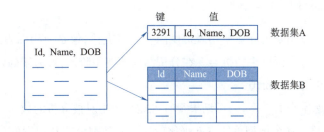

图 13-17　数据集 A 和 B 能通过大数据解决方案结合起来创建一个标准化的数据结构

13.4.7　数据分析

数据分析阶段致力于执行实际的分析任务,通常会涉及一种或多种类型的数据分析。在这个阶段,数据可以自然迭代,尤其是在数据分析是探索性分析的情况下,分析过程会一直重复,直到适当的模式或者相关性被发现。

根据所需的分析结果的类型,这个阶段可以被尽可能地简化为查询数据集以实现用于比较的聚合。另一方面,它可以结合数据挖掘和复杂统计分析技术发现各种模式和异常,生成一个统计或是数学模型来描述变量关系,一样具有挑战性。

数据分析可以分为验证分析和探索分析两类,后者常常与数据挖掘相联系。

验证性数据分析是一种演绎方法,即先提出被调查现象的原因,这种被提出的原因或者假说称为一个假设。接下来使用数据分析以验证和反驳这个假设,并为这些具体的问题提供明确的答案。我们常常会使用数据采样技术,意料之外的发现或异常经常会被忽略,因为预定的原因是一个假设。

探索性数据分析是一种与数据挖掘紧密结合的归纳法。在这个过程中没有假想的或是预定的假设产生。相反，数据会通过分析探索发展一种对于现象起因的理解。尽管它可能无法提供明确的答案，但这种方法会提供一个大致的方向以便发现模式或异常。

13.4.8 数据可视化

如果只有分析师才能解释数据分析结果的话，那么分析海量数据并发现有用的见解的能力就没有什么价值了。

数据可视化阶段致力于使用数据可视化技术和工具，并通过图形表示有效的分析结果。为了从分析中获取价值并在随后拥有从第八阶段（数据可视化）向第七阶段（数据分析）提供反馈的能力，用户必须充分理解数据分析的结果。

完成数据可视化阶段得到的结果能够为用户提供执行可视化分析的能力，这能够让用户去发现一些未曾预估到的问题的答案。可视化分析技术会在本书的后面进行介绍。相同的结果可能会以许多不同的方式呈现，这会影响最终结果的解释。因此，重要的是保证在相应环境中使用最合适的可视化技术。

另一个必须要记住的方面是：为了让用户了解最终的积累或者汇总结果是如何产生的，提供一种相对简单的统计方法也是至关重要的。

13.4.9 分析结果的使用

大数据分析结果可以用来为商业使用者提供商业决策支持，像是使用图表之类的工具，可以为使用者提供更多使用这些分析结果的机会。在分析结果的使用阶段，致力于确定如何以及在哪里处理分析数据能保证产出更大的价值。

基于要解决的问题本身的性质，分析结果很有可能会产生对被分析的数据内部一些模式和关系有着新的看法的"模型"。这个模型可能看起来比较像一些数据公式和规则的集合。它们可以用来改进商业进程的逻辑和应用系统的逻辑。它们也可以作为新的系统或者软件的基础。

在这个阶段常常会被探索的领域主要有以下几方面：

（1）企业系统的输入。数据分析的结果可以自动或者手动地输入到企业系统中，用来改进系统的行为模式。例如，在线商店可以通过处理用户关系分析结果来改进产品推荐方式。新的模型可以在现有的企业系统或是在新系统的基础上改善操作逻辑。

（2）商务进程优化。在数据分析过程中识别出的模式、关系和异常能够用来改善商务进程。例如作为供应链的一部分整合运输线路。模型也有机会能够改善商务流程逻辑。

（3）警报。数据分析的结果可以作为现有警报的输入或者是新警报的基础。例如，可以创建通过电子邮件或者短信的警报来提醒用户采取纠正措施。

【作　业】

1. 预测分析是一种（　　）解决方案，可在结构化和非结构化数据中使用以确定未来结果的算

第13课 大数据预测分析

法和技术,用于预测、优化、预报和模拟等许多用途。

　　A. 存储和计算　　　　　　　　　　B. 统计或数据挖掘

　　C. 数值计算和分析　　　　　　　　D. 数值分析和计算处理

2. 预测分析和假设情况分析可帮助用户评审和权衡(　　)的影响力,用来分析历史模式和概率,以预测未来业绩并采取预防措施。

　　A. 资源运用　　B. 潜在风险　　C. 经济价值　　D. 潜在决策

3. 预测分析的主要作用包括(　　)。

　　①决策管理　　②滚动预测　　③成本计算　　④自适应管理

　　A. ②③④　　B. ①②③　　C. ①②④　　D. ①③④

4. 大部分数据的堆积都不是为了(　　),但分析系统能从这些庞大的数据中学到预测未来的能力,正如人们可以从自己的经历中吸取经验教训那样。

　　A. 预测　　B. 计算　　C. 处理　　D. 存储

5. 如果将数据整合在一起,尽管你不知道自己将从这些数据里发现什么,但至少能通过观测解读数据语言来发现某些(　　),这就是数据效应。

　　A. 外在联系　　B. 内在联系　　C. 逻辑联系　　D. 物理联系

6. 预测分析模型不仅要靠基本人口数据,如住址、性别等,而且也要涵盖近期性、频率、购买行为、经济行为以及电话和上网等产品使用习惯之类的(　　)变量。

　　A. 行为预测　　B. 生活预测　　C. 经济预测　　D. 动作预测

7. 定量分析专注于量化从数据中发现的模式和关联,这项技术涉及分析大量从数据集中所得的观测结果,其结果是(　　)的。

　　A. 相对字符型　　B. 相对数值型　　C. 绝对字符型　　D. 绝对数值型

8. 定性分析专注于用(　　)描述不同数据的质量。与定量分析相对比,定性分析涉及分析相对小而深入的样本,其分析结果不能适用于整个数据集,也不能测量数值或用于数值比较。

　　A. 数字　　B. 符号　　C. 语言　　D. 字符

9. 当提到与大数据的关系时,数据挖掘通常是指(　　),它涉及提取数据中的隐藏或未知模式。

　　A. 自动的、基于软件技术的、筛选海量数据集来识别模式和趋势的技术

　　B. 手工的、基于统计算法来计算分析的技术

　　C. 自动的、基于随机小样本分析、筛选批量数据集来识别趋势的技术

　　D. 基于手工方式、发挥计算者智慧的识别模式和趋势的技术

10. A/B测试是指在网站优化的过程中,根据预先定义的标准,提供(　　)并对其好评程度进行测试的方法。

　　A. 一个版本　　B. 多个版本　　C. 一个或多个版本　　D. 单个测试样本

11. 下列(　　)属于A/B测试。

　　①新版药物比旧版更好吗

　　②用户会对邮件或电子邮件发送的广告有更好的反响吗

219

③这项研究有较好的经济价值和社会效应吗

④网站新设计的首页会产生更多的用户流量吗

  A.②③④   B.①②③   C.①②④   D.①③④

12.相关性分析是一种用来确定(　　)的技术。如果发现它们有关,下一步是确定它们之间是什么关系。

  A.两个变量是否相互独立   B.两个变量是否互相有关系

  C.多个数据集是否相互独立   D.多个数据集是否相互有关系

13.回归性分析技术旨在探寻在一个数据集内一个(　　)有着怎样的关系。

  A.外部变量和内部变量   B.小数据变量和大数据变量

  C.组织变量和社会变量   D.因变量与自变量

14.在大数据分析中,(　　)分析可以首先让用户发现关系的存在,(　　)分析可以用于进一步探索关系并且基于自变量的值来预测因变量的值。

  A.相关性,回归性   B.回归性,相关性

  C.相关性,复杂性   D.复杂性,回归性

15.SNS(社会性网络软件)是一个依据(　　)采用(　　)构建的下一代基于个人的网络软件。

  A.计算理论,电子技术   B.六度理论,点对点技术

  C. AI 理论,通信技术   D.工程理论,OA 技术

16.大数据分析的生命周期从大数据项目商业案例的创立开始,到保证分析结果部署在组织中并最大化地创造了价值时结束。在数据(　　)过程中有许多步骤都是在数据分析之前所必需的。

  A.识别、获取、过滤、提取、清理和聚合   B.打印、计算、过滤、提取、清理和聚合

  C.统计、计算、过滤、存储、清理和聚合   D.存储、提取、统计、计算、分析和打印

17.每一个大数据分析生命周期都必须起始于一个被很好定义的(　　),它应该在着手分析任务之前被创建、评估和改进,并且有着清晰地执行分析的理由、动机和目标。

  A.商业计划   B.社会目标   C.盈利方针   D.商业案例

18.在大数据分析商业案例的评估中,如果关键绩效指标不容易获取,则需要努力使这个分析项目变得 SMART,即(　　)。

  A.实际的、大胆的、有价值的、可分析的

  B.有风险的、有机会的、能实现的和有价值的

  C.具体的、可衡量的、可实现的、相关的和及时的

  D.有理想的、有价值的、有前途的和能实现的

19.大数据分析的生命周期可以分为九个阶段,其中包括(　　)阶段。

①商业案例评估   ②数值计算

③数据获取与过滤   ④数据提取

  A.①②④   B.①③④   C.①②③   D.②③④

20.大数据分析结果可以用来为商业使用者提供商业决策支持,为使用者提供更多使用这些分析结果的机会。分析结果的使用阶段致力于确定(　　)分析数据能保证产出更大的价值。

第13课 大数据预测分析

A. 如何以及在哪里处理　　　B. 怎样以及什么时候

C. 是否以及怎样　　　　　　D. 如何打印以及存储

实训与思考　理解大数据的内在预测性

1. 概念理解

(1)阅读课文,思考并简单分析"数据具有内在预测性"。

答:＿＿＿＿＿＿＿＿＿＿＿＿＿＿＿＿＿＿＿＿＿＿＿＿＿＿＿＿＿＿＿＿＿＿＿＿＿＿

＿＿＿

＿＿＿

(2)简述统计分析中"相关性分析"和"回归型分析"的不同应用场景。

相关性分析:＿＿＿＿＿＿＿＿＿＿＿＿＿＿＿＿＿＿＿＿＿＿＿＿＿＿＿＿＿＿＿＿＿＿

＿＿＿

＿＿＿

回归型分析:＿＿＿＿＿＿＿＿＿＿＿＿＿＿＿＿＿＿＿＿＿＿＿＿＿＿＿＿＿＿＿＿＿＿

＿＿＿

＿＿＿

(3)阅读课文,结合查阅相关文献资料,为"数据挖掘"给出一个简单定义。

答:＿＿＿＿＿＿＿＿＿＿＿＿＿＿＿＿＿＿＿＿＿＿＿＿＿＿＿＿＿＿＿＿＿＿＿＿＿＿

＿＿＿

＿＿＿

＿＿＿

(4)简单分析"大数据分析生命周期的实用意义"。

答:＿＿＿＿＿＿＿＿＿＿＿＿＿＿＿＿＿＿＿＿＿＿＿＿＿＿＿＿＿＿＿＿＿＿＿＿＿＿

＿＿＿

＿＿＿

＿＿＿

2. 实训总结

＿＿＿

＿＿＿

＿＿＿

3. 实训评价(教师)

＿＿＿

＿＿＿

＿＿＿

第14课 大数据安全与法律

学习目标
(1)熟悉大数据的管理维度,了解大数据存在的安全问题。
(2)了解大数据的安全体系,熟悉大数据的安全要素。
(3)熟悉大数据伦理与法规要求。

学习难点
(1)大数据管理维度。
(2)大数据伦理与法规。

导读案例 《中华人民共和国个人信息保护法》施行

2021年11月1日《中华人民共和国个人信息保护法》(简称《个人信息保护法》)正式施行。这是一个全面的法律框架,用于规范个人信息的处理和收集以及跨境传输。

与以往类似法律的迭代不同,《个人信息保护法》第13条,将员工和人力资源管理人员纳入个人信息保护范围。这意味着与雇佣和人力资源相关的个人信息,包括薪酬和绩效评估信息,除非经过匿名处理或获得员工的知情同意,否则不得将其发送到中国境外(见图14-1)。

图14-1 个人信息保护

第14课 大数据安全与法律

《个人信息保护法》类似于欧盟的《通用数据保护条例（GDPR）》，但一些重要方面有所不同。与GDPR一样，《个人信息保护法》具有广泛的域外管辖权。因此，即使是在中国没有业务的公司，如果从中国境内的人那里收集数据，也可能受到新法律的影响。这对可能在中国境外拥有母公司和人力资源部门的公司产生了影响。

重大差异：GDPR要宽容一些，例如，如果接收国拥有强大的数据保护制度，则可以在不增加额外保护的情况下传输数据，但是在中国不行。如果要向中国境外发送数据，那是个人数据，在合法转移之前有先决条件。

另一个不同之处在于，《个人信息保护法》有明确规定，政府部门不能越界，但公共安全和国家安全也有例外。此外，未经中国政府同意，公司不得转让与执法或司法事项有关的个人信息。法律要求那些在中国没有业务的外国公司指定一名当地代表，就像代理人一样，处理有关在中国收集的个人信息的问题。如果出现问题，这些公司仍然要承担责任。责任基本上延伸到个人信息的原始收集者。

总之，我国自身的数字经济发展规模和基础，以及对未来发展的宏观愿景，都决定了在设计个人信息保护方案时，有着基于自身国情的特殊考量。我国新数据隐私保护法虽然在整体上与国际规则接轨，但是在具体机制上仍然有细微差别。

阅读上文，思考、分析并简单记录：

(1) 2021年11月1日《个人信息保护法》正式施行。通过网络搜索该法律文件，阅读、了解该法律文件的主要内容。简单记录你的阅读体会。

答：_____

_____

_____

(2) 通过网络搜索浏览欧盟的《通用数据保护条例（GDPR）》。该文件与《个人信息保护法》在哪些方面有所不同？简单记录。

答：_____

_____

_____

(3)《个人信息保护法》明确规定，未经中国政府同意，公司不得转让与执法或司法事项有关的个人信息。法律要求那些在中国没有业务的外国公司必须指定一名当地代表，就像代理人一样。这样做的具体作用是什么？

答：_____

_____

_____

_____

(4)简述你所知道的上一周发生的国际、国内或者身边的大事。

答：_____

_____

_____

传统的信息安全侧重于信息内容(信息资产)的管理,更多地将信息作为企业/机构的自有资产进行相对静态的管理,不能适应实时动态的大规模数据流转和大量用户数据处理的特点。大数据的特性和新的技术架构颠覆了传统的数据管理方式,在数据来源、数据处理、数据使用和数据思维等方面带来革命性的变化,这给大数据的安全防护带来了严峻挑战。大数据的安全不仅是大数据平台的安全,而且是以数据为核心,在全生命周期各阶段流转过程中,在数据采集汇聚、数据存储处理、数据共享使用等方面都面临新的安全挑战。

14.1 大数据的管理维度

数据已成为国家基础性战略资源,建立健全大数据安全保障体系,对大数据的平台及服务进行安全评估,是推进大数据产业化工作的重要基础任务。我国的《网络安全法》《网络产品和服务安全审查办法》《数据安全管理办法》等法律法规的陆续实施,对大数据运营商提出了诸多合规要求。如何应对大数据安全风险,确保其符合网络安全法律法规政策,成为亟须解决的问题。

大数据管理具有分布式、无中心、多组织协调等特点。因此有必要从数据语义、生命周期和信息技术(IT)三个维度(见图14-2)认识数据管理技术涉及的数据内涵,分析和理解数据管理过程中需要采用的IT安全技术及其管控措施和机制。

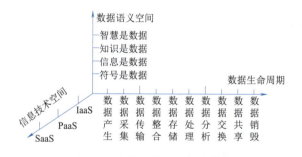

图 14-2 大数据管理的三个维度

从大数据运营者的角度看,大数据生态系统应提供包括大数据应用安全管理、身份鉴别和访问控制、数据业务安全管理、大数据基础设施安全管理和大数据系统应急响应管理等业务安全功能,因此大数据业务目标应包括这五个方面。

全国大数据标准化工作会议暨全国信标委大数据标准工作组第七次全会上发布了《大数据标准化白皮书(2020版)》。白皮书指出了目前大数据产业化发展面临的安全挑战,包括法律法规与相关标准的挑战、数据安全和个人信息保护的挑战、大数据技术和平台安全的挑战。针对这些挑战,我国已经在大数据安全指引、国家标准及法律法规建设方面取得阶段性成果,但大数据运营过程中的大数据平台安全机制不足、传统安全措施难以适应大数据平台和大数据应用、大数据应用访问控制困难、基础密码技术及密钥操作性等信息技术安全问题亟待解决。

14.2 大数据的安全问题

云计算、社交网络和移动互联网的兴起,对数据存储的安全性要求随之增加。各种在线应用共享大量数据的潜在问题就是信息安全。虽然信息安全技术发展迅速,然而企图破坏和规避信息保护的各种网络犯罪的手段也在发展中,更加不易追踪和防范。数据安全的另一方面是管理。在加强技术保护的同时,加强全民的信息安全意识,完善信息安全的政策和流程至关重要。

根据工业和信息化部(网安局)的相关定义,所谓数据安全风险信息,主要是通过检测、评估、信息搜集、授权监测等手段获取的,包括但不限于以下这些。

(1) 数据泄露:数据被恶意获取,或者转移、发布至不安全环境等相关风险。

(2) 数据篡改:造成数据破坏的修改、增加、删除等相关风险。

(3) 数据滥用:数据超范围、超用途、超时间使用等相关风险。

(4) 违规传输:数据未按照有关规定擅自进行传输等相关风险。

(5) 非法访问:数据遭未授权访问等相关风险。

(6) 流量异常:数据流量规模异常、流量内容异常等相关风险。

此外,数据安全风险还包括由相关政府部门组织授权监测的暴露在互联网上的数据库、大数据平台等数据资产信息等。

14.2.1 采集汇聚安全

大数据环境下,随着通信技术和物联网的发展,出现了各种不同的终端接入方式和数据应用。来自终端设备和应用的大规模数据源输入,对鉴别数据源头的真实性提出了挑战。数据传输需要各种协议相互配合,有些协议缺乏专业的数据安全保护机制,从数据源到大数据平台的数据传输可能带来安全风险。数据采集过程中存在的误差会造成数据本身的失真和偏差,数据传输过程中的泄露、破坏或拦截会带来隐私泄露、谣言传播等安全管理失控的问题。因此,大数据传输中信道安全、数据防破坏、防篡改和设备物理安全等几个方面都需要考虑。

14.2.2 存储处理安全

大数据平台处理数据的模式与传统信息系统不同(见图14-3)。传统数据的产生、存储、计算、传输都对应明确界限的实体,可以清晰地通过拓扑结构表示,这种处理信息的方式用边界防护相对有效。但在大数据平台上,采用新的处理范式和数据处理方式(MapReduce、列存储等),存储平台同时也是计算平台,应用分布式存储、分布式数据库、NoSQL、NewSQL、分布式并行计算、流式计算等技术,一个平台内可以同时具有多种数据处理模式,完成多种业务处理,导致边界模糊,传统的安全防护方式难以奏效。

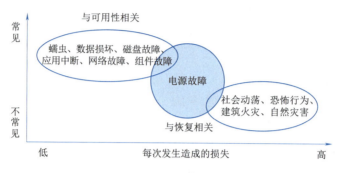

图 14-3　大数据安全事故分析

(1)大数据平台的分布式计算涉及多台计算机和多条通信链路,一旦出现多点故障,容易导致分布式系统出现问题。此外,分布式计算涉及的组织较多,在安全攻击和非授权访问防护方面比较脆弱。

(2)分布式存储由于数据被分块存储在各个数据节点,传统的安全防护在分布式存储方式下很难奏效,其面临的主要安全挑战是数据丢失和数据泄露。

①数据的安全域划分无效。

②细粒度的访问存储访问控制不健全,用作服务器软件的 NoSQL 未有足够的安全内置访问控制措施,以致客户端应用程序需要内建安全措施,因此产生授权过程身份验证和输入验证等安全问题。

③分布式节点之间的传输网络易受到攻击、劫持和破坏使得存储数据的完整性、机密性难以保证。

④数据分布式存储增大了各个存储节点暴露的风险,在开放的网络化社会,攻击者更容易找到侵入点,以相对较低的成本就可以获得"滚雪球"的收益,一旦遭受攻击,失窃的数据量和损失是十分巨大的。

⑤传统的数据存储加密技术在性能效率方面很难满足高速、大容量数据的加密要求。

(3)大数据平台访问控制的安全隐患主要体现在:用户多样性和业务场景多样性带来的权限控制多样性和精细化要求,超过了平台自身访问控制能够实现的安全级别,策略控制无法满足权限的动态性需求,传统的角色访问控制不能将角色、活动和权限有效地对应起来。因此,在大数据架构下的访问控制机制需要对这些新问题进行分析和探索。

(4)针对大数据的新型安全攻击中最具代表性的是高级持续性攻击,由于其潜伏性和低频活跃性,使持续性成为一个不确定的实时过程,产生的异常行为不易被捕获。传统的基于内置攻击事件库的特征实时匹配检测技术对检测这种攻击无效。大数据应用为入侵者实施可持续的数据分析和攻击提供了极好的隐藏环境,一旦攻击得手,失窃的信息量甚至是难以估量的。

(5)基础设施安全的核心是数据中心的设备安全问题。传统的安全防范手段如 DDoS 分布式拒绝服务攻击(指处于不同位置的多个攻击者同时向一个或数个目标发动攻击,或者一个攻击者控制了位于不同位置的多台机器并利用这些机器对受害者同时实施攻击)、存储加密、容灾备份、服务器安全加固、防病毒、接入控制、自然环境安全等。而主要来自大数据服务所依赖的云计算技术引起的风险,包括虚拟化软件安全、虚拟服务器安全、容器安全,以及由于云服务引起的商业风险等。

(6)服务接口安全。由于大数据业务应用的多样性,使得对外提供的服务接口千差万别,给攻击者带来机会。因此,如何保证不同的服务接口安全是大数据平台的又一巨大挑战。

(7)数据挖掘分析使用安全。大数据的应用核心是数据挖掘,从数据中挖掘出高价值信息为企业所用,是大数据价值的体现。然而使用数据挖掘技术,为企业创造价值的同时,容易产生隐私泄露的问题。如何防止数据滥用和数据挖掘导致的数据泄密和隐私泄露问题,是大数据安全一个最主要的挑战性问题。

14.2.3 共享使用安全

互联网给人们的生活带来方便,同时也使得个人信息的保护变得更加困难。

(1)数据的保密问题。频繁的数据流转和交换使得数据泄露不再是一次性的事件,众多非敏感的数据可以通过二次组合形成敏感数据。通过大数据的聚合分析能形成更有价值的衍生数据,如何更好地在数据使用过程中对敏感数据进行加密、脱敏、管控、审查等,阻止外部攻击者采取数据窃密、数据挖掘、根据算法模型参数梯度分析对训练数据的特征进行逆向工程推导等攻击行为,避免隐私泄露,仍然是大数据环境下的巨大挑战。

(2)数据保护策略问题。大数据环境下,汇聚不同渠道、不同用途和不同重要级别的数据,通过大数据融合技术形成不同的数据产品,使大数据成为有价值的知识,发挥巨大作用。如何对这些数据进行保护,以支撑不同用途、不同重要级别、不同使用范围的数据充分共享、安全合规地使用,确保大数据环境下高并发多用户使用场景中数据不被泄露、不被非法使用,是大数据安全的又一个关键性问题。

(3)数据的权属问题。大数据场景下,数据的拥有者、管理者和使用者与传统的数据资产不同,传统的数据是属于组织和个人的,而大数据具有不同程度的社会性。一些敏感数据的所有权和使用权并没有被明确界定,很多基于大数据的分析都未考虑到其中涉及的隐私问题。在防止数据丢失、被盗取、被滥用和被破坏上存在一定的技术难度,传统的安全工具不再像以前那么有用。如何管控大数据环境下数据流转、权属关系、使用行为和追溯敏感数据资源流向,解决数据权属关系不清、数据越权使用等问题是一个巨大的挑战。

14.3 大数据的安全体系

大数据时代,如何确保网络数据的完整性、可用性和保密性,不受信息泄露和非法篡改的安全威胁影响,已成为政府机构、事业单位信息化健康发展要考虑的核心问题。根据对大数据环境下面临的安全问题和挑战进行分析,提出基于大数据分析和威胁情报共享为基础的大数据协同安全防护体系,将大数据安全技术框架、数据安全治理、安全测评和运维管理相结合,在数据分类分级和全生命周期安全的基础上,体系性地解决大数据不同层次的安全问题,如图14-4所示。

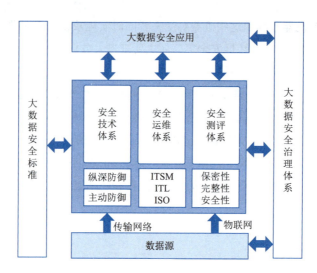

图 14-4　大数据安全保障框架

14.3.1　安全技术体系

大数据的安全技术体系是大数据安全管理、安全运行的技术保障。以密码基础设施、认证基础设施、可信服务管理、密钥管理设施、安全监测预警等五大安全基础设施为支撑服务，结合大数据、人工智能和分布式计算存储能力，解决传统安全方案中数据离散、单点计算能力不足、信息孤岛和无法联动的问题，如图 14-5 所示。

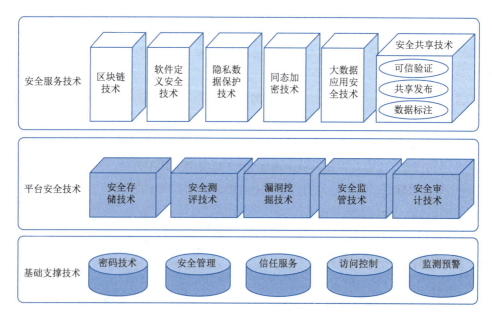

图 14-5　大数据安全技术框架

14.3.2　大数据安全治理

大数据安全治理的目标是确保大数据"合法合规"安全流转，在保障大数据安全的前提下，实现其价值最大化,以支撑企业的业务目标。大数据安全治理体系建设过程中行使数据的安全管理、运行监管和效能评估的职能。主要内容包括:

(1)构架大数据安全治理的治理流程、治理组织结构、治理策略和确保数据在流转过程中的访问控制、安全保密和安全监管等安全保障机制。

(2)制定数据治理过程中的安全管理架构,包括人员组成、角色分配、管理流程和对大数据的安全管理策略等。

(3)明确大数据安全治理中元数据、数据质量、数据来源、主数据管理和数据全生命周期安全治理方式,包括治理标准、治理方式、评估标准、异常和应急处置措施以及元数据、数据质量、数据标准等。

(4)对大数据环境下数据主要参与者,包括数据提供者(数据源)、大数据平台、数据管理者和数据使用者制定明确的安全治理目标,规划安全治理策略。

14.3.3 大数据安全测评

大数据安全测评是安全提供大数据服务的支撑保障,目标是验证评估所有保护大数据的安全策略、安全产品和安全技术的有效性和性能等,确保所使用的安全防护手段都能满足主要参与者安全防护的需求。主要内容包括:

(1)构建大数据安全测评的组织结构、人员组成、责任分工和安全测评需要达到的目标等。

(2)明确大数据场景下安全测评的标准、范围、计划、流程、策略和方式等,大数据环境下的安全分析按评估方法包括基于场景的数据流安全评估、基于利益攸关者的需求安全评估等。

(3)制定评估标准,明确各个安全防护手段需要达到的安全防护效能,包括功能、性能、可靠性、可用性、保密性、完整性等。

(4)按照《大数据安全能力成熟度模型》评估安全态势并形成相关的大数据安全评估报告等,作为大数据安全建设能够投入应用的依据。

14.3.4 大数据安全运维

大数据的安全运维主要确保大数据系统平台能安全持续稳定可靠运行,在大数据系统运行过程中行使资源调配、系统升级、服务启停、容灾备份、性能优化、应急处置、应用部署和安全管控等职能。具体的职责包括:

(1)构建大数据安全运维体系的组织形式、运维架构、安全运维策略、权限划分等。

(2)制定不同安全运维流程和运维的重点方向等,包括基础设施安全管控、病毒防护、平台调优、资源分配和系统部署、应用和数据的容灾备份等业务流程。

(3)明确安全运维的标准规范和规章制度,由于运维人员具有较大的操作权限,为防范内部人员风险,要对大数据环境的核心关键部分、对危险行为做到事前、事中和事后有记录、可跟踪和能审计。

14.3.5 以数据为中心的安全要素

基于威胁情报共享和大数据分析技术的安全防护技术体系,可以实现大数据安全威胁的快速响应,集安全态势感知、监测预警、快速响应和主动防御为一体,基于数据分级分类实施不同的安全防护策略,形成协同安全防护体系。围绕以数据为核心,以安全机制为手段,以涉及数据的承载主体为目标,以数据参与者为关注点,构建大数据安全协同主动防护体系,如图 14-6 所示。

(1)数据是指需要防护的大数据对象,包括大数据流转的各个阶段,即采集、传输、存储、处理、共享、使用和销毁。

(2)安全策略是指对大数据对象进行安全防护的流程、策略、配置和方法等,如根据数据的不同安全等级和防护需求,实施主动防御、访问控制、授权、隔离、过滤、加密、脱敏等。

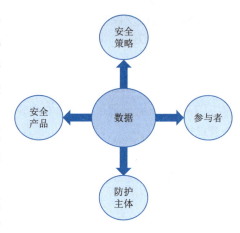

图 14-6 以数据为中心的安全防护要素

(3)安全产品指在对大数据进行安全防护时使用的具体产品,如数据库防火墙、审计、主动防御系统、APT 检测、高速密码机、数据脱敏系统、云密码资源池、数据分级分类系统等。

(4)防护主体是指需要防护的承载大数据流转过程的软硬件载体,包括服务器、网络设备、存储设备,大数据平台、应用系统等。

(5)参与者是指参与大数据流转过程中的改变大数据状态和流转过程的主体,主要包括大数据提供者、管理者、使用者和大数据平台等。

14.4 大数据伦理与法规

人们逐渐认识到,为了让网络与信息技术长远地造福于社会,就必须规范对网络的访问和使用,这就对政府、学术界和法律界提出了挑战。人们面临的一个难题就是如何制定和完善网络法规,具体地说,就是如何在计算机空间里保护公民的隐私、规范网络言论、保护电子知识产权以及保障网络安全等。

14.4.1 大数据的伦理问题

大数据产业面临的伦理问题正日益成为阻碍其发展的瓶颈。这些问题主要包括数据主权和数据权问题、隐私权和自主权的侵犯问题、数据利用失衡问题。这三个问题影响了大数据的生产、采集、存储、交易流转和开发使用全过程。

1. 数据主权和数据权问题

由于跨境数据流动剧增、数据经济价值凸显、个人隐私危机爆发等多方面因素,数据主权和数据权已成为大数据产业发展遭遇的关键问题。数据的跨境流动是不可避免的,但这也给国家安全带来了威胁,数据的主权问题由此产生。数据主权是指国家对其政权管辖地域内的数据享有生成、传播、管理、控制和利用的权利。数据主权是国家主权在信息化、数字化和全球化发展趋势下新的表现形式,是各国在大数据时代维护国家主权和独立,反对数据垄断和霸权主义的必然要求。数据主权是国家安全的保障。

数据权包括机构数据权和个人数据权。机构数据权是企业和其他机构对个人数据的采集权和使用权。个人数据权是指个人拥有对自身数据的控制权,以保护自身隐私信息不受侵犯的权利。数据权是企业的核心竞争力,数据权也是个人的基本权利,个人在互联网上产生了大量的数据,这些数据与个人的隐私密切相关,个人也拥有对这些数据的财产权。

数据财产权是数据主权和数据权的核心内容。以大数据为主的信息技术赋予了数据以财产属性,数据财产是指将数据符号固定于介质之上,具有一定的价值,能够为人们所感知和利用的一种新型财产。数据财产包含形式要素和实质要素两部分,数据符号所依附的介质为其形式要素,数据财产所承载的有价值的信息为其实质要素。数据权属问题目前还没有得到彻底解决,数据主权的争夺也日益白热化。数据权属不明的直接后果就是国家安全受到威胁,数据交易活动存在法律风险和利益冲突,个人的隐私和利益受到侵犯。

2. 隐私权和自主权的侵犯问题

数据的使用和个人的隐私保护是大数据产业发展面临的一大冲突。在大数据环境下,个人在互联网上的任何行为都会变成数据被沉淀下来,而这些数据的汇集都可能最终导致个人隐私的泄露。绝大多数互联网企业通过记录用户不断产生的数据,监控用户在互联网上所有的行为,互联网公司据此对用户进行画像,分析其兴趣爱好、行为习惯,对用户做各种分类,然后以精准广告的形式给用户提供符合其偏好的产品或服务。另外,互联网公司还可以通过消费数据等分析评估消费者的信用,从而提供精准的金融服务进行盈利。在这两种商业模式中,用户成为被观察、分析和监测的对象,这是用个人生活和隐私来成全的商业模式。

3. 数据利用的失衡问题

数据利用的失衡主要体现在两个方面。第一,数据的利用率较低。随着移动互联网的发展,每天都有海量的数据产生,全球数据规模实现指数级增长,但是福瑞斯特研究对大型企业的调研结果显示,企业大数据的利用率仅在 12% 左右。第二,数字鸿沟现象日益显著。数字鸿沟束缚数据流通,导致数据利用水平较低。大数据的"政用""民用""工用",相对于大数据在商用领域的发展,无论技术、人才还是数据规模都有较大的差距。

现阶段,我国大数据应用较为成熟的行业是电商、电信和金融领域,医疗、能源、教育等领域则处于起步阶段。由于大数据在电商、电信、金融等商用领域产生巨大利益,数据资源、社会资源、人才资源均往这些领域倾斜,涉及政务、民生、工业等经济利益较弱的领域,市场占比很少。在"商用"领域内,优势的行业或优势的企业也往往占据了大量的大数据资源。例如,大型互联网公司的大数据发展指数对比中小企业呈现碾压态势。大数据的"政用""民用""工用"对于改善民生、辅助政府决策、提升工业信息化水平、推动社会进步可以起到巨大的作用,因此大数据的发展应该更加均衡,这也符合国家大数据战略中服务经济社会发展和人民生活改善的方向。

14.4.2 大数据的伦理规则

为了有效保护个人数据权利,促进数据的共享流通,世界各国对大数据产业发展提出了各自的伦理和法律规制方案。大数据战略已经成为我国的国家战略,从国家到地方都纷纷出台大数据产业的发展规划和政策条例。2013年2月1日正式颁布并实施《信息安全技术公共及商用服务信息系统个人信息保护指南》,2016年实施《中华人民共和国网络安全法》。我们可以结合我国大数据产业现状,建立起一套符合我国大数据产业的伦理规制体系和法律保障体系,为我国大数据战略实施保驾护航。

1. 建立规范的数据共享机制和数据共享标准

以开放共享的伦理精神为指导,建立规范的数据共享机制,解决目前大数据产业由于开放共享伦理的缺位和泛滥而导致的数据孤岛、共享缺失、权力极化、资源危机,以及数据滥用、共享滥用、权力滥用、侵犯人权两类极端的问题。同时针对不同的数据类型和不同行业领域的数据价值开发,制定合理的数据共享标准。最终达到维护国家数据主权保障机构和个人的数据权利,优化大数据产业结构,保障大数据产业健康发展的目标。

2. 尊重个人的数据权利,提高国民大数据素养

大数据技术创新、研发和应用的目的是促进人的幸福和提高人生活质量,任何行动都应根据不伤害人和有益于人的伦理原则给予评价。大数据产业的发展应当以尊重和保护个人的数据权利为前提,个人的数据权利主要包括访问权、修改权、删除或遗忘权、可携带权、决定权。随着社会各界越来越关注个人的数据权利,我国不仅在大数据产业的发展中应尊重个人的数据权利,在国家立法层面也应逐步完善保护个人信息的立法。

相对于机构,个人处于弱势,国民应提高大数据素养,主动维护自身的数据权利。因此,我们应普及大数据伦理的宣传和教育,专家学者要从多方面向企业、政府和公众开展大数据讲座,帮助群众提升大数据素养,以缩小甚至消除个人数据权力和机构数据权力的失衡。

3. 建立大数据算法的透明审查机制

大数据算法是大数据管理与挖掘的核心主题,大数据的处理、分析、应用都是由大数据算法来支撑和实现的。随着大数据"杀熟"、大数据算法歧视等事件的出现,社会对大数据算法的"黑盒子"问题质疑也越来越多。企业和政府在使用数据的过程中,必须提高该过程中对公众的透明度,"将选择权回归个人"。例如,应该参照药品说明书建立大数据算法的透明审查机制,向社会公布大数据算法的"说明书"。药品说明书不仅包含药品名称、规格、生产企业、有效期、主要成分、适应证、用法用量等基本药品信息,还包含了药理作用、药代动力学等重要信息。对大数据算法的管理应参照这类说明书的管理规定。

4. 建立大数据行业的道德自律机制和监督平台

企业在大数据产业中占主导地位,建立行业的道德自律对于解决大数据产业的伦理问题有积极作用,也是大数据产业健康发展的重要保障,因此应建立大数据行业的道德自律机制和共同监督平台。在目前相关伦理规范相对滞后的发展阶段,如果不加强道德自律建设,大数据技术就有可能会引发灾难性的后果,因此加强道德自律建设必须从现在开始。

14.4.3 数据安全法施行

鉴于大数据的战略意义,我国高度重视大数据安全问题,发布了一系列大数据安全相关的法律法规和政策。2012年,云安全联盟(CSA)成立大数据工作组,旨在寻找大数据安全和隐私问题的解决方案。2013年7月,工业和信息化部公布了《电信和互联网用户个人信息保护规定》,明确电信业务经营者、互联网信息服务提供者收集、使用用户个人信息的规则和信息安全保障措施要求。2015年8月,国务院印发了《促进大数据发展行动纲要》,提出要健全大数据安全保障体系,完善法律法规制度和标准体系。2016年3月,第十二届全国人民代表大会第四次会议表决通过了《国民经济和社会发展第十三个五年规划纲要》提出把大数据作为基础性战略资源,明确指出要建立大数据安全管理制度,实行数据资源分类分级管理,保障安全、高效、可信。在产业界和学术界,对大数据安全的研究已经成为热点。国际标准化组织、产业联盟、企业和研究机构等都已开展相关研究以解决大数据安全问题。

    2016年,全国信息安全标准化技术委员会正式成立大数据安全标准特别工作组,负责大数据和云计算相关的安全标准化研制工作。在标准化方面,国家层面制定了《大数据服务安全能力要求》《大数据安全管理指南》《大数据安全能力成熟度模型》等数据安全标准。由于数据与业务关系紧密,各行业也纷纷出台了各自的数据安全分级分类标准,典型的如《银行数据资产安全分级标准与安全管理体系建设方法》《电信和互联网大数据安全管控分类分级实施指南》《证券期货业数据分类分级指引》等,对各自业务领域的敏感数据按业务线条进行分类,按敏感等级(数据泄露后造成的影响)进行数据分级。安全防护系统可以根据相应级别的数据采用不同严格程度的安全措施和防护策略。在大数据安全产品领域,形成了平台厂商和第三方安全厂商的两类发展模式。

    2021年9月1日起,《数据安全法》施行,目的是规范跨境数据流动,规范数字经济,保护中国网民对保障自身数据安全的合理诉求。

14.4.4 消费者隐私权法案

    事实上,在数据集上进行分析会透露出一些组织或者个人的机密信息,将一些个别看起来毫无危险性的信息聚合起来进行分析也能够揭示一些隐私信息,这会导致一些有意或无意的隐私数据的泄露。

    要在业务中对大数据进行运用,就不可避免地会遇到隐私问题。对Web上的用户个人信息、行为记录等进行收集,在未经用户许可的情况下将数据转让给广告商等第三方,这样的经营者现在并不少见,各国都围绕着Web上行为记录的收集展开了激烈的讨论与立法。

    涉及个人信息及个人相关信息的经营者,需要在确定使用目的的基础上事先征得用户同意,并在使用目的发生变化时,以易懂的形式进行告知,这种对透明度的确保今后应该会愈发受到重视。

    解决这些隐私问题需要对数据积累的本质和数据隐私管理有深刻的理解,同时也要使用一些数据标记化和匿名化技术。例如,在一定周期内收集的类似于汽车卫星全球定位系统日志或者智能仪表的数据等遥测数据能够透露个人位置和日常习惯。

    2010年12月,美国商务部发表了一份题为"互联网经济中的商业数据隐私与创新:动态政策框架"的长达88页的报告。这份报告指出,为了对线上个人信息的收集进行规范,需要出台一部"隐私权法案",在隐私问题上对国内外的相关利益方进行协调。

    受这份报告的影响,2012年2月23日,"消费者隐私权法案"正式颁布。这项法案中,对消费者的权利进行了如下具体的规定。

    (1)个人控制:对于企业可收集哪些个人数据,并如何使用这些数据,消费者拥有控制权。

对于消费者和他人共享的个人数据以及企业如何收集、使用、披露这些个人数据,企业必须向消费者提供适当的控制手段。为了能够让消费者做出选择,企业需要提供一个可反映企业收集、使用、披露个人数据的规模、范围、敏感性,并可由消费者进行访问且易于使用的机制。

例如,通过收集搜索引擎的使用记录、广告的浏览记录、社交网络的使用记录等数据,就有可能生成包含个人敏感信息的档案。因此,企业需要提供一种简单且醒目的形式,使得消费者能够对个人数据的使用和公开范围进行精细的控制。

此外,企业还必须提供同样的手段,使得消费者能够撤销曾经承诺的许可,或者对承诺的范围进行限定。

(2) 透明度:对于隐私权及安全机制的相关信息,消费者拥有知情、访问的权利。

前者的价值在于加深消费者对隐私风险的认识并让风险变得可控。为此,对于所收集的个人数据及其必要性、使用目的、预计删除日期、是否与第三方共享以及共享的目的,企业必须向消费者进行明确的说明。

此外,企业还必须以在消费者实际使用的终端上容易阅读的形式提供关于隐私政策的告知。特别是在移动终端上,由于屏幕尺寸较小,要全文阅读隐私政策几乎是不可能的。因此,必须要考虑到移动终端的特点,采取改变显示尺寸、重点提示移动平台特有的隐私风险等方式,对最重要的信息予以显示。

(3) 尊重背景:消费者有权期望企业按照与自己提供数据时的背景相符的形式对个人信息进行收集、使用和披露。

这是要求企业在收集个人数据时必须有特定的目的,企业对个人数据的使用必须仅限于该特定目的的范畴,即基于 FIPP(公平信息行为原则)的声明。

从基本原则上说,企业在使用个人数据时,应当仅限于与消费者披露个人数据时的背景相符的目的。另一方面,也应该考虑到,在某些情况下,对个人数据的使用和披露可能与当初收集数据时所设想的目的不同,而这可能成为为消费者带来好处的创新之源。在这样的情况下,必须用比最开始收集数据时更加透明、醒目的方式将新的目的告知消费者,并由消费者选择是允许还是拒绝。

(4) 安全:消费者有权要求个人数据得到安全保障且负责任地被使用。

企业必须对个人数据相关的隐私及安全风险进行评估,并对数据遗失、非法访问和使用、损坏、篡改、不合适的披露等风险维持可控、合理的防御手段。

(5) 访问与准确性:当出于数据敏感性的因素,或者当数据的不准确可能对消费者带来不良影响的风险时,消费者有权以适当的方式对数据进行访问,以及提出修正、删除、限制使用等要求。

企业在确定消费者对数据的访问、修正、删除等手段时,需要考虑所收集的个人数据的规模、范围、敏感性,以及对消费者造成经济上、物理上损害的可能性等。

(6) 限定范围收集:对于企业所收集和持有的个人数据,消费者有权设置合理限制。

企业必须遵循第三条"尊重背景"的原则,在目的明确的前提下对必需的个人数据进行收集。此外,除非需要履行法律义务,否则当不再需要时,必须对个人数据进行安全销毁,或者对这些数据进行身份不可识别处理。

(7) 说明责任:消费者有权将个人数据交给为遵守"消费者隐私权法案"具备适当保障措施的企业。

企业必须保证员工遵守这些原则，为此，必须根据上述原则对涉及个人数据的员工进行培训，并定期评估执行情况。在有必要的情况下，还必须进行审计。

在上述七项权利中，对于准备运用大数据的经营者来说，第三条"尊重背景"是尤为重要的一条。例如，如果将在线广告商以更个性化的广告投放为目的收集的个人数据，用于招聘、信用调查、保险资格审查等目的的话，就会产生问题。

此外，社交网络服务中的个人档案和活动等信息，如果用于自身的服务改善以及新服务的开发是没有问题的。但是，如果要对第三方提供这些信息，则必须以醒目易懂的形式对用户进行告知，并让用户有权拒绝向第三方披露信息。

另一方面，在面临访问控制和数据安全的问题时，大数据的解决方案往往没有传统企业级解决方案那样具有很好的健壮性。大数据安全主要涉及使用用户认证和授权机制保证数据网络和数据库足够安全。

大数据安全还包含了为不同类别的用户创立不同的数据访问级别。例如，与传统的关系型数据库管理系统不同，非关系型数据库往往不会提供健壮的内置安全机制。相反，它们依赖于简单的基于HTTP的API，这些API使用明文进行数据交换，这会使数据更容易遭受网络攻击。

【作 业】

1. 传统的信息安全侧重于( )的管理，更多地将其作为企业/机构的自有资产进行相对静态的管理。

    A. 基础设施　　　　B. 数据算法　　　　C. 信息设备　　　　D. 信息内容

2. 大数据的安全不仅是大数据平台的安全，而且是以( )为核心，在全生命周期各阶段流转过程中，在采集汇聚、存储处理、共享使用等方面都面临新的安全挑战。

    A. 管理　　　　　　B. 数据　　　　　　C. 设备　　　　　　D. 网络

3. 数据安全的一个方面是( )。在加强技术保护的同时，加强全民的信息安全意识，完善信息安全的政策和流程至关重要。

    A. 管理　　　　　　B. 数据　　　　　　C. 设备　　　　　　D. 网络

4. 所谓数据安全风险信息，是通过检测、评估、信息搜集、授权监测等手段获取的，其中包括( )。

    ①数据泄露　　　　②算法白盒　　　　③数据篡改　　　　④数据滥用

    A. ①②④　　　　　B. ①②③　　　　　C. ②③④　　　　　D. ①③④

5. 所谓数据安全风险信息，是通过检测、评估、信息搜集、授权监测等手段获取的，其中包括( )。

    ①违规传输　　　　②非法访问　　　　③流量异常　　　　④过程紊乱

    A. ①②④　　　　　B. ①②③　　　　　C. ②③④　　　　　D. ①③④

6. ( )安全是指：大数据环境下，物联网、5G/6G等技术带来各种终端接入方式和数据应用，对鉴别大数据源头的真实性提出了挑战，数据来源不可信，源数据被篡改都是需要防范的。

A. 存储处理　　　　B. 算法优化　　　　C. 采集汇聚　　　　D. 共享使用

7. (　　)安全是指：在大数据平台上,采用新的处理范式和数据处理方式,它可以同时具有多种数据处理模式,完成多种业务处理,导致边界模糊,传统的安全防护方式难以奏效。

A. 存储处理　　　　B. 算法优化　　　　C. 采集汇聚　　　　D. 共享使用

8. (　　)安全是指：互联网给人们的生活带来方便,同时也使得个人信息的保护变得更加困难。

A. 存储处理　　　　B. 算法优化　　　　C. 采集汇聚　　　　D. 共享使用

9. 大数据管理具有分布式、无中心、多组织协调等特点。因此有必要从(　　)三个维度去认识数据管理技术涉及的数据内涵,分析和理解需要采用的IT安全技术及其管控措施和机制。

①拓扑结构　　　②数据语义　　　③生命周期　　　④信息技术

A. ①②④　　　　B. ①②③　　　　C. ②③④　　　　D. ①③④

10. 大数据的安全技术体系以大数据安全管理、安全运行的技术保障。以密码基础设施、(　　)、安全监测预警等五大安全基础设施为支撑服务。

①认证基础设施　　　　　　　②可信服务管理
③生命周期回溯　　　　　　　④密钥管理设施

A. ①②④　　　　B. ①②③　　　　C. ②③④　　　　D. ①③④

11. 大数据安全治理的目标是确保大数据"(　　)"安全流转,在保障大数据安全的前提下,实现其价值最大化,以支撑企业的业务目标。

A. 存储方便　　　　B. 合法合规　　　　C. 宽松自由　　　　D. 应用尽用

12. 大数据安全治理体系建设过程中要行使数据的(　　)的职能。

①收益统计　　　②安全管理　　　③运行监管　　　④效能评估

A. ①②④　　　　B. ①②③　　　　C. ②③④　　　　D. ①③④

13. 大数据安全测评是安全地提供大数据服务的支撑保障,目标是验证评估所有保护大数据的(　　)的有效性和性能等。

①安全策略　　　②安全管理　　　③安全产品　　　④安全技术

A. ①②④　　　　B. ①②③　　　　C. ②③④　　　　D. ①③④

14. 大数据的(　　)要在大数据系统运行过程中行使资源调配、系统升级、服务启停、容灾备份、性能优化、应急处置、应用部署和安全管控等职能。

A. 安全建设　　　　B. 安全运维　　　　C. 安全测评　　　　D. 安全治理

15. 在大数据安全协同主动防护体系中,(　　)是指需要防护的大数据对象,包括大数据流转的各个阶段,即采集、传输、存储、处理、共享、使用和销毁。

A. 数据　　　　　　B. 安全产品　　　　C. 安全策略　　　　D. 防护主体

16. 在大数据安全协同主动防护体系中,(　　)是指根据数据的不同安全等级和防护需求,实施主动防御、访问控制、授权、隔离、过滤、加密、脱敏等。

A. 数据　　　　　　B. 安全产品　　　　C. 安全策略　　　　D. 防护主体

17. 在大数据安全协同主动防护体系中,(　　)是指在对大数据进行安全防护时使用的具体产品,如数据库防火墙、审计、主动防御系统、数据脱敏系统、数据分级分类系统等。

  A. 数据   B. 安全产品   C. 安全策略   D. 防护主体

18. 大数据产业面临的伦理问题正日益成为阻碍其发展的瓶颈。这些问题主要包括(　　),这三个问题影响了大数据的生产、采集、存储、交易流转和开发使用全过程。

  ①认证与诚信基础   ②数据主权和数据权问题

  ③隐私权和自主权的侵犯问题   ④数据利用失衡问题

  A. ①②④   B. ①②③   C. ②③④   D. ①③④

19. (　　)是指国家对其政权管辖地域内的数据享有生成、传播、管理、控制和利用的权力,它是国家安全的保障。

  A. 数据主权   B. 隐私权   C. 数据财产权   D. 数据权

20. (　　)包括机构数据权和个人数据权,它是企业的核心竞争力,也是个人的基本权利。

  A. 数据主权   B. 隐私权   C. 数据财产权   D. 数据权

实训与思考　制定大数据伦理原则的现实意义

小组活动: 阅读本课课文并讨论:

(1)"大数据伦理"的内涵是什么?为什么要重视大数据伦理建设?

(2)讨论"大数据的伦理问题"。

(3)选择一个当前大数据技术的社会热点问题,如"大数据杀熟",开展小组讨论,思考分析这个热点背后的大数据伦理因素以及我们的看法。

我们小组选择的讨论主题是:_____

_____

记录: 记录小组讨论的主要观点,推选代表在课堂上简单阐述你们的观点。

评分规则: 若小组汇报得5分,则小组汇报代表得5分,其余同学得4分,依此类推。

_____

_____

_____

_____

_____

个人实训总结:

_____

_____

_____

_____

实验评价(教师):_____

_____

_____

第15课

大数据在云端

学习目标

(1)熟悉云计算定义,熟悉虚拟化重要思想。

(2)了解计算虚拟化、存储虚拟化和网络虚拟化的具体内容。

(3)熟悉云计算服务形式,掌握"数据即服务"基本思想和主要内容。

学习难点

(1)计算虚拟化、网络虚拟化和存储虚拟化。

(2)云基础设施。

导读案例　数字经济时代云发展趋势

云计算就是"网络上的计算",它将网络中的各种计算资源转化成云计算服务,并为用户提供按需定制的服务。由于具有集约建设、资源共享、规模化服务、服务成本低等显著经济效益,云计算已经成为数字经济时代的主要计算模式(见图15-1)。

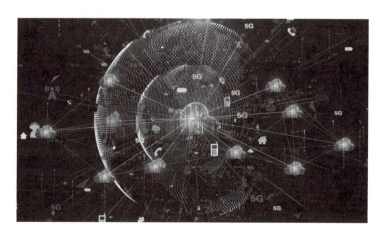

图15-1　云计算

自2006年谷歌首次提出云计算概念以来,云计算市场规模不断扩大,随着数字化转型进程加速,云计算正逐渐成为经济社会运行的数字化业务平台。在中国,互联网行业是云计算产业的主流应用行业,占比约为1/3;在政策驱动下,政务云实现高增长,政务云占比约为29%;交通物流、金融、制造等行业领域的云计算应用水平正在快速提高,占据了更重要的市场地位。

云边网(云计算和边缘计算协同,见图15-2)将加速一体化融合。云计算厂商的大型云计算数据中心正在向着新型多层次数据中心演进,更多基于物联网的边缘计算数据中心与云计算数据中心连接在一起,并实现智能终端、物联网、互联网和云计算的高度一体化融合。

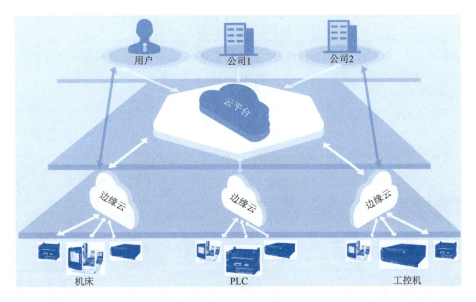

图15-2　云边网

基础云计算服务将向新一代算力服务演进。作为云服务的升级,人工智能、区块链、大数据、扩展现实等算力服务不断成熟,并呈现出泛在化、普惠化、标准化的特点。新一代智能算力服务形成数字经济的核心生产力,成为加速行业数字化及经济社会发展的重要引擎。

混合云将是大型企业云服务的常见模式。很多大型企业采用多个云服务供应商,包括公共云与私有云,以满足不同的需求。公有云与私有云的组合称为混合云,混合云的优势是能够适应不同的平台需求,它既能提供私有云的安全性,也可以提供公有云的开放性,因此混合云是大型企业云服务的常见模式。中小企业则更多采用公有云模式。

云计算企业创新活力不断增强。《中国云计算创新活力报告》(以下简称《报告》)建立了云计算创新活力评价指标体系,并根据指标体系测算出我国创新活力最强的12家云计算企业。《报告》表明,我国云计算企业创新活力不断增强,华为云等5家创新活力最强的云计算企业位于第一阵营。

基础设施云创新领先的企业实现规模化发展。《报告》显示,阿里云、华为云、腾讯云等云计算服务商不断推进基础设施云服务创新,提供了丰富、稳定、安全、可靠的基础设施云服务和平台云服务,用户规模不断扩大,应用范围不断推广,带动这些企业的业务实现规模化发展。

新兴云计算服务企业以算力服务创新为用户提供差异化服务。《报告》显示,新兴云计算服务企业加快人工智能、行业云等新一代算力服务创新,为用户提供特色和专业化服务能力,例如,百度云等云计算企业专注提供智能云、汽车云服务,金山云专注提供视频云服务,天翼云专注提供安全云等差异化服务。

阅读上文,思考、分析并简单记录:

(1)通过网络搜索,简述下列概念:IaaS、PaaS、SaaS 和 DaaS。

答:_____

_____

_____

_____

(2)简述什么是"云边网"。你如何理解"实现智能终端、物联网、互联网和云计算的高度一体化融合"?

答:_____

_____

_____

_____

(3)搜索并简述什么是"算力"?

答:_____

_____

_____

(4)简述你所知道的上一周发生的国际、国内或者身边的大事。

答:_____

_____

_____

_____

所谓基础设施,是指在 IT 环境中,为具体应用提供计算、存储、互联、管理等基础功能的软硬件系统(见图 15-3)。在信息技术发展早期,IT 基础设施往往由一系列昂贵的,经过特殊设计的软硬件设备组成,存储容量有限,系统之间也没有高效的数据交换通道,应用软件直接运行在硬件平台上。在这种环境中,用户不容易、也没有必要去区分哪些部分属于基础设施,哪些部分是应用软件。然而,随着对新应用的需求不断涌现,IT 基础设施发生了翻天覆地的变化。

图 15-3　基础设施

15.1 云计算概述

摩尔定律在过去的几十年书写了奇迹。在这奇迹的背后,是越来越廉价、越来越高效的计算能力。有了强大的计算能力,人类可以处理更为庞大的数据,而这又带来对存储的需求。再之后,就需要把并行计算的理论搬上台面,更大限度地挖掘 IT 基础设施的潜力。于是,网络也蓬勃发展起来。由于硬件已经变得前所未有的复杂,专门管理硬件资源、为上层应用提供运行环境的系统软件也顺应历史潮流,迅速发展壮大。

15.1.1 云计算定义

基于大规模数据的系列应用正在悄然推动着 IT 基础设施的发展,尤其是大数据对海量、高速存储的需求。为了对大规模数据进行有效的计算,必须最大限度地利用计算和网络资源。计算虚拟化和网络虚拟化要对分布式、异构的计算、存储、网络资源进行有效的管理。

所谓"云计算"(见图 15-4)是一种基于互联网的计算方式,通过这种方式,共享的软硬件资源和信息可以按需求提供给计算机和其他设备。或者,云计算是通过网络"云"将巨大的数据计算处理程序分解成无数个小程序,然后通过多部服务器组成的系统进行处理和分析这些小程序得到结果并返回给用户。云计算为我们提供了跨地域、高可靠、按需付费、所见即所得、快速部署等能力,这些都是长期以来 IT 行业所追寻的。随着云计算的发展,大数据正成为云计算面临的一个重大考验。云计算能够为一份大数据解决方案提供三项必不可少的材料:外部数据集、可扩展性处理能力和大容量存储。

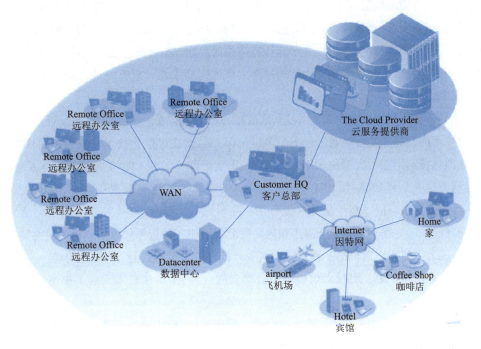

图 15-4 云计算

云是网络、互联网的一种比喻说法。过去在图中往往用云来表示电信网,后来也用来表示互联网和底层基础设施的抽象。云计算是继20世纪80年代大型计算机到客户端-服务器的大转变之后的又一种巨变。用户不再需要了解"云"中基础设施的细节,不必具有相应的专业知识,也无须直接进行控制。云计算描述了一种基于互联网的新的IT服务增加、使用和交付模式,通常涉及通过互联网方式来提供系统的动态易扩展性,而且经常是虚拟化的资源,它意味着计算能力也可作为一种商品通过互联网进行流通。云计算是一种通过因特网以服务的方式提供动态可伸缩的虚拟化的资源的计算模式。

　　美国国家标准与技术研究院(NIST)的定义是:云计算是一种按使用量付费的模式,这种模式提供可用的、便捷的、按需的网络访问,进入可配置的计算资源共享池(资源包括网络、服务器、存储、应用软件、服务),这些资源能够被快速提供,只需投入很少的管理工作,或与服务供应商进行很少的交互。

　　云计算是分布式计算、并行计算、网格计算、效用计算、网络存储、虚拟化、负载均衡等传统计算机和网络技术发展融合的产物。其中,网格计算是由一群松散耦合的计算机组成的一个超级虚拟计算机,常用来执行一些大型任务;效用计算是IT资源的一种打包和计费方式,比如按照计算、存储分别计量费用,像传统的电力等公共设施一样;自主计算是具有自我管理功能的计算机系统。事实上,许多云计算部署依赖于计算机集群(但与网格的组成、体系结构、目的、工作方式大相径庭),也吸收了自主计算和效用计算的特点。

15.1.2　云基础设施

　　大数据解决方案的构架离不开云计算的支撑。支撑大数据及云计算的底层原则是一样的,即规模化、自动化、资源配置、自愈性,这些都是底层的技术原则。也可以说,大数据是构建在云计算基础架构之上的应用形式,因此它很难独立于云计算架构而存在。云计算下的海量存储、计算虚拟化、网络虚拟化、云安全及云平台就像支撑大数据这座大楼的钢筋水泥。只有好的云基础架构支持,大数据才能立起来,站得更高。

　　虚拟化是云计算所有要素中最基本,也是最核心的组成部分。和云计算在最近几年才出现不同,虚拟化技术的发展其实已经走过了半个多世纪(1956)。在虚拟化技术的发展初期,IBM是主力军,它把虚拟化技术用在了大型机领域。1964年,IBM设计了名为CP-40的新型操作系统,实现了虚拟内存和虚拟机。到1965年,IBM推出了System/360 Model 67(见图15-5)和TSS分时共享系统,允许很多远程用户共享同一高性能计算设备的使用时间。1972年,IBM发布了用于创建灵活大型主机的虚拟机技术,实现了根据动态需求快速而有效地使用各种资源的效果。作为对大型机进行逻辑分区以形成若干独立虚拟机的一种方式。这些分区允许大型机进行"多任务处理"——同时运行多个应用程序和进程。由于当时大型机是十分昂贵的资源,虚拟化技术起到了提高投资利用率的作用。

　　利用虚拟化技术,允许在一台主机上运行多个操作系统,让用户尽可能地充分利用昂贵的大型机资源。其后,虚拟化技术从大型机延伸到UNIX小型机领域。

图 15-5　IBM　System/360

1998 年，VMware 公司成立，这是在 x86 虚拟化技术发展史上的一个里程碑。VMware 发布的第一款虚拟化产品 VMware Virtual Platform，通过运行在 Windows NT 上的 VMware 启动 Windows 95，开启了虚拟化在 x86 服务器上的应用。

相比于大型机和小型机，x86 服务器和虚拟化技术并不是兼容得很好。但是 VMware 针对 x86 平台研发的虚拟化技术不仅克服了虚拟化技术层面的种种挑战，其提供的 VMware 基础设施更是极大地方便了虚拟机的创建和管理。VMware 对虚拟化技术的研究，开创了虚拟化技术的 x86 时代，在很长一段时间内，服务器虚拟化市场都是 VMware 一枝独秀。

虚拟化技术中最核心的部分分别是计算虚拟化、存储虚拟化和网络虚拟化。

15.2　计算虚拟化

计算虚拟化又称平台虚拟化或服务器虚拟化，它的核心思想是使在一个物理计算机上同时运行多个操作系统成为可能。在虚拟化世界中，我们通常把提供虚拟化能力的物理计算机称为宿主机，而把在虚拟化环境中运行的计算机称为客户机。宿主机和客户机虽然运行在同样的硬件上，但是它们在逻辑上却是完全隔离的。

这些虚拟计算机（以及物理计算机）在逻辑上是完全隔离的，拥有各自独立的软、硬件环境。讨论计算虚拟化，所涉及的计算机仅包含构成一个最小计算单位所需的部件，其中包括处理器（CPU）和内存，不包含任何可选的外接设备（如主板、硬盘、网卡、显卡、声卡等）。

计算虚拟化是大数据处理不可缺少的支撑技术，其作用体现在提高设备利用率、提高系统可靠性、解决计算单元管理问题等方面。将大数据应用运行在虚拟化平台上，可以充分享受虚拟化带来的管理红利。例如，虚拟化可以支持对虚拟机的快照操作，从而使得备份和恢复变得更加简单、透明和高效。此外，虚拟机还可以根据需要动态迁移到其他物理机上，这一特性可以让大数据应用享受高可靠性和容错性。

虚拟机（virtual machine，VM）是对物理计算机功能的一种部分或完全的软件模拟，其中虚拟设备在硬件细节上可以独立于物理设备。虚拟机的实现目标通常是在其中不经修改地运行那些原本为物理计算机设计的程序。通常情况下,多台虚拟机可以共存于一台物理机上,以期获得更高的资源使用率以及降低整体的费用。虚拟机之间是互相独立、完全隔离的,如图 15-6 所示。

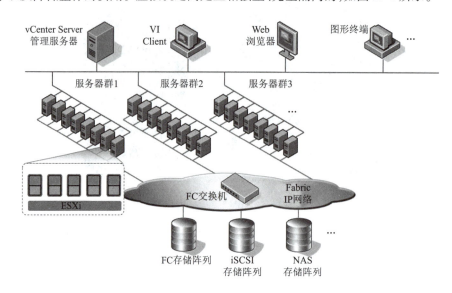

图 15-6　VMware 虚拟化

虚拟机管理程序(virtual machine monitor,VMM,又称 Hypervisor)是在宿主机上提供虚拟机创建和运行管理的软件系统或固件。虚拟机管理程序可以归纳为原生的和托管的两个类型。前者直接运行在硬件上去管理硬件和虚拟机,常见的有 XenServer、KVM、VMware ESX/ESXi 和微软的 Hyper-V。后者则运行在常规的操作系统上,作为二层的管理软件存在,而客户机相对硬件来说则是在第三层运行,常见的有 VMware 工作站和 Virtual 盒子。

15.3　网络虚拟化

简单来讲,网络虚拟化是指把逻辑网络从底层的物理网络分离开来。网络虚拟化涉及的技术范围相当宽泛,包括网卡的虚拟化、虚拟接入技术、覆盖网络交换,以及软件定义的网络等,这个概念的产生已经比较久了。VLAN、VPN、VPLS 等都可以归为网络虚拟化技术,几乎所有 IT 基础构架都在朝着云的方向发展,其中虚拟化技术一直是重要的推动因素。作为基础构架,服务器和存储的虚拟化已经发展得有声有色,而同作为基础构架的网络却还是一直沿用老的套路。在这种环境下,网络确实期待一次变革,使之更加符合云计算和互联网发展的需求。

在云计算的大环境下,网络虚拟化包含的内容大大增加了(如动态性、多租户模式等)。

15.3.1　网卡虚拟化

多个虚拟机共享服务器中的物理网卡,需要一种机制既能保证 I/O 的效率,又能保证多个虚拟机对物理网卡共享使用。为此,I/O 虚拟化出现了包括 CPU 到设备的一揽子解决方案。

从 CPU 的角度看,要解决虚拟机访问物理网卡等 I/O 设备的性能问题,能做的就是直接支持虚拟机内存到物理网卡的 DMA 操作。Intel 的 VT-d 技术及 AMD 的输入/输出内存管理单元技术通过

DMA 重新映射机制来解决这个问题。DMA 重新映射机制主要解决了两个问题,一方面为每个 VM 创建了一个 DMA 保护域并实现了安全的隔离,另一方面提供一种机制是将虚拟机的物理地址翻译为物理机的物理地址。

从虚拟机对网卡等设备访问角度看,传统虚拟化的方案是虚拟机通过虚拟机管理程序来共享地访问一个物理网卡,虚拟机管理程序需要处理多虚拟机对设备的并发访问和隔离等。具体的实现方式是通过软件模拟多个虚拟网卡(完全独立于物理网卡),所有操作都在 CPU 与内存中进行。这样的方案满足了多租户模式的需求,但是牺牲了整体的性能,因为虚拟机管理程序很容易形成一个性能瓶颈。为了提高性能,一种做法是虚拟机绕过虚拟机管理程序直接操作物理网卡,这种做法通常称为 PCI 直通,VMware、XEN 和 KVM 都支持这种技术。但这种做法的问题是虚拟机通常需要独占一个 PCI 插槽,不是一个完整的解决方案,成本较高且扩展性不足。

最新的解决方案是物理设备(如网卡)直接对上层操作系统或虚拟机管理程序提供虚拟化的功能,一个以太网卡可以对上层软件提供多个独立的虚拟通道实现并发访问;这些虚拟设备拥有各自独立的总线地址,从而可以提供对虚拟机 I/O 的 DMA 支持。这样一来,CPU 得以从繁重的 I/O 中解放出来,能够更加专注于核心的计算任务(如大数据分析)。这种方法也是业界主流的做法和发展方向,目前已经形成了标准。

15.3.2 虚拟交换机

在虚拟化早期阶段,由于物理网卡并不具备为多个虚拟机服务的能力,为了将同一物理机上的多台虚拟机接入网络,引入了一个虚拟交换机的概念。通常又称软件交换机,以区别于硬件实现的网络交换机。虚拟机通过虚拟网卡接入虚拟交换机,然后通过物理网卡外连到外部交换机,从而实现了外部网络接入,例如 VMware 虚拟交换机(见图 15-7)就属于这一类技术。

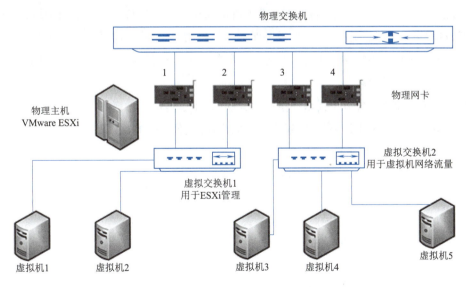

图 15-7　VMware 虚拟交换机结构图

这样的解决方案也带来一系列的问题。首先,一个很大的顾虑就是性能问题,因为所有网络交换都必须通过软件模拟。研究表明：一个接入 10～15 台虚拟机的软件交换机，通常需要消耗 10%～15% 的主机计算能力；随着虚拟机数量的增长，性能问题无疑将更加严重。其次，由于虚拟交换机工作在二层，无形中也使得二层子网的规模变得更大。更大的子网意味着更大的广播域，对性能和管理来说都是不小的挑战。最后，由于越来越多的网络数据交换在虚拟交换机内进行，传统的网络监控和安全管理工具无法对其进行管理，也意味着管理和安全的复杂性大大增加了。

15.3.3　接入层虚拟化

在传统的服务器虚拟化方案中，从虚拟机的虚拟网卡发出的数据包在经过服务器的物理网卡传送到外部网络的上联交换机后，虚拟机的标识信息被屏蔽掉了，上联交换机只能感知从某个服务器的物理网卡流出的所有流量，而无法感知服务器内某个虚拟机的流量，这就不能从传统网络设备层面来保证服务质量和安全隔离。虚拟接入要解决的问题是要把虚拟机的网络流量纳入传统网络交换设备的管理之中，需要对虚拟机的流量做标识。

15.3.4　覆盖网络虚拟化

虚拟网络并不是全新的概念，事实上我们熟知的 VLAN 就是一种已有的方案。VLAN 的作用是在一个大的物理二层网络中划分出多个互相隔离的虚拟三层网络，这个方案在传统的数据中心网络中得到了广泛应用。这里就引出了虚拟网络的第一个需求——隔离；VLAN 虽然很好地解决了这个需求。然而由于内在的缺陷，VLAN 无法满足第二个需求，即可扩展性（支持数量庞大的虚拟网络）。随着云计算的兴起，一个数据中心需要支持上百万的用户，每个用户需要的子网可能也不止一个。在这样的需求背景下，VLAN 已经远远不能满足应用需求，需要重新思考虚拟网络的设计与实现。当虚拟数据中心开始普及后，其本身的一些特性也带来对网络新的需求。物理机的位置一般是相对固定的，虚拟化方案的一个很大的特性在于虚拟机可以迁移。当迁移发生在不同网络、不同数据中心之间时，对网络产生了新的要求，比如需要保证虚拟机的 IP 在迁移前后不发生改变，需要保证虚拟机内运行的应用程序在迁移后仍可以跨越网络和数据中心进行通信等。这又引出了虚拟网络的第三个需求：支持动态迁移。

覆盖网络虚拟化就是为应以上需求而生的，它可以更好地满足云计算和下一代数据中心的需求，它为用户虚拟化应用带来了许多好处（特别是对大规模的、分布式的数据处理），包括：

（1）虚拟网络的动态创建与分配。
（2）虚拟机的动态迁移（跨子网、跨数据中心）。
（3）一个虚拟网络可以跨多个数据中心。
（4）将物理网络与虚拟网络的管理分离。
（5）安全（逻辑抽象与完全隔离）。

15.3.5　软件定义网络（SDN）

软件定义网络（SDN）是一种架构，它抽象了网络不同的可区分层，使网络变得敏捷和灵活，其目标是通过使企业和服务提供商能够快速响应不断变化的业务需求来改进网络控制。在传统网络架构中,单个网络设备根据其配置的路由表做出流量决策。而在软件定义的网络中,网络工程师或管理员可以从中央控制台调整流量,而无须接触网络中的各个交换机,无论服务器和设备之间的特定连接如何,集中式 SDN 控制器都会指导交换机在任何需要的地方提供网络服务,影响了许多网络创新。

1. SDN 架构

SDN 架构的典型表示包括三层(见图 15-8),即应用层、控制层、基础设施层。这些层使用北向和南向应用程序编程接口(API)进行通信。

(1)应用层。包含组织使用的典型网络应用或功能,如包括入侵检测系统、负载均衡或防火墙。传统网络将使用专用设备,如防火墙或负载均衡器,而软件定义的网络则使用控制器管理数据平面行为的应用程序替换设备。

(2)控制层。代表集中式 SDN 控制器软件,充当软件定义网络的大脑,该控制器驻留在服务器上并管理整个网络的策略和流量。

(3)基础设施层。由网络中的物理交换机组成,它们将网络流量转发到目的地。

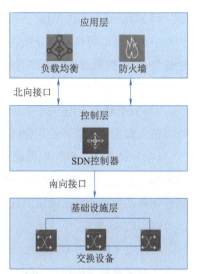

图 15-8　SDN 架构

三层之间使用各自的北向和南向 API 进行通信,应用程序通过其北向接口与控制器通信,尽管存在其他协议,但控制器和交换机使用南向接口(如 OpenFlow)进行通信。

控制器的北向 API 目前还没有正式的标准来匹配 OpenFlow 作为通用的南向接口,鉴于其广泛的供应商支持,随着时间的推移,OpenDaylight 控制器的北向 API 会成为事实上的标准。

2. SDN 的工作原理

SDN 包含多种类型的技术,包括功能分离、网络虚拟化和通过可编程性实现的自动化。

最初,SDN 技术只专注于网络控制平面与数据平面的分离,当控制平面决定数据包应该如何流经网络时,数据平面将数据包从一个地方移动到另一个地方。在经典的 SDN 场景中,数据包到达网络交换机,交换机专有固件中内置的规则告诉交换机将数据包转发到何处,这些数据包处理规则从集中控制器发送到交换机。交换机(又称数据平面设备)根据需要向控制器查询指导,并向控制器提供有关其处理的流量信息,交换机将每个数据包沿着相同的路径发送到相同的目的地,并以相同的方式处理所有数据包。

软件定义网络使用有时称为自适应或动态的操作模式,其中交换机向控制器发出路由请求,以获取没有特定路由的数据包,此过程与自适应路由分开,自适应路由通过路由器和基于网络拓扑的算法而不是通过控制器发出路由请求。

SDN 的虚拟化方面通过虚拟覆盖发挥作用,虚拟覆盖是物理网络之上的逻辑独立网络,用户可以实现端到端的覆盖来抽象底层网络和分段网络流量,这种微分段对于具有多租户云环境和云服务的服务提供商和运营商特别有用,因为他们可以为每个租户提供具有特定策略的单独虚拟网络。

3. SDN 的好处

SDN 可以带来多种好处:

（1）简化策略规则。使用 SDN，管理员可以在必要时更改任何网络交换机的规则——优先、取消优先级甚至阻止具有细粒度控制和安全级别的特定类型的数据包。此功能在云计算多租户架构中特别有用，因为它使管理员能够以灵活高效的方式管理流量负载，从本质上讲，这使管理员能够使用更便宜的商品交换机并更好地控制网络流量。

（2）网络管理和可见性。SDN 的其他好处是网络管理和端到端可见性，网络管理员只需处理一个集中控制器即可将策略分发到连接的交换机，这与配置多个单独的设备相反。此功能也是一个安全优势，因为控制器可以监控流量并部署安全策略，例如，如果控制器认为流量可疑，它可以重新路由或丢弃数据包。

（3）减少硬件占用空间和运营成本。SDN 还虚拟化了以前由专用硬件执行的硬件和服务，这样可以最大程度减少硬件占用空间，从而降低运营成本。

（4）网络创新。SDN 还促成了软件定义广域网（SD-WAN）技术的出现，SD-WAN 采用了 SDN 技术的虚拟覆盖功能，SD-WAN 抽象了组织在其 WAN 中的连接，创建了一个虚拟网络，该网络可以使用控制器认为适合发送流量的任何连接。

4. SDN 的影响

软件定义网络对 IT 基础设施和网络设计的管理产生了重大影响，随着 SDN 技术的成熟，它不仅改变了网络基础设施设计，还改变了 IT 对其角色的看法。

SDN 架构可以使网络控制可编程，通常使用开放协议，如 OpenFlow。因此，企业可以在其网络边缘应用感知软件控制。这允许访问网络交换机和路由器，而不是使用通常用于配置、管理、保护和优化网络资源的封闭和专有固件。虽然 SDN 部署在每个行业中都可以找到，但该技术在技术相关领域和金融服务方面的效果最强。

SDN 正在影响电信公司的运营方式，例如，Verizon 使用 SDN 将其所有现有的用于以太网和基于 IP 的服务边缘路由器整合到一个平台中，目标是简化边缘架构，使 Verizon 能够提高运营效率和灵活性，以支持新功能和服务。

SDN 在金融服务领域的成功取决于连接大量交易参与者、低延迟和高度安全的网络基础设施，以推动全球金融市场。

金融市场中几乎所有参与者都依赖于可能无法预测、难以管理、交付缓慢且容易受到攻击的传统网络，借助 SDN 技术，金融服务部门的组织可以构建预测网络，为金融交易应用程序提供更高效、更有效的平台。

15.3.6 对大数据处理的意义

相对于普通应用，大数据的分析与处理对网络有着更高的要求，涉及从带宽到延时，从吞吐率到负载均衡，以及可靠性、服务质量控制等方方面面。同时随着越来越多的大数据应用部署到云计算平台中，对虚拟网络的管理需求就越来越高。首先，网络接入设备虚拟化的发展，在保证多租户服务模式的前提下，还能同时兼顾高性能与低延时、低 CPU 占用率。其次，接入层的虚拟化保证了虚拟机在整个网络中的可见性，使得基于虚拟机粒度（或大数据应用粒度）的服务质量控制成为可能。覆盖网络的虚拟化，一方面使得大数据应用能够得到有效的网络隔离，更好地保证了数据通信的安全;另一方面也使得应用的动态迁移更加便捷,保证了应用的性能和可靠性。软件定义的网络更是从全局的视角重新管理和规划网络资源,使得整体的网络资源利用率得到优化利用。总之,网络虚拟化技术通过对性能、可靠性和资源优化利用的贡献,间接提高了大数据系统的可靠性和运行效率。

15.4 存储虚拟化

存储虚拟化是一种贯穿于整个 IT 环境、用于简化本来可能会相对复杂的底层基础架构的技术。存储虚拟化的思想是将资源的逻辑映像与物理存储分开,从而为系统和管理员提供一幅简化、无缝的资源虚拟视图。

对于用户来说,虚拟化的存储资源就像是一个巨大的"存储池",用户不会看到具体的磁盘、磁带,也不必关心自己的数据经过哪一条路径通往哪一个具体的存储设备,如图 15-9 所示。

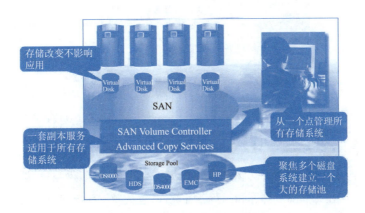

图 15-9　异构环境构建存储虚拟化

从管理的角度来看,虚拟存储池是采取集中化的管理,并根据具体的需求把存储资源动态地分配给各个应用。值得特别指出的是,利用虚拟化技术,可以用磁盘阵列模拟磁带库,为应用提供速度像磁盘一样快、容量却像磁带库一样大的存储资源,这就是当今应用越来越广泛的虚拟磁带库,在当今企业存储系统中扮演着越来越重要的角色。

将存储作为池子,存储空间如同池子中流动的水一样,可以任意地根据需要进行分配。通过将一个(或多个)目标服务或功能与其他附加功能集成,统一提供有用的全面功能服务。典型的虚拟化包括如下一些情况:屏蔽系统的复杂性,增加或集成新的功能,仿真、整合或分解现有的服务功能等。虚拟化是作用在一个或者多个实体上的,而这些实体则是用来提供存储资源及服务的。

15.5 云计算服务形式

云计算按照服务的组织方式不同,有公有云、私有云、混合云之分。公有云向所有人提供服务,典型的公有云提供商如阿里云、腾讯云等,人们可以用相对低廉的价格方便地使用虚拟主机服务。私有云往往只针对特定客户群提供服务,比如一个企业内部 IT 可以在自己的数据中心搭建私有云,并向企业内部提供服务。也有部分企业整合了内部私有云和公有云,统一交付云服务,这就是混合云。

15.5.1 云计算的服务层次

云计算包括以下几个层次的服务:IaaS、PaaS 和 SaaS。这里,分层体系架构意义上的"层次" IaaS、PaaS 和 SaaS 分别在基础设施层、软件开放运行平台层和应用软件层实现,如图 15-10 所示。

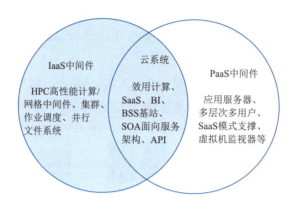

图 15-10　IaaS 和 PaaS 都脱胎于 SaaS

(1)IaaS(infrastructure as a service,基础设施即服务):消费者通过因特网可以从完善的计算机基础设施获得服务。

IaaS 通过网络向用户提供计算机(物理机和虚拟机)、存储空间、网络连接、负载均衡和防火墙等基本计算资源;用户在此基础上部署和运行各种软件,包括操作系统和应用程序。例如,通过亚马逊的 AWS,用户可以按需定制所要的虚拟主机和块存储等,在线配置和管理这些资源。

(2)PaaS(platform as a service,平台即服务):实际上是指将软件研发的平台作为一种服务,以 SaaS 的模式提交给用户。因此,PaaS 也是 SaaS 模式的一种应用。但是,PaaS 的出现可以加快 SaaS 的发展,尤其是加快 SaaS 应用的开发速度。

平台通常包括操作系统、编程语言的运行环境、数据库和 Web 服务器,用户在此平台上部署和运行自己的应用。用户不能管理和控制底层的基础设施,只能控制自己部署的应用。目前常见的 PaaS 提供商有 CloudFoundry、谷歌的 GAE 等。

(3)SaaS(software as a service,软件即服务):是一种通过因特网提供软件的模式,用户无须购买软件,而是向提供商租用基于 Web 的软件来管理企业经营活动,如邮件服务、数据处理服务、财务管理服务等。

(4)DaaS(data as a service,数据即服务):是继 IaaS、PaaS、SaaS 之后又一个新的服务概念,指数据为决策提供依据,数据可以转化为财富,它是一个跨越大数据基础设施和应用的领域。过去的公司一般先获得大数据集,然后使用——通常难以获得当前数据,或从互联网上得到即时数据。但是现在,出现了各种各样的 DaaS 供应商,例如,邓白氏公司为金融、地址以及其他形式的数据提供网络编程接口,费埃哲公司(FICO)提供财务信息等,微博为其博文提供访问权限,等等。

15.5.2 大数据与云相辅相成

长期以来,信息技术的发展主要解决的是云计算中结构化数据的存储、处理与应用。结构化数据的特征是"逻辑性强",每个"因"都有"果"。然而,现实社会中大量数据事实上没有"显现"的因果关系,如一个时刻的交通堵塞、天气状态、人的心理状态等,它的特征是随时、海量与弹性的,一个突变天气分析甚至会有几百个 PB 数据,而一个突发社会事件在互联网上的数据(如微博、纪念、文章、视频等)也是突然爆发出来的。

传统的计算机设计与软件都是以解决结构化数据为主,对"非结构"要求属于一种新的计算架构。互联网时代,尤其是社交网络、电子商务与移动通信把人类社会带入一个以 PB 为单位的结构与非结构数据信息的新时代,它就是"大数据"时代。

大数据与云计算都是为数据存储和处理服务的,都需要占用大量的存储和计算资源,在很大程度上是相辅相成的,而且大数据用到的海量数据存储技术、海量数据管理技术、MapReduce 等并行处理技术也都是云计算的关键技术。云计算和大数据最大的不同在于:云计算是你在做的事情,而大数据是你所拥有的东西。不过,大数据与云计算也有很多差异。

云计算的目的是通过互联网更好地调用、扩展和管理计算及存储资源和能力,以节省企业的 IT 部署成本,其处理对象是 IT 资源、处理能力和各种应用。云计算从根本上改变了企业的 IT 架构,产业发展的主要推动力量是存储及计算设备的生产厂商和拥有计算及存储资源的企业。而大数据的目的是充分挖掘海量数据中的信息,发现数据中的价值,其处理对象是各种数据。大数据使得企业从"业务驱动"转变为"数据驱动",从而改变了企业的业务架构,其直接受益者是业务部门或企业 CEO,产业发展的主要推动力量是从事数据存储与处理的软件厂商和拥有大量数据的企业。

以云计算为基础的信息存储、分享和挖掘手段为知识生产提供了工具,而通过对大数据分析预测,会使决策更加精准,两者相得益彰。从另一个角度讲,云计算是一种 IT 理念、技术架构和标准,它也不可避免地会产生大量的数据。所以说,大数据技术与云计算的发展密切相关,大型的云计算应用不可或缺的就是数据中心的建设,大数据技术是云计算技术的延伸。

所以,云计算是硬件资源的虚拟化;大数据是海量数据的高效处理。整体来看,未来的趋势是,云计算作为计算资源的底层,支撑着上层的大数据处理,而大数据的发展趋势是,实时交互式的查询效率和分析能力。

云计算和大数据实际上是工具与用途的关系,即云计算为大数据提供了有力的工具和途径,大数据为云计算提供了很有价值的用武之地。大数据与云计算相结合将相得益彰,互相都能发挥最大的优势。云计算能为大数据提供强大的存储和计算能力,更加迅速地处理大数据的丰富信息,并更方便地提供服务;而来自大数据的业务需求,能为云计算的落地找到更多更好的实际应用。当然大数据的出现也使得云计算会面临新的考验。

【作 业】

1.所谓基础设施,是指在 IT 环境中,为具体应用提供(　　　)等基础功能的软硬件系统。随着对新应用的需求不断涌现,IT基础设施发生了翻天覆地的变化。

　　A. 录入、修改、删除、查询　　　　　　B. 输入、更新、处理、输出

　　C. 上网、搜索、浏览、打印　　　　　　D. 计算、存储、互联、管理

2. 所谓"云计算"是一种基于(　　)的计算方式,通过这种方式,共享的软硬件资源和信息可以按需求提供给计算机和其他设备。

　　A. 互联网　　　　B. 内联网　　　　C. 外联网　　　　D. 物联网

3. 云是网络、互联网的一种比喻说法。云计算为我们提供了(　　)、所见即所得、快速部署等能力。随着云计算的发展,大数据正成为云计算面临的一个重大考验。

　　①跨地域　　　　②高可靠　　　　③按需付费　　　　④脱机处理

　　A. ①③④　　　　B. ①②④　　　　C. ②③④　　　　D. ①②③

4. 云计算是分布式计算、并行计算、效用计算、(　　)等计算机和网络技术发展融合的产物。

　　①缩微处理　　　　②网络存储　　　　③虚拟化　　　　④负载均衡

　　A. ②③④　　　　B. ①②③　　　　C. ①②④　　　　D. ①③④

5. 云计算按照服务的组织、交付方式的不同,有公有云、私有云、混合云之分。云计算提供的服务形式包括(　　)。

　　①IaaS　　　　②PaaS　　　　③TaaS　　　　④SaaS

　　A. ②③④　　　　B. ①②③　　　　C. ①②④　　　　D. ①③④

6. 大数据技术与云计算的发展(　　),大型的云计算应用不可或缺的就是数据中心的建设,大数据技术是云计算技术的延伸。

　　A. 比肩并列　　　　B. 密切相关　　　　C. 没有交集　　　　D. 同一回事

7. 大数据解决方案的构架离不开云计算的支撑。支撑大数据及云计算的底层原则是一样的,包括(　　)。

　　①专业化　　　　②规模化　　　　③资源配置　　　　④自愈性

　　A. ①③④　　　　B. ①②④　　　　C. ①②③　　　　D. ②③④

8. 虚拟化是云计算所有要素中(　　)的组成部分。

　　A. 最先进,也是最高端　　　　　　B. 最基本,也是最普遍

　　C. 最新,也是最重要　　　　　　　D. 最基本,也是最核心

9. 虚拟化技术中最核心的部分包括(　　)。

　　①计算虚拟化　　②存储虚拟化　　③分析虚拟化　　④网络虚拟化

　　A. ①②④　　　　B. ①②③　　　　C. ②③④　　　　D. ①③④

10. 计算虚拟化又称平台虚拟化或服务器虚拟化,它的核心思想是使在一个物理计算机(宿主机)上可以同时运行(　　),即宿主机。

　　A. 多个Office软件　　　　　　　B. 多个操作系统

　　C. 多个打印机　　　　　　　　　D. 同时运行多个CPU(核)

11. 计算虚拟化是大数据处理不可缺少的支撑技术,其作用包括(　　)。将大数据应用运行在虚拟化平台上,可以充分享受虚拟化带来的管理红利。

①提高设备利用率　　　　　　　　②提高系统可靠性
③提高设备存储能力　　　　　　　④解决计算单元管理问题
A.①②③　　　B.②③④　　　C.①②④　　　D.①③④

12. 存储虚拟化最通俗的理解就是对一个或者多个存储硬件资源进行抽象,提供统一的、更有效率的全面存储服务,虚拟存储对用户来说是(　　)。
A.透明的　　　B.半透明的　　　C.结构清晰的　　　D.路径清晰的

13. 存储虚拟化是一种贯穿于整个IT环境、用于简化复杂底层基础架构的技术。存储虚拟化的思想是将资源的(　　)分开,从而提供一幅资源虚拟视图。
A.大容量及高可扩展性　　　　　B.高可用性和高复杂性
C.自管理和自修复　　　　　　　D.逻辑映像和物理存储

14. 作为云计算的延伸和重要组件之一,(　　)提供了"按需分配、按量计费"的数据服务。
A.个人云　　　B.云存储　　　C.脱机存储　　　D.离线服务

15. 典型的虚拟化包括(　　)等内容,它作用在一个或者多个实体上的,而这些实体则是用来提供存储资源及服务的。
①屏蔽系统的复杂性　　　　　　②增加或集成新的功能
③脱机处理和在线交互　　　　　④仿真、整合或分解现有服务功能
A.②③④　　　B.①②③　　　C.①②④　　　D.①③④

16. 网络虚拟化是指把(　　)从底层的(　　)分离开来,它包括网卡的虚拟化、网络的虚拟接入技术、覆盖网络交换,以及软件定义的网络等。
A.逻辑网络,物理网络　　　　　B.物理网络,逻辑网络
C.内部网络,外部网络　　　　　D.国内网络,国际网络

17. 大数据的分析与处理对网络有着更高的要求,涉及(　　)等方面。
①带宽　　　②延时　　　③吞吐率　　　④租金
A.①③④　　　B.①②④　　　C.②③④　　　D.①②③

18. 网络虚拟化技术通过对(　　)的贡献,间接提高了大数据系统的可靠性和运行效率。
①性能　　　②便利性　　　③可靠性　　　④资源优化利用
A.①②④　　　B.①③④　　　C.①②③　　　D.②③④

19. DaaS指的是(　　)。
A.直接服务　　　B.数据即服务　　　C.连接即服务　　　D.直接软件

20. 云计算和大数据实际上是(　　)的关系,它们结合将相得益彰,互相都能发挥最大的优势。
A.直接和间接　　　B.虚拟和物理　　　C.工具与用途　　　D.应用和工具

实训与思考　熟悉云端大数据的基础设施

1. 概念理解

(1)结合查阅相关文献资料,为"云计算"给出一个权威性的定义。

答:_____

这个定义的来源是：_____

(2) 简述云计算的四种服务形式。

答：

IaaS：_____

PaaS：_____

SaaS：_____

DaaS：_____

(3) 结合课文和相关文献资料，简述什么是虚拟化技术。

答：_____

(4) PaaS（平台即服务）是云计算中最为重要的一个类型，简述 PaaS 的三个主要特点。

答：

① _____

② _____

③ _____

(5) 结合课文和相关文献资料，简述什么是"云存储"。

答：_____

(6)结合课文和相关文献资料,简述网络虚拟化对大数据处理的意义。

答:_____

2. 实训总结

3. 教师实训评价

第16课

大数据的发展

学习目标

(1) 了解数据科学的基础知识和主要内容。

(2) 熟悉数据工作者的技能要求、素质要求、知识结构和培养途径。

(3) 认识"数据开放"的重要意义,关注大数据技术事业的发展。

学习难点

(1) 数据科学与数据工作者。

(2) 大数据技术展望。

导读案例　加快建立完善数据产权制度

推动数据产权制度的建立与完善,让数据确权更精准、数据流动更通畅,数字经济将获得更广阔的发展空间,迸发更强大的创新活力。

党的二十大报告提出,"加快建设制造强国、质量强国、航天强国、交通强国、网络强国、数字中国。"如今,我国数字经济规模已经稳居全球第二,为经济发展提供了强大动力。习近平总书记在主持中央全面深化改革委员会第二十六次会议时强调:"统筹推进数据产权、流通交易、收益分配、安全治理,加快构建数据基础制度体系。"

数据产权制度体系是支撑数字经济发展壮大的关键环节。建设数据产权制度,重在做好数据分类分级及数据产权分置,根据其不同特性进行区别化的精准管理,从而保护数据要素市场各参与方的合法权益。具体而言,可以从以下几方面着手:

一是确定数据权利主体,分类分级推进公共数据、企业数据、个人数据确权授权使用。从发展角度看,近三年来,我国数据产量每年保持约30%的增速,厘清各主体的数据权利与义务,有利于优化数据资产管理,促进数据有序流通。从安全角度看,数据分类分级是数据安全的基础。对于关系国家安全或重大公共利益的公共数据,要明确其公有性质,所有权归国家所有,根据数据级别采取不同的保护措施。对于承载个人信息的数据,应划定隐私与一般数据的边界,在保护隐私的同时通过脱敏、加密等技术手段促进一般数据流通使用。

二是确定数据权利内容。区别于传统要素,数据具有可复制性、非排他性等特点,在同一数据上

第16课 大数据的发展

可能承载多方主体的数据权利,这也为法理层面的数据确权带来很大困难。对此,还需建立数据资源持有权、数据加工使用权、数据产品经营权等分置的产权运行机制。

三是在明确数据权属的基础上,健全数据要素权益保护制度。其中既包括充分保护数据被采集方的合法权益,也包括尊重数据处理者为采集、存储、处理数据所付出的劳动、技术、资本,依法保护其使用数据和获得收益的权利。

数据是数字经济的关键生产要素。明确数据产权归属、建立数据产权制度,是推进数据要素市场化的重要前提。推动数据产权制度的建立与完善,让数据确权更精准、数据流动更通畅,数字经济将获得更广阔的发展空间,迸发更强大的创新活力。

阅读上文,思考、分析并简单记录:

(1)通过阅读上文以及网络搜索,简述什么是"数据产权"。

答:_____

_____

_____

(2)数据产权制度体系是支撑数字经济发展壮大的关键环节。简述应该从哪几个方面入手,来保护数据要素市场各参与方的合法权益。

答:_____

_____

_____

(3)党的二十大报告提出,"加快建设制造强国、质量强国、航天强国、交通强国、网络强国、数字中国。"简述"数字中国"的内容和内涵。

答:_____

_____

_____

(4)简述你所知道的上一周发生的国际、国内或者身边的大事。

答:_____

_____

_____

_____

数据科学可以简单地理解为预测分析和数据挖掘,是统计分析和机器学习技术的结合,用于获取数据中的推断和洞察力。相关方法包括回归分析、关联规则(如市场购物篮分析)、优化技术和仿真(如蒙特卡罗仿真用于构建场景结果)。

大数据需要数据科学,要做到的不仅是存储和管理,更重要的是预测分析(比如如果这样做,会发生什么)。要真正利用统计学的力量,从数据中获得经验和未来方向的指导。但是,大数据还需要新的应用、新的平台和新的数据观,而不仅是现有的传统基础架构与软件平台。

16.1 数据科学与数据工作者

数据科学实践通常需要的一般领域技能,即商业洞察、计算机技术/编程和统计学/数学。另一方面,不同工作对象的具体技能集合会有所不同。为探索应该具有的职业技能,多个研究项目进行了不同的探索,综合得出数据科学从业人员相关的 25 项技能,见表 16-1。

表 16-1 数据科学从业人员相关的 25 项技能

技能领域	技能详情
商业	1. 产品设计和开发 2. 项目管理 3. 商业开发 4. 预算 5. 管理和兼容性(安全性)
技术	6. 处理非结构化数据(NoSQL) 7. 管理结构化数据(SQL、JSON、XML) 8. 自然语言处理(NLP)和文本挖掘 9. 机器学习(决策树、神经网络、支持向量机、聚类) 10. 大数据和分布式数据(Hadoop、MapReduce、Spark)
数学 & 建模	11. 最优化(线性、整数、凸优化、全局) 12. 数学(线性代数、实变分析、微积分) 13. 图模型(社会网络) 14. 算法(计算复杂性、计算理论)和仿真(离散、基于代理、连续) 15. 贝叶斯统计(马尔可夫链、蒙特卡罗方法)
编程	16. 系统管理(UNIX/Linux)和设计 17. 数据库管理(MySQL、NoSQL) 18. 云管理 19. 后端编程(Java、Rails、Objective C) 20. 前端编程(JavaScript、HTML、CSS)
统计	21. 数据管理(重编码、去重复项、整合单个数据源、网络抓取) 22. 数据挖掘(Python、SPSS、SAS)和可视化(图形、地图、基于 Web)工具 23. 统计学和统计建模(线性模型、ANOVA、MANOVA、时空数据分析、地理信息系统) 24. 科学/科学方法(实验设计、研究设计) 25. 沟通(分享结果、写作/发表、展示、博客)

注:被访者要求指出他们对上述 25 项技能有多熟悉,使用这样的量表:不知道(0)、略知(20)、新手(40)、熟练(60)、非常熟练(80)、专家(100)。

1. 数据科学技能和熟练程度

表 16-1 中列出的这 25 项技能,反映了通常与数据科学工作者相关的技能集合。在进行针对性的调查中,调查者要求专业人员指出他们在 25 项不同数据科学技能上的熟练程度。

研究中,选择"中等了解"水平作为数据专业人员拥有该技能的标准。"中等了解"说明一个数据专业人员能够按照要求完成任务,并且通常不需要他人的帮助。这项研究数据基于 620 名被访的数据专业人士。具备某种技能的百分比反映了他在该技能上至少中等熟练程度的被访问者比例职位角色,即商业经理 = 250;开发人员 = 222;创意人员 = 221;研究人员 = 353。

2. 重要数据科学技能

以拥有该技能的数据专业人员百分比对表 16-1 的 25 项技能进行排序。分析表明,所有数据专业人员中最常见的数据科学十大技能是:

统计-沟通(87%)

技术-处理非结构化和结构化数据(75%)

数学 & 建模-数学(71%)

商业-项目管理(71%)

统计-数据挖掘和可视化工具(71%)

统计-科学/科学方法(65%)

统计-数据管理(65%)

商业-产品设计和开发(59%)

统计-统计学和统计建模(59%)

商业-商业开发(53%)

许多重要的数据科学技能都属于统计领域:所有五项与统计相关的技能都出现在前 10 项中,包括沟通、数据挖掘和可视化工具、科学/科学方法、统计学和统计建模;与商业洞察力相关的三项技能出现在前 10 项中,包括项目管理、产品设计和开发;但没有编程技能出现在前 10 项中。

3. 因职业角色而异的十大技能

下面按不同的职业角色(商业经理、开发人员、创意人员、研究人员)来看看他们的十大技能。分析中指出了对于每个职业角色的数据专业人士所拥有每项技能的频率。可以看到,一些重要数据科学技能在不同角色中是通用的。包括沟通、管理结构化数据、数学、项目管理、数据挖掘和可视化工具、数据管理、产品设计和开发。

(1)商业经理:那些认为自己是商业经理(尤其是领导者、商务人士和企业家)的数据专业人士中的十大数据科学技能是:

统计-沟通(91%)

商业-项目管理(86%)

商业-商业开发(77%)

技术-处理非结构化和结构化数据(74%)

商业-预算(71%)

商业-产品设计和开发(70%)

数学 & 建模-数学(65%)

统计-数据管理(64%)

统计-数据挖掘和可视化工具(64%)

商业-管理和兼容性(61%)

只与商业经理相关的重要技能毫无疑问的是商业领域的。这些技能包括商业开发、预算，以及管理和兼容性。

(2)开发人员：那些认为自己是开发工作者(尤其是开发者和工程师)的数据专业人士中的十大数据科学技能是：

技术-管理结构化数据(91%)

统计-沟通(85%)

统计-数据挖掘和可视化工具(76%)

商业-产品设计(75%)

数学 & 建模-数学(75%)

统计-数据管理(75%)

商业-项目管理(74%)

编程-数据库管理(73%)

编程-后端编程(70%)

编程-系统管理(65%)

只与开发者相关的技能是技术和编程。这些重要的技能包括后端编程、系统管理以及数据库管理。虽然这些数据专业人员具备这些技能，但只有少数人拥有那些在大数据领域中很重要的，更加技术化、更加依赖编程的技能。例如，少于一半人掌握云管理(42%)，大数据和分布式数据(48%)和 NLP 以及文本挖掘(42%)。随着更多数据科学专业毕业生开始就业，这些百分比是否会有所上升？

(3)创意人员：那些认为自己是创意工作者(尤其是艺术家和黑客)的数据专业人士中的十大数据科学技能是：

统计-沟通(87%)

技术-处理非结构化和结构化数据(79%)

商业-项目管理(77%)

统计-数据挖掘和可视化工具(77%)

数学 & 建模-数学(75%)

商业-产品设计和开发(68%)

统计-科学/科学方法(68%)

统计-数据管理(67%)

统计-统计学和统计建模(63%)

商业-商业开发(58%)

创意人员的重要数据科学技能与那些研究者紧密匹配。

(4)研究人员:那些认为自己是研究工作者(尤其是研究员、科学家和统计学家)的数据专业人士中的十大数据科学技能是:

统计-沟通(90%)

统计-数据挖掘和可视化工具(81%)

数学 & 建模-数学(80%)

统计-科学/科学方法(78%)

统计-统计学和统计建模(75%)

技术-处理非结构化和结构化数据(73%)

统计-数据管理(69%)

商业-项目管理(68%)

技术-机器学习(58%)

数学-最优化(56%)

研究人员的重要数据科学技能主要在统计领域。另外,只在研究工作者上体现的重要数据科学技能是高度定量性质,包括机器学习和最优化。

4. 按职业角色的重要技能

上述研究所列举的重要数据科学技能,取决于你正在考虑成为哪种类型的数据专业人员。虽然一些技能看起来在不同专业人士间通用(尤其是沟通、处理结构化数据、数学、项目管理、数据挖掘和可视化工具、数据管理,以及产品设计和开发),但是其他数据科学技能在特定领域也有独特之处。开发人员的重要技能包含编程技能,研究人员则包含数学相关的技能,当然商业经理的重要技能包含商业相关的技能。

这些结果对数据专业人员感兴趣的领域和他们的招聘者及组织都有影响。数据专业人员可以使用结果来了解不同类型工作需要具备的技能种类。如果你有较强的统计能力,你可能会寻找一个有较强研究成分的工作。了解你的技能并找那些对应的工作。

16.2 连接开放数据

英国计算机科学家蒂姆·伯纳斯-李(1955—)说,当初他创建世界上第一个网络浏览器以及服务器的时候,动力在于一种挫折感。那时他跟一班优秀的科学家一起工作,可是不同的人用不同的机器,他们所使用的文件格式也不完全一样。要想在这样的数据之上有所建树,就需要不断地转换格式,唯有如此才能挖掘出数据底层的无限潜力。蒂姆说,当时他给自己的老板写了份备忘介绍互联网的构想,蒂姆的老板给他的答复是"想法还很模糊,但是很让人兴奋"。

尽管今日的互联网无限风光,但是蒂姆依然对于不能高效地在网络上获取数据而耿耿于怀。尽管我们都知道网络上有海量的数据,但是我们不懂得怎么去利用。

16.2.1 LOD 运动

2009 年,蒂姆曾经在一次会议上喊出了"马上给我原始数据!"这句话。蒂姆提出的将数据公开并连接起来以对社会产生巨大价值为目的进行共享的主张,称为LOD(linked open data,连接开放数据,见图16-1)。LOD倡导将国家及地方政府等公职机构所拥有的统计数据、地理信息数据、生命科学等数据开放出来并相互连接,以为社会整体带来巨大价值为目的进行共享。LOD与倡导积极公开政府信息及公民参与行政的"政府公开"运动紧密相连,正不断在世界各国政府中推广开来。

- 利用Web技术将开放数据(open data)进行公开和连接(link)的机制
- 将Web空间作为巨大的数据库,可供查询和使用

图16-1　LOD的概念

针对政府机构抱着数据不放而拒绝公开的状况,蒂姆强烈呼吁:"请把未经任何加工的原始数据交给我们。我们想要的正是这些数据。希望公开原始数据。"随即,他在演讲中继续谈道:"从工作到娱乐,数据存在于我们生活的各个角落。然而,数据产生的数量并不重要,更重要的是将数据连接起来。通过将数据相互连接,就可以获得在传统文档网络中所无法获得的力量。这其中会产生出巨大的力量。如果你们认为这个构想很不错,那么现在正是开始行动的时候了。"

所谓"传统文档网络中所无法获得的",意思是说,传统的Web是以人类参与为前提的,而通过计算机进行自动化信息处理还相对落后。例如,HTML中所描述的信息,对人类是容易理解的,但对于计算机来说,处理起来就比较费力。LOD的前提是,利用Web的现有架构,采用计算机容易处理的机器可读格式进行信息共享。蒂姆的设想是,"如果任何数据都可以在Web上公开,人们便可以使用这些数据实现过去所未曾想象过的壮举"。

例如,英国政府官员在官方博客中写道:"我们有自行车事故发生地点的原始统计数据。"随后仅仅过了两天,《泰晤士报》就在其在线版"时代在线"上,利用这些原始数据和地图数据相结合开发了相应的服务并公开发布。

蒂姆指出,互联网上的数据都是地下的,我们要把它们带到地上,让整个世界通过相互连接的数据而变得更有意义。蒂姆的做法是:

(1)以类似于HTML的格式来标示数据。

(2)获取有价值的数据。

(3)揭示数据间的关系。

蒂姆说:"我们需要获得这样的数据,因为这样会有助于催生新的科学发现,相互连接的数据越多,数据的价值也越大。我们可以让学生去分析这样的数据,理解政府运作的新机理。而要治疗癌症、老年痴呆症、金融危机以至于气候变暖的问题,我们都需要实现数据共享,而不是关起门来,各搞各的。应当撕开社交型网站间的商业屏障,开放政府的数据。"

16.2.2 利用开放数据创业

某气象服务公司的业务是向农民销售综合气候保险(见图 16-2)。所谓综合气候保险,是农民为了预防恶劣气候所造成的农作物减产而购买的一种保险。该公司通过农业相关部门公开的过去 60 年的农作物收获量数据,与数据量达到 14 TB 的土壤数据,以及政府在全国 100 万个地点安装的多普勒雷达所扫描的气候信息相结合,对玉米、大豆、冬小麦的收获量进行预测。

图 16-2　气候分析

所有这些数据都是可以免费获取的,因此是否能够从这些数据中催生出有魅力的商品和服务才是关键。该公司的两位创始人,其中一位曾负责过分布式计算。此外,该公司 60 名员工中,有 12 名拥有环境科学和应用数据方面的博士学位,聚集了一大批能够用数据来解决现实问题的人才。此外,该公司还自称"世界上屈指可数的 MapReduce 驾驭者",他们利用云计算服务来处理政府公开的庞大数据。

有用的数据、具备高超技术的人才,再加上能够廉价完成庞大数据处理的计算环境,该公司将这些条件结合起来,对土壤、水体、气温等条件对农作物收成产生的影响进行分析,从而催生出了气候保险这一商品。该公司的 CEO 认为:"只要能够长期获取高质量的数据,无论是加拿大还是巴西,在任何地方都能够提供我们的服务。"

16.2.3 大数据与人工智能

人工智能和大数据都是当前的热门技术,人工智能的发展要早于大数据,人工智能在 20 世纪 50 年代就已经开始发展,而 2012 年是大数据的元年。从百度指数的数据可以看出,人工智能受到国人关注要远早于大数据,且受到长期、广泛的关注,在近几年再次被推向顶峰。

人工智能和大数据是紧密相关的两种技术,二者既有联系,又有区别。

1. 人工智能与大数据的联系

一方面,人工智能需要数据建立其智能,特别是机器学习。例如,机器学习图像识别应用程序可以查看数以万计的飞机图像,以了解飞机的构成,以便将来能够识别出它们。人工智能应用的数据越多,其获得的结果就越准确。在过去,人工智能由于处理器速度慢、数据量小而不能很好地工作。

今天,大数据为人工智能提供了海量的数据,使得人工智能技术有了长足的发展,甚至可以说,没有大数据就没有人工智能。

另一方面,大数据技术为人工智能提供了强大的存储能力和计算能力。在过去,人工智能算法都是依赖于单机的存储和单机的算法,而在大数据时代,面对海量的数据,传统的单机存储和单机算法已经无能为力,建立在集群技术之上的大数据技术(主要是分布式存储和分布式计算),可以为人工智能提供强大的存储能力和计算能力。

2. 人工智能与大数据的区别

人工智能与大数据也存在着明显的区别,人工智能是一种计算形式,它允许机器执行认知功能,例如对输入起作用或作出反应,类似于人类的做法,而大数据是一种传统计算,它不会根据结果采取行动,只是寻找结果。

另外,二者要达成的目标和实现目标的手段不同。大数据主要目的是通过数据的对比分析来掌握和推演出更优的方案。就拿视频推送为例,我们之所以会接收到不同的推送内容,便是因为大数据根据我们日常观看的内容,综合考虑了我们的观看习惯和日常的观看内容;推断出哪些内容更可能让我们会有同样的感觉,并将其推送给我们。而人工智能的开发,则是为了辅助和代替我们更快、更好地完成某些任务或进行某些决定。不管是汽车自动驾驶、自我软件调整抑或是医学样本检查工作,人工智能都是在人类之前完成相同的任务,但区别在于其速度更快、错误更少,它能通过机器学习的方法,掌握我们日常进行的重复性的事项,并以其计算机的处理优势高效地达成目标。

16.3 大数据发展趋势

大数据是继云计算、移动互联网、物联网之后,信息技术领域的又一大热门话题。根据预测,大数据将继续以每年40%的速度持续增加,而大数据所带来的市场规模也将以每年翻一番的速度增长。有关大数据的话题也逐渐从讨论大数据相关的概念,转移到研究从业务和应用出发如何让大数据真正实现其所蕴含的价值。大数据无疑给众多IT企业带来了新的成长机会,同时也带来了前所未有的挑战。

随着数据量的持续增大,学术界和工业界都在关注着大数据的发展,探索新的大数据技术、开发新的工具和服务,努力将"信息过载"转换成"信息优势"。大数据将跟移动计算和云计算一起成为信息领域企业所"必须有"的竞争力。如何应对大数据所带来的挑战,如何抓住机会真正实现大数据的价值,将是未来信息领域持续关注的课题,并同时会带来信息领域诸多方面的突破性发展。

16.3.1 传统IT过渡到大数据系统

大数据的有用性毋庸置疑,问题的关键是如何能够开发出经济实用的大数据应用解决方案,使得用户能够利用手中掌握的各种数据,揭示数据中所存在的价值,从而带来在市场上的竞争优势。这里面使用大数据的代价和大数据可用性是尤为关键的两个问题。

首先是代价:如果为了实现大数据的价值,需要用户重新搭建一套从硬件到软件的全新IT系统,这样的代价对于多数客户来说都难以接受。更可行的方案是在现有数据平台的基础上,做渐进式改进,逐渐使现有的IT系统具备处理和分析大数据的能力。例如,在现有的IT平台上加入大数据组件(如Hadoop、MapReduce、R等),在现有的商业智能平台上引入一些大数据分析工具,实现大数据分析功能。要实现上述功能,现有数据库系统和Hadoop的无缝连接将是非常关键的技术。使得现有的基于关系数据库的系统、工具和知识体系能够方便地迁移到Hadoop生态系统中,这就要求关系数据库的查询能够直接在Hadoop文件系统上进行而不是通过中间步骤(如外部表的方式)实现。

其次是可用性:大数据的根本是要为用户带来新的价值,而通常这些用户是各个职能部门的业务人员而非数据科学家或IT专家,所以大数据分析的平民化尤为重要。大数据科研人员要和业务人员密切合作,借助可视化技术等,真正使大数据的应用做到直观、易用,为客户带来可操作的洞察和可度量的结果。同时,数据分析将更加趋于网络化。基于云计算的分析即服务,使得大数据分析不再局限于拥有昂贵的数据分析能力的大企业,中小企业甚至个人也可以通过购买数据分析服务的方式开发大数据分析应用。

16.3.2 信息领域突破性发展

随着数据量的持续增大,学术界和工业界都在关注着大数据的发展,探索新的大数据技术、开发新的工具和服务,努力将"信息过载"转换成"信息优势"。大数据将跟移动计算和云计算一起成为信息领域企业所"必须有"的竞争力。如何应对大数据所带来的挑战,如何抓住机会真正实现大数据的价值,将是未来信息领域持续关注的课题,并同时会带来信息领域中诸多方面的突破性发展。

(1)物联网。是把所有物品通过信息传感设备与互联网连接起来,进行信息交换,即物物相息,以实现智能化识别和管理。物联网是新一代信息技术的重要组成部分,也是"信息化"时代的重要发展阶段。物联网的核心和基础仍然是互联网,是在互联网基础上的延伸和扩展的网络;其用户端延伸和扩展到了任何物品与物品之间,进行信息交换和通信,也就是物物相息。

(2)智慧城市。是运用信息和通信技术手段感测、分析、整合城市运行核心系统的各项关键信息,对包括民生、环保、公共安全、城市服务、工商业活动在内的各种需求做出智能响应。智慧城市的实质是利用先进的信息技术,实现城市智慧式管理和运行,进而为城市中的人创造更美好的生活,促进城市的和谐、可持续成长。这个趋势的成败取决于数据量与数据是否足够,这有赖于政府部门与民营企业的合作。此外,发展中的5G网络是全世界通用的规格,如果产品被一个智慧城市采用,将可以应用在全世界的智慧城市。

(3)虚拟现实(VR)、增强现实(AR)与混合现实(MR)。虚拟现实技术是一种创建和体验虚拟世界的计算机仿真系统,它利用计算机生成一种模拟环境;增强现实技术是一种多源信息融合的、交互式的三维动态视景和实体行为的系统仿真,使用户沉浸到该环境中。

混合现实(MR)是虚拟现实技术的进一步发展(见图16-3),该技术通过在现实场景呈现虚拟场景信息,在现实世界、虚拟世界和用户之间搭起一个交互反馈的信息回路,以增强用户体验的真实感。

图 16-3 混合现实

混合现实是一组技术组合,不仅提供新的观看方法,还提供新的输入方法,而且所有方法相互结合,从而推动创新。输入和输出的结合对中小型企业而言是关键的差异化优势。这样,混合现实就可以直接影响你的工作流程,帮助企业提高工作效率和创新能力。

(4)区块链技术。区块链是分布式数据存储、点对点传输、共识机制、加密算法等计算机技术的新型应用模式。所谓共识机制是区块链系统中实现不同节点之间建立信任、获取权益的数学算法。

区块链技术是指一种全民参与记账的方式。所有系统背后都有一个数据库,你可以把数据库看作一个大账本。区块链有很多不同应用方式,最常见的应用是虚拟币交易。

(5)语音识别技术。所涉及的领域包括:信号处理、模式识别、概率论和信息论、发声机理和听觉机理、人工智能等。人们预计,语音识别技术将进入工业、家电、通信、汽车电子、医疗、家庭服务、消费电子产品等领域,是信息技术领域重要的科技发展技术之一。

(6)人工智能(AI)。是研究、开发用于模拟、延伸和扩展人的智能的理论、方法、技术及应用系统的一门技术科学。AI 需要汇入很多信息才能进化,进而产生一些意想不到的结果,它对经济发展会产生剧烈影响。

(7)数字汇流。在不同的使用情境之下,人们会需要不一样的数字装置——光是屏幕大小就有好多种选项,音响效果、摄影机等都需要不同的配套。所有装置会存取同一个远端资料库,让人们的数字生活可以完全同步,随时、无缝地切换使用情境。除了设备的汇流,人们更应关心的是数字汇流,这是一个网络商业模式的汇流,或者更明确地说,它是"内容"与"电子商务"的汇流。

16.3.3 未来发展的专家预测

专家对大数据发展趋势的一些预测是值得企业关注的。很多人都认为大数据是一种流行技术,很多新兴技术正在迅速发展。

(1)更加关注数据治理。随着企业不断收集大量数据,滥用这些数据的风险也随之增加。这就是许多专家期望重新强调数据治理的原因。数据治理将回到最前沿,随着分析和诊断平台的扩展,来自数据的衍生事实将在业务中更加无缝地共享,因为数据治理工具将有助于确保数据的机密性、正确使用和完整性。

(2)增强分析将加速制定决策。高德纳公司分析师认为,增强分析会影响大数据的未来趋势。它涉及将人工智能、机器学习和自然语言处理等技术应用于大数据平台,这有助于企业更快地做出决策,并更有效地识别趋势。

(3)大数据将补充而不是取代研究人员的工作。如今许多大数据平台是如此先进,以至于人们开始期待不久之后可以取代人类的辛勤工作,这是可以理解的。但是,有专家认为,这一结果不太可能实现,尤其是在使用大数据协助市场研究等应用领域。

数据科学有助于识别相关性。因此,数据科学家可以提供以前未曾知道的模式、网络、依赖性。但是,要使数据科学真正增加附加值,需要研究人员了解信息的场景,并解释其原因。市场研究实际上是在理解人类的行为和动机。数据科学无法独立渗透。例如,某研究企业在其全球团队中拥有1 000多名数据科学家,但还雇用了其他专业人员,包括民族专家和行为科学家。

(4)云计算数据将塑造客户体验。当人们权衡大数据趋势时,云计算成为一个主要的讨论话题。知情人士希望从中了解一些当前情况以及当用户将大数据与云计算结合在一起时可能会发生的情况。大数据分析的未来趋势之一是使用信息增强客户体验。拥有云优先的心态将会有所帮助,越来越多的品牌互动是通过数字服务进行的,因此,企业必须找到改进更新的方法,并以前所未有的速度提供新产品和服务。

那么云计算技术如何融入其中?有专家预测:"考虑到速度,企业将采用现代的云原生模式,该模式通过使用最新方法来开发和管理的现代微服务架构促进容器化部署。"

(5)公共云和私有云(见图16-4)的共存性不断提高。如今,许多公司已经考虑或正在使用云计算技术,企业认识到可以同时选择公共云和私有云的元年,而不是只能选择其中之一。公共云和私有云可以共存的想法将成为现实。在混合云架构的支持下,多云IT战略将在确保企业具有更好的数据管理和可见性,同时确保其数据保持可访问性和安全性方面发挥关键作用。

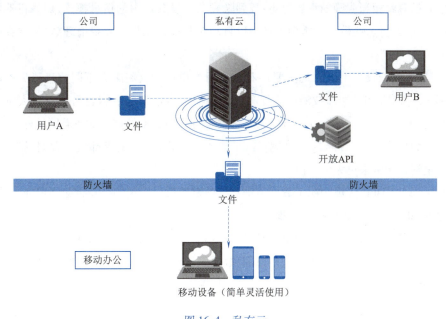

图16-4 私有云

人们期待私有云在未来不仅存在于数据中心,还将出现在边缘。随着5G和边缘部署的继续推出,私有混合云将出现在边缘,以确保实时监控和管理数据。这意味着企业将期望更多的云计算服务提供商确保他们能够在所有环境中支持其混合云需求。

(6）云计算技术将使大数据更易于访问。云计算的主要优点之一是,它使人们可以从任何地方访问应用程序。在这个时代,大多数员工都会知道如何使用自助式大数据应用程序。大数据分析可能会在企业的应用更加广泛。企业 IT 团队经理和 IT 人员都被认为具有胜任大数据工作的能力,就像当今大多数员工都被认为了解电子表格和演示文稿一样。大型数据集的分析将成为几乎每个业务决策的前提,就像现在的成本和收益分析一样。但这并不意味着每个人都必须成为数据科学家。自助服务工具将使大数据分析更容易实现。管理者将使用简化的、类似电子表格的界面来利用云计算的计算能力,并从任何设备运行高级分析。

大数据是时代发展的一个必然产物,而且大数据正在加速渗透人们的日常生活,从衣食住行各个层面均有体现。大数据时代,一切可量化、可分析。大数据未来的发展趋势,一定是以多种技术为依托且相互结合,才能释放大数据的"洪荒之力"。

16.4 大数据技术展望

如今,人们寻求获得更多的数据有着充分的理由,因为数据分析推动了数字创新。然而,将这些庞大的数据集转化为可操作的洞察力仍然是一个难题。而那些获得应对强大数据挑战的解决方案的组织将能够更好地从数字创新的成果中获得经济利益。

16.4.1 数据管理仍然很难

大数据分析有着相当明确的重要思想:找到隐藏在大量数据中的信息模式,训练机器学习模型以发现这些模式,并将这些模型实施到生产中以自动对其进行操作。需要清理数据,并在必要时进行重复。

然而,将这些数据投入生产的现实要比看上去困难得多。收集来自不同信息孤岛的数据需要ETC（提取-转换-加载）和数据库技能。清理和标记机器学习培训的数据也需要花费大量的时间和费用,特别是在使用深度学习技术时。此外,强调安全可靠的数据处理方式还需要另外更多的技能。

有些人将数据称为"新石油",又称"新货币"。无论怎样比喻,大家都认为数据具有价值,并且如果对此不重视将会带来更大的风险。

欧盟通过颁布 GDPR 法规阐明了数据治理不善的财务后果。美国公司也必须遵守由美国联邦、各州等创建的 80 个不同的数据授权法规。

数据泄露正在引发问题。大多数组织已经意识到无序发展的大数据时代即将结束,社会对数据滥用或隐私泄露行为不再容忍。出于这些原因,数据管理仍然是一个巨大的挑战,数据工程师将继续成为大数据团队中最受欢迎的角色之一。

16.4.2 数据孤岛继续激增

在最初 Hadoop 的开发热潮中,人们认为可以将所有数据（包括分析和事务工作负载）整合到一个平台上。但由于各种原因,这个想法从未真正实现过。其面临的最大挑战是不同的数据类型具有不同的存储要求,关系数据库、图形数据库、时间序列数据库、HDF（用于存储和分发科学数据的一种自我描述、多对象文件格式)和对象存储都有各自的优缺点。如果开发人员将所有数据塞进一个适合所有数据的数据湖中,他们就无法最大限度地发挥其优势。

在某些情况下,将大量数据集中到一个地方确实有意义。例如,云数据存储库为企业提供了灵活且经济高效的存储,而 Hadoop 仍然是非结构化数据存储和分析的经济高效的存储。但对于大多数公司而言,除了集中存储,分散的数据仓库将会继续激增。

16.4.3　流媒体分析的突破

组织处理新数据越快,业务发展就会越好,这是实时分析或流式分析背后的推动力。但组织要真正做到这一点还很困难,而且成本也很高,但随着组织的分析团队的成熟和技术的进步,这种情况正在发生变化。NewSQL 数据库、内存数据网格和专用流分析平台围绕通用功能进行融合,这需要对输入数据进行超快处理,通常使用机器学习模型来自动化决策。将流媒体分析与 Spark 等开源流式框架中的 SQL 功能相结合,组织就可以获得真正的进步。

16.4.4　技术发展带来技能转变

人力资源通常是大数据项目中的最大成本,因为由人来最终构建并运行大数据项目,并使其发挥作用。无论使用何种技术,找到具有合适技能的人员对于将数据转化为洞察力至关重要。

而随着技术的进步,技能组合也是如此。未来,人们会看到企业对于神经网络专业人才的巨大需求。在数据科学家(而不是人工智能专家)的技能中,Python 仍然在语言中占主导地位,尽管对于 R、SAS、MATLAB、Scala、Java 和 C 等语言还有很多工作要做。

随着数据治理计划的启动,对数据管理人员的需求将会增加。能够使用核心工具(数据库、Spark、Airflow 等)的数据工程师将继续看到他们的机会增长。人们还可以看到企业对机器学习工程师的需求加速增长。

然而,由于自动化数据科学平台的进步和发展,组织的一些工作可以通过数据分析师或"公民数据科学家"来完成,因为众所周知,数据和业务的知识和技能可能会让组织在大数据道路上走得更远,而不是统计和编程。

机器学习的蓬勃发展将在大数据中发挥着巨大作用,这是由不同类型数据的可用性和该领域的技术进步推动的。机器学习日趋复杂,如今,除了自动驾驶汽车、欺诈分析、设备检测或零售趋势分析之外,还远没有发挥出它的全部潜力。伯纳德·马尔说:"让我着迷的是将大数据与机器学习,尤其是自然语言处理相结合,计算机自行进行分析以发现新的疾病类型,然后在数据中找到它们的存在。"

16.4.5　"快速数据"和"可操作数据"

一些专家认为,大数据已经过时,"快速数据"将很快取代它。与大数据(通常依靠 Hadoop 和 NoSQL 数据库以批处理模式分析信息)不同,快速数据允许实时流处理信息。由于流处理,数据可以在 1 ms 内迅速分析和预测任何事件。这无疑更有价值,更加便于在数据到达时立即做出业务决策并采取行动。

"可操作数据"是大数据和商业价值之间缺失的一环。正如前面所提到的,没有分析,数量庞大且结构繁复的大数据本身毫无价值。专家说,99.5%的数据从未被分析过,因此未能提供有价值的见解。然而,通过分析平台分析特定数据,机构可以使信息准确和标准化,从而使得这些见解有助于机构做出更明智的商业决策,并改善自身的运营。

16.4.6 将数据转化为预测分析

研究表明,虽然人们的出行模式有很大不同,但大多数是可以预测的。这意味着我们能够根据个体之前的行为轨迹预测未来行踪的可能性,即93%的人类行为可预测。

大数据技术的战略意义并不在于掌握庞大数据信息,而在于对这些有意义的数据进行专业化处理。换而言之,如果把大数据比作一种产业,那么这种产业实现盈利的关键,是提高对数据的"加工能力",通过"加工"实现数据的"增值",而预测便是大数据最大的用途之一。

大数据预测分析是一种假设性的数据分析,旨在基于历史数据和分析技术,如机器学习和统计建模,对未来的结果进行预测。在先进的预测分析工具和模型的帮助下,任何机构现在都可以使用过去和当前的数据来预测未来几毫秒、几天或几年的趋势和行为。

作为一门学科,预测分析已存在了几十年,随着从人员和传感器采集的数据量以及经济高效的处理能力的增长,预测分析的重要性也在不断增长。预测分析世界会议的创始人埃里克·西格尔说,我们能对数据做的最有价值的事情就是"从中学习如何预测"。

例如,20世纪90年代中期,一位名叫丹·斯坦伯格的商业科学家帮助大通银行预测数百万份按揭的风险。大通银行采纳了斯坦伯格由数据驱动的预测分析技术,借助其研发的系统来评估、处理大量的银行按揭。这一技术除了应用于定向给用户发送建议贷款的邮件之外,更是精确预测了按揭申请人的未来还款行为,由此极大降低了放贷风险并增加了盈利。不难看出,这些机构均使用了预测分析这一技术来探索未来,并在此过程中定义合理的业务决策和流程。

又如,通过分析70个你在微信中点赞过的内容,分析公司对你的了解程度将超过你的朋友;分析150个点赞,它将超过你的父母;分析300个点赞,它将比你的配偶更了解你。可以肯定的是,"大数据"影响的绝不仅仅是技术。任何数字技术都不仅仅改变了社会,改变了行业,也影响了人与人、人与物之间的连接。也许我们对"大数据"的感受之所以真切,是因为从某个意义上来看,人类本身也是数据。

【作 业】

1. 数据科学可以简单地理解为预测分析和数据挖掘,是统计分析和机器学习技术的结合,用于获取数据中的推断和洞察力,其内容包括(　　)。
   ①回归分析　　②关联规则　　③网格分析　　④仿真
   A. ②③④　　B. ①②③　　C. ①②④　　D. ①③④

2. 数据科学的典型技术包括(　　)。
   ①冰点分析　　②优化模型　　③预测模型　　④统计分析
   A. ②③④　　B. ①②③　　C. ①②④　　D. ①③④

3. 商务智能更关注于过去的旧数据,其结果的商业价值相对较低;而数据科学更着眼于( ),其商业价值相对更高。
   A. 在对旧数据提炼后综合新数据 B. 对旧数据的深度提炼
   C. 新旧数据的综合 D. 新数据和对未来的预测

4. 数据科学并不是简单应用统计学,不仅有传统的基础架构与软件平台,还需要新的应用、新的平台和新的( )。
   A. 认知观 B. 数据观 C. 哲学观 D. 体验观

5. 通常,数据科学的实践需要( )三个一般领域的技能。
   ①商业洞察 ②计算机技术/编程
   ③博弈论和决策论 ④统计学/数学
   A. ②③④ B. ①②③ C. ①②④ D. ①③④

6. 在数据科学领域中,开发人员的重要技能包含( )相关的技能,研究人员则包含( )相关的技能,当然商业经理的重要技能包含( )相关的技能。
   A. 硬件、电子、管理 B. 工程、物理、运筹学
   C. 编程、电子、运筹学 D. 编程、数学、商业

7. 就算所拥有的工具再完美,工具本身是不可能让数据产生价值的。事实上,人们还需要能够运用这些工具的专门人才,即( ),他们能够从堆积如山的大量数据中找到金矿。
   A. 数据科学家 B. 高级程序员 C. 软件工程师 D. 网络工程师

8. 大数据催生了新的数据生态系统。为了提供有效的数据服务,( )是它需要的典型人才。
   ①深度分析人才 ②数据理解专业人员
   ③网络维护资深工程师 ④技术和数据的使能者
   A. ②③④ B. ①②③ C. ①②④ D. ①③④

9. 大数据时代,( )是数据科学家的关键活动。
   ①将商业挑战构建成数据分析问题
   ②对计算机应用项目进行深度盈利分析
   ③在大数据上设计、实现和部署统计模型和数据挖掘方法
   ④获取有助于引领可操作建议的洞察力
   A. ①②④ B. ①③④ C. ①②③ D. ②③④

10. 数据科学家这一职业大体上是指:"运用( )等技术,从大量数据中提取出对业务有意义的信息,以易懂的形式传达给决策者,并创造出新的数据运用服务的人才。"
    ①商业开发 ②统计分析 ③机器学习 ④分布式处理
    A. ②③④ B. ①②③ C. ①②④ D. ①③④

11. 数据科学家需要具备很多优秀素质,其中包括( )。
    ①沟通能力 ②创业精神 ③娱乐心 ④好奇心
    A. ②③④ B. ①②③ C. ①②④ D. ①③④

12. 大数据技术的战略意义并不在于掌握庞大数据信息,而是提高对数据的"加工能力",通过

"加工"实现数据的"增值",( )便是大数据最大的用途之一。

A. 计算　　　　　B. 复用　　　　　C. 减负　　　　　D. 预测

13. 无论何种企业形式,如果自己拥有( ),就可以通过与其他数据进行整合,来催生出新的附加价值,以产生相乘的放大效果。这也是大数据运用的真正价值之一。

A. 分析数据　　　B. 原创数据　　　C. 增值数据　　　D. 综合数据

14. 人工智能需要数据来建立其( )。例如,机器学习图像识别应用程序可以查看数以万计的飞机图像,以了解飞机的构成,以便将来能够识别出它们。

A. 集群　　　　　B. 基础　　　　　C. 规模　　　　　D. 智能

15. 建立在( )技术之上的大数据技术(主要是分布式存储和分布式计算),可以为人工智能提供强大的存储能力和计算能力。

A. 集群　　　　　B. 基础　　　　　C. 规模　　　　　D. 智能

16. 随着数据量的持续增大,学术界和工业界都在关注着大数据的发展,探索新的大数据技术、开发新的工具和服务,努力将"( )"转换成"信息优势"。

A. 成本优势　　　B. 基础精度　　　C. 信息过载　　　D. 智能辅助

17. 在不同的使用情境之下,人们会需要不一样的数字装置,存取同一个远端资料库。除了设备的汇流,人们更应关心( ),这是一个网络商业模式的汇流。

A. 增强分析　　　B. 数字汇流　　　C. 客户体验　　　D. 数据治理

18. 随着企业不断收集大量数据,滥用这些数据的风险也随之增加——这就是人们期望重新强调( )的原因。它将有助于确保数据的机密性、正确使用和完整性。

A. 增强分析　　　B. 数字汇流　　　C. 客户体验　　　D. 数据治理

19. ( )会影响大数据的未来趋势,它涉及将人工智能、机器学习和自然语言处理等技术应用于大数据平台,有助于企业更快地做出决策,并更有效地识别趋势。

A. 增强分析　　　B. 数字汇流　　　C. 客户体验　　　D. 数据治理

20. 大数据分析的未来趋势之一是使用信息来增强( )。企业必须找到改进更新的方法,并以前所未有的速度提供新产品和服务。

A. 增强分析　　　B. 数字汇流　　　C. 客户体验　　　D. 数据治理

课程学习与实训总结

1. 课程学习的基本内容

至此,我们顺利完成了"大数据导论"课程的教学任务以及相关的实训操作。为巩固通过学习和实训所了解和掌握的知识和技术,请就此做一个系统的总结。由于篇幅有限,如果书中预留的空白不够,请另外附纸张粘贴在边上。

(1)本学期完成的"大数据导论"学习与实训操作主要有(请根据实际完成的情况填写):

第1课:主要内容是:_____

第16课　大数据的发展

第 2 课:主要内容是:_____
_____

第 3 课:主要内容是:_____
_____

第 4 课:主要内容是:_____
_____

第 5 课:主要内容是:_____
_____

第 6 课:主要内容是:_____
_____

第 7 课:主要内容是:_____
_____

第 8 课:主要内容是:_____
_____

第 9 课:主要内容是:_____
_____

第 10 课:主要内容是:_____
_____

第 11 课:主要内容是:_____
_____

第 12 课:主要内容是:_____
_____

第 13 课:主要内容是:_____
_____

第14课:主要内容是:_____
_____

第15课:主要内容是:_____
_____

第16课:主要内容是:_____
_____

(2)回顾并简述:通过学习与实训,你初步了解了哪些有关大数据技术与应用的重要概念(至少3项):

①名称:_____
简述:_____
_____
_____

②名称:_____
简述:_____
_____
_____

③名称:_____
简述:_____
_____
_____

④名称:_____
简述:_____
_____
_____

⑤名称:_____
简述:_____
_____
_____

第16课　大数据的发展

2. 实训的基本评价

(1)在全部实训操作中,你印象最深,或者相比较而言你认为最有价值的是:

①_____

你的理由是:_____

_____

_____

②_____

你的理由是:_____

_____

_____

(2)在所有实训操作中,你认为应该得到加强的是:

①_____

你的理由是:_____

_____

_____

②_____

你的理由是:_____

_____

_____

(3)对于本课程和本书的实训内容,你认为应该改进的其他意见和建议是:

_____

_____

_____

3. 课程学习能力测评

请根据你在本课程中的学习情况,客观地在大数据知识方面对自己做一个能力测评,在表16-2的"测评结果"栏中合适的项下打"✓"。

275

表16-2 课程学习能力测评

关键能力	评价指标	测评结果					备注
		很好	较好	一般	勉强	较差	
课程基础内容	1. 了解本课程的知识体系						
	2. 熟悉课文的典型导读案例						
	3. 熟悉大数据技术的基础概念						
	4. 熟悉大数据时代思维变革						
	5. 熟悉大数据应用主要场景						
商业动机与驱动力	6. 理解大数据促进医疗健康						
	7. 理解大数据激发创造力						
	8. 理解大数据规划考虑						
	9. 熟悉大数据商务智能						
大数据技术	10. 熟悉大数据可视化						
	11. 了解大数据存储技术						
	12. 了解从 SQL 到 NoSQL						
	13. 了解大数据处理技术						
	14. 熟悉大数据预测分析						
	15. 熟悉大数据安全与法律						
	16. 了解大数据在云端						
	17. 熟悉数据科学,了解人才需求						
	18. 了解大数据的发展趋势						
解决问题与创新	19. 掌握通过网络提高专业能力、丰富专业知识的学习方法						
	20. 能根据现有的知识与技能创新地提出有价值的观点						

说明:"很好"5 分,"较好"4 分,依此类推。全表满分为 100 分,你的测评总分为:_____分。

第16课　大数据的发展

4. 大数据导论学习与实训总结

_____
_____
_____
_____
_____
_____
_____
_____
_____

5. 教师对学习与实训总结的评价

_____
_____

附 录

作业参考答案

第1课

| 1. C | 2. A | 3. D | 4. B | 5. C | 6. A | 7. A | 8. B | 9. D | 10. A |
| 11. B | 12. C | 13. B | 14. D | 15. A | 16. B | 17. C | 18. C | 19. B | 20. D |

第2课

| 1. B | 2. C | 3. A | 4. C | 5. D | 6. D | 7. A | 8. B | 9. C | 10. A |
| 11. A | 12. B | 13. C | 14. D | 15. B | 16. D | 17. C | 18. A | 19. D | 20. B |

第3课

| 1. A | 2. C | 3. B | 4. D | 5. B | 6. C | 7. D | 8. A | 9. B | 10. D |
| 11. B | 12. A | 13. C | 14. A | 15. B | 16. D | 17. A | 18. C | 19. A | 20. B |

第4课

| 1. B | 2. A | 3. C | 4. D | 5. C | 6. B | 7. D | 8. A | 9. B | 10. B |
| 11. B | 12. D | 13. C | 14. A | 15. D | 16. B | 17. A | 18. C | 19. B | 20. B |

第5课

| 1. D | 2. B | 3. A | 4. B | 5. A | 6. B | 7. C | 8. D | 9. B | 10. D |
| 11. C | 12. D | 13. B | 14. A | 15. B | 16. A | 17. C | 18. B | 19. A | 20. D |

第6课

| 1. D | 2. A | 3. A | 4. B | 5. A | 6. B | 7. B | 8. D | 9. A | 10. C |
| 11. C | 12. B | 13. A | 14. D | 15. C | 16. B | 17. B | 18. A | 19. B | 20. D |

第7课

| 1. C | 2. B | 3. D | 4. A | 5. C | 6. B | 7. D | 8. C | 9. D | 10. B |
| 11. A | 12. D | 13. C | 14. B | 15. D | 16. A | 17. C | 18. D | 19. B | 20. C |

第8课

1. C 2. D 3. A 4. B 5. D 6. C 7. C 8. A 9. D 10. B
11. A 12. A 13. D 14. B 15. C 16. A 17. D 18. B 19. C 20. A

第9课

1. D 2. A 3. B 4. C 5. B 6. C 7. D 8. A 9. C 10. D
11. C 12. B 13. A 14. D 15. C 16. B 17. A 18. C 19. D 20. B

第10课

1. A 2. D 3. C 4. B 5. D 6. C 7. D 8. B 9. D 10. B
11. B 12. D 13. D 14. A 15. C 16. D 17. B 18. D 19. A 20. A

第11课

1. B 2. D 3. C 4. A 5. A 6. B 7. A 8. B 9. D 10. C
11. A 12. B 13. C 14. B 15. D 16. A 17. C 18. B 19. D 20. A

第12课

1. B 2. A 3. C 4. D 5. C 6. A 7. B 8. D 9. A 10. B
11. C 12. D 13. A 14. B 15. B 16. C 17. A 18. B 19. D 20. C

第13课

1. B 2. D 3. C 4. A 5. B 6. A 7. D 8. C 9. A 10. B
11. C 12. B 13. D 14. A 15. C 16. A 17. D 18. C 19. B 20. A

第14课

1. D 2. B 3. A 4. D 5. B 6. C 7. A 8. D 9. C 10. A
11. B 12. C 13. D 14. B 15. A 16. C 17. B 18. C 19. A 20. D

第15课

1. D 2. A 3. D 4. A 5. C 6. B 7. D 8. D 9. A 10. B
11. C 12. A 13. D 14. B 15. C 16. A 17. D 18. B 19. B 20. C

第16课

1. C 2. A 3. D 4. B 5. C 6. D 7. A 8. C 9. B 10. A
11. C 12. D 13. B 14. D 15. A 16. C 17. B 18. D 19. A 20. C

参 考 文 献

[1] 周苏. 大数据导论[M]. 2版. 北京:清华大学出版社,2022.
[2] 戴海东,周苏. 大数据导论[M]. 北京:中国铁道出版社,2018.
[3] 周苏,戴海东. 大数据分析[M]. 北京:中国铁道出版社有限公司,2020.
[4] 匡泰,周苏. 大数据可视化[M]. 北京:中国铁道出版社,2019.
[5] 张丽娜,周苏. 大数据存储与管理[M]. 北京:中国铁道出版社有限公司,2020.
[6] 汪婵婵,周苏. Python程序设计[M]. 北京:中国铁道出版社有限公司,2020.
[7] 周苏,王文. Java程序设计[M]. 北京:中国铁道出版社,2019.
[8] 埃尔,哈塔克,布勒. 大数据导论[M]. 彭智勇,杨先娣,译. 北京:机械工业出版社,2017.
[9] 周苏. 大数据可视化技术[M]. 北京:清华大学出版社,2016.
[10] 周苏. 大数据可视化[M]. 2版. 北京:机械工业出版社,2024.